ENERGY AND FLUID MACHINERY

能源与流体机械

康灿 施亮 编著

镇 江

内容简介　本书根据教育部“卓越工程师教育培养计划”的要求编写，全书共分6章，对能源的基本知识、能源利用过程中的流体机械、典型的流体机械结构及功能、CAD技术在流体机械设计中的应用、流体机械内部流动数值模拟技术、流体机械测试技术及流体机械内部多相流动等进行介绍，突出了知识面宽、结合专业发展的特点，使读者对当今流体机械的设计手段和研究方法有宏观而系统的了解。在此基础上，读者可以有所侧重地继续深入到某一个专题领域。本书可作为能源动力工程专业本科教材，亦可为化学工程、环境工程、机械工程等相关专业的科研人员提供参考。

图书在版编目(CIP)数据

能源与流体机械 / 康灿，施亮编著. —镇江：江苏大学出版社，2012.12(2018.1重印)
ISBN 978-7-81130-414-5

Ⅰ.①能… Ⅱ.①康… ②施… Ⅲ.①能源－高等学校－教材②流体机械－高等学校－教材 Ⅳ.①TK01 ②TH3

中国版本图书馆CIP数据核字(2012)第304362号

能源与流体机械 Nengyuan yu Liuti Jixie

编　　著/康　灿　施　亮
责任编辑/汪再非　宋慧娟
出版发行/江苏大学出版社
地　　址/江苏省镇江市梦溪园巷30号(邮编：212003)
电　　话/0511-84446464(传真)
网　　址/http://press.ujs.edu.cn
排　　版/镇江文苑制版印刷有限责任公司
印　　刷/虎彩印艺股份有限公司
开　　本/718 mm×1 000 mm　1/16
印　　张/12.75
字　　数/250千字
版　　次/2012年12月第1版　2018年1月第2次印刷
书　　号/ISBN 978-7-81130-414-5
定　　价/33.00元

如有印装质量问题请与本社营销部联系(电话：0511-84440882)

前　言

2010年启动的教育部“卓越工程师教育培养计划”是我国高等工程教育人才培养模式的一次重大改革，目前该计划已覆盖本科人才和研究生人才的培养，“面向工业界、面向国际、面向未来”的人才培养战略正向纵深推进。本科人才教育以培养应用工程师为主，这对本科人才有明确的能力与素质的要求，主要包括：(1) 具有较好的人文科学素养、较强的社会责任感和良好的工程职业道德；(2) 具有从事工程工作所需的相关数学、自然科学知识，以及一定的经济管理知识；(3) 具有良好的质量、环境、职业健康（安全）及服务意识；(4) 掌握扎实的工程基础知识和本专业的基本理论知识，了解本专业的发展现状和趋势；(5) 具有综合运用所学科学理论、方法和技术手段，分析并解决工程实际问题的能力，能够参与生产及运作系统的设计，并具有运行和维护能力；(6) 具有较强的创新意识和进行产品开发与设计、技术改造与创新的初步能力；(7) 具有获取信息和终身学习的能力；(8) 了解本专业领域技术标准，以及相关行业的政策、法律和法规；(9) 具有较好的组织管理能力，较强的交流沟通、环境适应和团队合作的能力；(10) 具有应对危机与突发事件的初步能力；(11) 具有一定的国际视野和跨文化环境下的交流、竞争与合作的初步能力。

本书作为针对能源动力工程类专业“卓越工程师教育培养计划”的本科生教材，以流体机械为主要阐述对象，系统介绍了流体机械的工作原理和工程应用，以此为能源动力工程的其他子方向提供可借鉴的研究方法与研究思路。本书面向低年级本科学生，在他们所具备的知识基础前提下，充分考虑了“卓越工程师”的人才能力培养要求，突出体现以下几方面的特点：(1) 避免过分专业化，以工程性的语言阐述专业背景、专业对象和专业应用，形式上由浅入深；(2) 适应能源与动力工程科学技术的发展需要，安排了新的设计方法、数值模拟和测试方法在本领域应用的知识内容；(3) 内容有所侧重，对于叶片式流体机械的前沿问题和热点应用背景进行了较为深入的介绍；(4) 对关键专业术语加注英文解释，利于双语思维的训练；(5) 内容涉及面广，且多与工程相结合，在能源与动力工程专业的基础上，进一步开拓读者的视野，启发读者进行创新性的思维。

流体机械是国民经济中的重要装备，其结构多样，各具特点，详尽地说明流体机械的原理、设计与研究方法需要很长的篇幅。本书的内容源于编著者为能源与动力工程专业开设的“能源与流体机械导论”课程的讲义，因此本书具有导论性质，意在通过简单而广泛的知识介绍，促进读者了解专业对象，捕捉专业发展的最新动态。

本书由江苏大学康灿副教授主编，各章编写分工为：前言、第1章、第2章、第5章和第6章由康灿编撰；第3章和第4章由上海凯泉泵业(集团)有限公司施亮编撰；全书由康灿统稿。

教育部“卓越工程师教育培养计划”在中国尚无可借鉴的模式，但人才培养的侧重点不言而喻。本书的编写体现教学与工程相结合、教学与技术储备和专业视野相结合、教学与素质教育相结合的应用特征。通过学习，使读者达到“认知专业、凝练特色、规划学业”的目的。本书的编写是在教学改革基础上的一次大胆尝试，由于编者水平有限，书中不可避免地存在不足甚至错误，衷心期望读者给予指正和建议。另外，书中引用了一些文献和网络资源中的图表，部分已在参考文献中列出，对其他资料的作者在此一并表示感谢。

作　者
2012年9月1日

目 录

第1章　能　源

能源(energy)是社会和经济发展的基础,是人类生活和生产的基本要素。能源既为人类提供各种形式的自然资源及其转化物,也制约着经济的发展与社会的进步,是一个国家国民经济健康发展和社会可持续发展的重要前提和基础,更是国家安全与稳定的有力保障。

材料、能源与信息技术是当今社会科技发展的三大支柱。中国作为目前世界上最大的发展中国家,正经历着工业化进程的高速发展和城镇化建设步伐的日益加速,能源消费相应处于持续增长阶段。中国又是地球上的能源生产和消耗大国之一,能源储量、生产和消费总量都处于世界前列。在未来很长一段时间内,合理开发能源、提高能源利用率及保护环境是中国在世界经济与社会发展中应该担负的责任,也是中国社会发展的"重中之重"。

1.1　能源的基本概念

能源是指能够被转换为热能(thermal energy)、机械能(mechanical energy)、化学能(chemical energy)和电磁能(electromagnetic energy)等各种能量形式的自然资源。所谓能量,就是产生某种效果或变化的一种能力。能量储藏于能源之中,同时,产生某种效果或变化的过程必然要伴随着能量的消耗和转化。一般将能量分为机械能、热能、化学能、电能、辐射能和核能6种形式。习惯上,energy既表示能源,又表示能量。

1.1.1 能源的分类

能源可以根据其来源、形态、使用方法及污染程度等进行分类。

1. 一次能源(primary energy)和二次能源(secondary energy)

自然界中原来就有的、不需改变其形态就可以直接使用的各类能源被称为一次能源。一次能源按照其不同的来源方式可以被划分为3类:来自地球内部的、来自地球外部的、地球与其他天体之间相互作用而产生的。

由地球内部产生的一次能源主要是原子能和地热能。原子能被称为"核能(nuclear energy)",是原子核在发生变化时所释放的能量。地热能来自于从地壳中抽取的天然热能,它来源于地球内部的熔岩,以热力的方式存在。由地球外部的因素产生的一次能源主要是太阳能(solar energy)和生物质能(biomass energy)。太阳能通常指太阳光辐射所产生的能量。生物质能指经过光合作用所吸收储蓄的太阳能转化生成的能量。由地球与其他天体之间相互作用而产生的一次能源主要指潮汐能(tidal energy)。潮汐能具体是指由海水潮涨和潮落形成落差而产生的势能。对一次能源进行加工与转化后产生的能源被称为二次能源,如各种石油制品、电力及蒸汽等。

2. 可再生能源(renewable energy)和不可再生能源(non-renewable energy)

可再生能源是指可以在一定周期内得到补充或者再生的能源。如潮汐能、太阳能和生物质能都属于可再生能源。不能在短期内恢复或被补充的能源称为不可再生能源。如煤炭(coal)、石油(oil)和天然气(natural gas)都属于不可再生能源。地热能属于不可再生能源,但是从地球内部所蕴藏的巨大能量来看,它又具有可再生能源的性质。

3. 常规能源(conventional energy)和新能源(new energy)

按被利用的程度可将能源分为常规能源和新能源。目前较为普遍的看法是将已经被大规模生产和广泛利用的能源,如煤炭、石油和天然气列入常规能源;而将太阳能、风能(wind energy)、地热能(geothermal energy)、生物质能和潮汐能等列入新能源。对于核能,一般将其列入新能源领域。相对来说,新能源领域的技术成熟度较低,处于未广泛开发阶段,目前只是因地制宜地开发与利用。但新能源多数属于可再生能源,且分布较为广泛,储量比较丰富,将来技术成熟以后有可能成为世界能源供应的主要部分。

4. 清洁能源(clean energy)和非清洁能源(non-clean energy)

按对环境的污染程度,能源可分为清洁能源和非清洁能源。无污染或污染程度很低的能源称为清洁能源,如太阳能、水能、风能等。对环境污染较大的能源称为非清洁能源,如煤炭、石油等。

清洁能源的发展对社会经济和环境的发展具有深远的影响。美国的非盈利组织 Pew Charitable Trusts 多次发布清洁能源经济报告,对由于清洁能源的开发与利用而创造的就业进行了统计分析。创建于 2000 年的 Clean Edge 公司也定期地发布清洁能源发展趋势的报告,从报告中的数据和趋势可以看出清洁能源对未来世界发展具有重要意义。该公司最近发布的报告为 *Clean Energy Trends 2012*。

1.1.2 能源的利用

从“钻木取火”到 18 世纪工业革命,煤炭替代薪柴成为了主要能源。19 世纪后期出现了电能,电动机代替蒸汽机成为工矿企业的基本动力,电灯代替油灯

和蜡烛成为生产和生活照明的主要光源，各式各样的电器极大地提高了人们的物质生活水平。

20 世纪 50 年代，美国、中东和北非地区发现了储量巨大的油田和气田，工业发达国家很快将主要能源从煤炭转向了石油和天然气。到 20 世纪 50 年代中期，石油和天然气已成为世界能源消费的主要来源。飞机、汽车、轮船等以石油制品为动力来源的交通工具得到迅速发展，人类的能源消费水平又上了一个新的台阶。

进入 21 世纪，随着能源利用的理论研究和技术应用的不断突破，核能作为新的能源利用方式被发掘出来。人们不断探索核能利用技术，核电站数量和总装机容量的不断增加，为能源供给注入了新的血液。但核能的利用也成为备受争议的话题。2011 年 3 月，日本的福岛核电站（Fukushima Nuclear Power Plant）受地震影响发生了放射性物质泄漏，使人们再次审视核能利用的安全问题。探索更加安全的核能利用技术，汲取重大事故的教训，是安全利用核能的重要前提。

一次能源和二次能源之间以及一次能源内部可以相互转化。例如，以机械能形式存在的水能和潮汐能，可以通过机械设备将机械能转换成电能或动能；以化学能形式存在的煤炭、石油和天然气等能源，可以通过燃烧等方式将化学能转换成热能。热能既可以被人类直接利用，也可以通过机械设备如汽轮机（steam turbine）、内燃机（internal combustion engine）转换成动能，应用到各种机械装置（如交通工具）中，以满足人类的需要。发电和交通运输耗能占全部能源消耗的比例非常大。据统计，20 世纪仅发电的耗能就占全部能源消耗的 40%。在人类无法预见第四次能源革命的情况下，更无法预知电气化将达到的程度。依据现有的科技发展水平及经济、社会和自然条件的不同，世界各国的电气化程度呈现出不同的水平。根据发达国家的用电规模，可以得出结论：一次能源转化为电力部分的比例越大，电气化程度越高，现代化水平也越高。

热能、机械能和电能是现代人类从各类能源中获取能量的 3 种主要形式。

热能是能量的一种基本形式。从分子运动学的观点来看，热能是物体内部大量分子杂乱运动的动能。在自然界中存在的一次能源中，除风能、水能及部分海洋能作为机械能可直接利用外，其他各种能源或是以热能形式存在，或是经过燃烧反应、原子核反应等，被转化为热能再予以利用。所以，人们从自然界获得能源的主要形式为热能。

热能可以由太阳能直接获得，或通过地热、燃料燃烧放热、核裂变或核聚变放热得到。当然，热能亦可由电能转化而来，或由机械能通过摩擦得到。

物质宏观机械运动所具有的能量为机械能。机械能是更为理想的能量形式，可以完全转化为热能，也能够以很高的效率转化为电能。人们日常生活及生产中需要的动力都来自于机械能。大部分机械能来自于热能的转化，在其转化过程中，热机(如内燃机、汽轮机及燃气轮机(gas turbine)等)起到了关键的作用。

电能是电荷的流动或聚积而具有的做功能力。电能有多种形式,如直流电能、交流电能和高频电能等。电能可以方便地转化为其他几乎任何形式的能量,且易于控制、测量和远距离输送。电能的生产方式有直接能量转换和间接能量转换。直接生产电能的方式主要包括:热能直接转化为电能的磁流体发电、化学能直接转化为电能的各类电池或燃料电池发电、电磁能直接转化为电能的太阳能电池等。间接能量转换是目前电能生产的主要方式,其通过交流发电机将机械能转换成电能。

近年来,随着经济的发展和科学技术的进步,能源利用的形式越来越多,能源利用的效率不断提高,而全世界的能源消费总量持续增长,2011 年我国及世界其他主要国家的能源消费情况见表 1-1。以中国为例,据国家统计局初步核算数据显示,2010 年我国能源消费总量为 32.5 亿吨标准煤,比 2009 年增长5.9%,比 1978 年增长了 4 倍。据美国能源署在《世界能源展望 2007:中国选粹》中预测,2005 年到 2030 年,我国一次能源需求将维持年均 3.2% 的增长率。若按此速度增长,到 2030 年我国将超过北美地区,成为世界上一次能源需求量最大的国家。在我国能源消费结构中,煤和石油占绝大部分。同时,我国石油消费量的 50% 以上依赖于国外进口,对外依存度较高。

表 1-1　2011 年中国一次能源消费与世界其他主要国家对比

序号	国家	石油	天然气	煤炭	核能	水电	可再生能源	合计
1	美国	833.6	626.0	501.9	188.2	74.3	45.3	2 269.3
2	加拿大	103.1	94.3	21.8	21.4	85.2	4.4	330.3
3	巴西	120.7	24.0	13.9	3.5	97.2	7.5	266.9
4	法国	82.9	36.3	9.0	100.0	10.3	4.3	242.9
5	德国	111.5	65.3	77.6	24.4	4.4	23.2	306.4
6	俄罗斯	136.0	382.1	90.9	39.2	37.3	0.1	685.6
7	英国	71.6	72.2	30.8	15.6	1.3	6.6	198.2
8	中国	461.8	117.6	1 839.4	19.5	157.0	17.7	2 613.2
9	印度	162.3	55.0	295.6	7.3	29.8	9.2	559.1
10	日本	201.4	95.0	117.7	36.9	19.2	7.4	477.6
11	韩国	106.0	41.9	79.4	34.0	1.2	0.6	263.0

注:① 资料来源于《BP 世界能源统计年鉴 2012》。

② 表中的能源消费单位中,石油消费以百万吨为计量单位,其他能源以百万吨油当量(million tonnes of oil equivalent,MTOE)为计量单位。1 百万吨油当量大约相当于 420 亿焦(热力单位)或 1.5 亿吨硬煤(固体燃料)或 11.1 亿立方米天然气(气态燃料)。

1.2 能源利用现状

我国是一个人口大国，又是一个经济迅速发展的国家，21 世纪的中国将面临经济增长和环境保护的双重压力。因此，能源的开发与合理利用是经济发展过程中的关键环节。从更为合理的能源利用角度看，大力发展水电、风电、核电、天然气发电和生物质发电，改善我国电力供应结构，是满足电能需求的重要措施，对建立可持续的能源系统，促进国民经济发展和环境保护具有重要意义。

与发达国家相比，我国的能源利用效率较低，而能源消费系数却相对较高。目前，我国的综合能源利用率仅为33%左右，并且在不同的行业领域，能源利用效率不均衡。而一些发达国家的能源利用率要远远高于这一水平。

人类在享受能源带来的利益的同时，也面临着能源安全及环境污染等问题。在城镇化和工业化的特殊时期，能源安全和节能减排是特别需要关注的两个问题。近年来，国际能源价格不断飙升所带来的能源经济问题、温室气体排放所带来的能源环境问题以及传统石化能源资源的日益枯竭所带来的能源安全问题，已经成为各个国家关注的焦点。为了实现可持续发展，节能减排得到了各个国家的积极响应，鼓励新能源产业发展已被列入诸多国家的能源战略规划。对于中国而言，节能减排是目前的重要决策之一，也是我国需要担负的重要社会责任之一。

在能源利用方面，由于各种原因，目前中国使用较多的仍是石油、煤炭等常规能源，而这些能源往往伴随着严重的环境污染（environmental pollution）。例如，燃煤产生的 SO_2，CO_2 等废气是造成我国大气污染的主要原因之一。

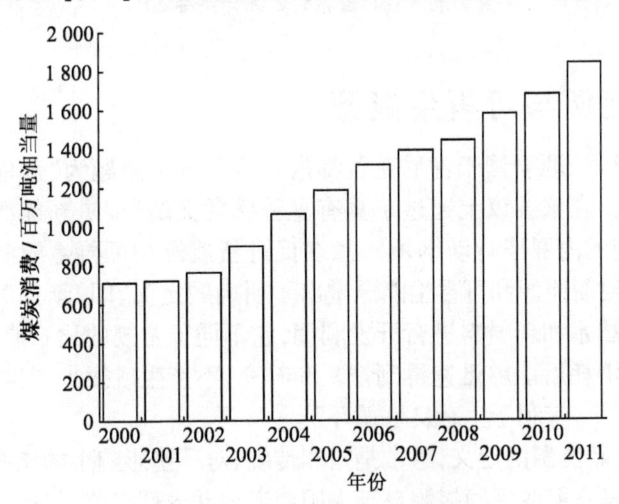

图 1-1 近年中国煤炭消费情况

（数据来源：BP 世界能源统计年鉴 2012）

由图 1-1 可以看出，自 2000 年以来，我国的煤炭消费量持续增长。尽管在此过程中，煤炭消费的增长趋势曾有所减缓，但以煤炭为主的能源消费结构依然是我国能源消费的基本特征，也是我国经济社会发展的首要选择。

2011 年中国的能源消费情况如图 1-2 所示，由图可以看出，我国的能源消费结构仍以煤炭消费为主导。随着交通运输业的快速发展，石油消费占据了能源消费中的另一大部分。而核能、水电和可再生能源等所占的比例较小。在未来的二三十年内，煤炭占能源消费的比重会有所减少，但其主体地位不会根本改变。这一现状也再次提醒我们，一定要大力调整能源消费结构，努力实现经济和社会的可持续发展。

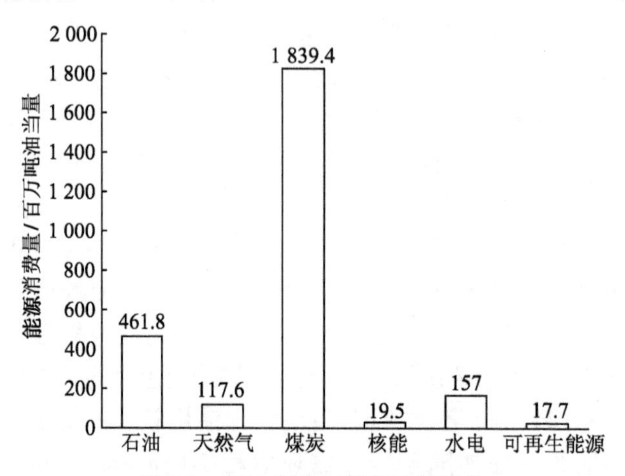

图 1-2　2011 年中国能源消费结构

（数据来源：BP 世界能源统计年鉴 2012）

1.3　新能源与可再生能源

1981 年 8 月，联合国于肯尼亚首都内罗毕召开了主题为“新能源和可再生能源”的会议。在该会议上通过了具有里程碑意义的《促进新能源和可再生能源发展与利用的内罗毕行动纲领》，意在促进新能源和可再生能源的开发与利用，并第一次对新能源和可再生能源做出了明确的定义，即“新的可更新的能源资源，通过新技术和新材料进行开发利用，它不同于常规的化石能源，能够实现持续利用，经消耗后能够迅速得到恢复和补充，不产生或很少产生污染物，对环境损害程度很小，有利于生态良性循环”。

当前对于新能源的定义，通常是指非传统、对环境影响小的能源形式及储藏技术，基本上是直接或者间接源自于太阳或者地球内部热能，包括太阳能、风能、生物质能、水能和海洋能、地热能、氢能以及生物燃料所产生的能量。也就是说，新能源涵盖了各种可再生能源以及核能。联合国开发计划署（United Nations

Development Programme，UNDP）对新能源进行了划分，将其分为 3 类：① 大中型水电；② 新可再生能源，包括小水电、太阳能、风能、现代生物质能、地热能以及海洋能（潮汐能）；③ 穿透性生物质能。

我国在《中国 21 世纪发展议程》中指出，可再生能源包括水能、生物质能、太阳能、风能、地热能和海洋能等。2005 年 2 月 28 日，经全国人大审议通过的《中华人民共和国可再生能源法》中界定了可再生能源是指"水能、风能、太阳能、地热能、海洋能、生物质能等非化石能源"。

如前所述，可再生能源与新能源要加以区分，核能属于新能源，但不属于可再生能源。可再生能源与清洁能源也要加以区分，如生物质能属于可再生能源，但其不属于清洁能源，生物质能发电过程中也会产生一定量的 SO_2。

新能源具有如下几个明显特点：① 资源种类丰富，分布区域广泛，地域特征明显；② 大部分新能源具备可再生的特征；③ 使用过程中对生态环境的破坏程度小、污染程度轻；④ 太阳能、风能及海洋能等新能源存在能源供给不连续的问题，从而对实现规模化开发利用提出了更高的技术要求。

新能源产业是体现国家战略的新兴产业，对中国经济的长期可持续发展，以及在国际产业竞争中占据主导性地位，都具有重要意义。中国新能源产业属于新兴产业；同时，新能源产业是国际产业竞争的重要领域，也是产业技术快速发展的领域。新能源产业发展的这些特征，决定了其需要选择与其他产业不同的战略路径。

近年来，我国的新能源产业得到了迅猛发展，以风力发电为例，2011 年中国的风电装机容量占全球风电装机总容量的 26.1%，居世界第一。排名世界第二的美国的风电装机容量占全球风电装机总容量的 19.7%，德国为 12.1%。图 1-3 显示了 2000 年以来中国风电装机总容量的增长过程。

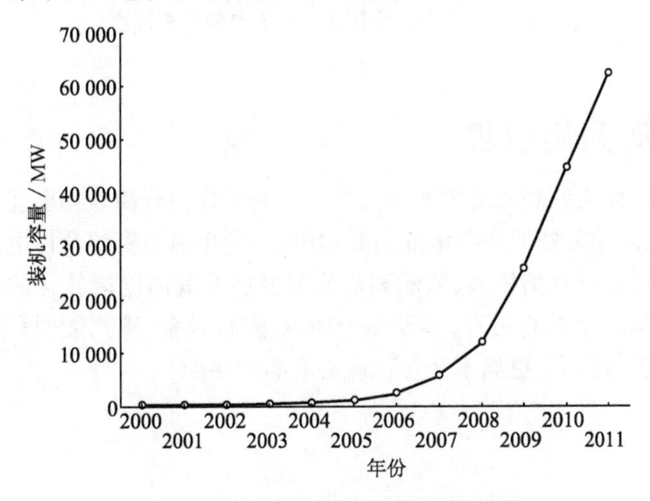

图 1-3　近年来中国风电的装机总容量

风能是太阳能的一种转化形式。目前对太阳能这一清洁能源的使用主要是利用其光和热进行发电,具体方式有两种:一是热发电,利用聚光镜将太阳辐射能聚焦到吸热器上,产生的高温热能通过热力循环(thermodynamic cycle),驱动发电机(generator)发电;二是光发电,也称光伏(photovoltaic,PV)发电,这是一种将太阳光辐射能通过光伏效应、经太阳能电池直接转换为电能的新型发电技术。图 1-4 是我国近年来太阳能发电的发展情况。相对于风电的发展来说,我国的太阳能发电存在着技术不成熟、发电成本高等问题,尽管太阳能发电的装机容量也呈迅速发展趋势,但其基数小,吸热器、储能材料、光电转换及控制等关键技术仍需进一步探索。

新能源产业的发展带动了一批相关产业的发展,增加经济效益的同时,也为社会增加了就业岗位。

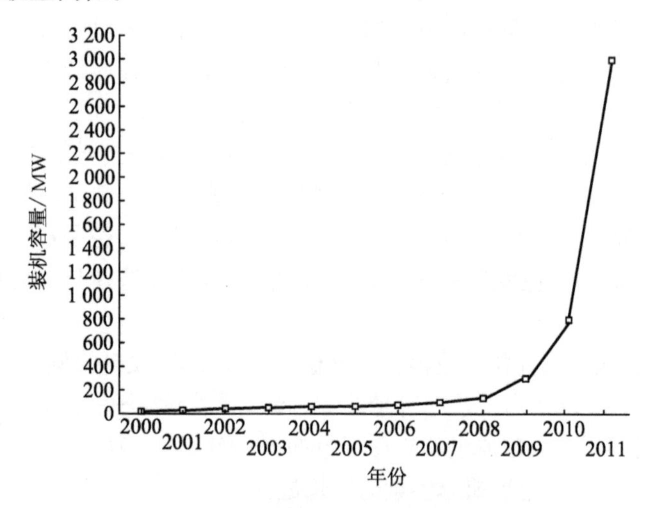

图 1-4　近年来中国太阳能发电装机总容量

1.4　能源利用过程

电能是目前能源利用的主要形式之一。利用煤炭资源获得电能需要热力发电厂;利用水的落差资源获得电能需要水电站;利用风力资源获得电能需要风电设备。本节将重点介绍核能、风能和水能的发展及其向电能转化的过程。能源的利用过程是一个综合过程,涉及多个环节、多种设备,提高能源利用率离不开设备本身性能的提高,更离不开各种设备之间的匹配。

1.4.1 核能

1. 我国核电事业发展概况

核能是被公认的唯一可大规模替代常规能源的、既清洁又经济的能源。由于核燃料资源丰富,运输和储存方便,且核电厂具有污染小、发电成本低等优点,因而从1954年前苏联建成第一座实验核电厂以来,核能发电在全世界得到了很大的发展。

核电是电力工业的重要组成部分,它不会造成对大气的污染排放。积极推进核电建设,是我国能源建设的一项重要政策。这对于满足经济和社会发展不断增长的能源需求,保障能源供应与安全,保护环境,实现电力工业结构优化和可持续发展,提升我国综合经济实力、工业技术水平,都具有重要意义。自从1985年3月秦山一期(1×300 MW)核电厂开工以来,我国的核电事业得到迅速发展。2007年国务院正式批准了《国家核电发展专题规划(2005—2020年)》,提出的发展目标:到2020年,核电运行装机容量争取达到40 GWe(注:GWe为10亿瓦的电容量),并有18 GWe在建项目接转到2020年以后续建。核电占全部电力装机容量的比重从现在的不到2%提高到4%,核电年发电量达到2 600~2 800亿kW·h。2010年10月18日中国共产党第十七届中央委员会第五次全体会议通过“十二五”规划,对《核电中长期发展规划(2005—2020年)》进行了大幅度的调整,将“核电中长期发展规划”中提出的“到2020年,核电运行装机容量达到40 GWe”的目标上提至86 GWe,到2030年达到200 GWe,到2050年达到400 GWe。

核能发电技术具有装机容量大,持续运行时间长,发电稳定性高,经济成本低(初始固定设备建设投入较高,但后续运营成本低)等优点,并且不存在目前风电、光伏发电所面临的电网接入方面的技术瓶颈,这些优势使核能成为被普遍看好的、未来用以替代火电的最佳发电能源。在环境保护方面,核能发电能够基本实现温室气体的零排放。根据相关统计,每100万t煤炭使用过程中所产生CO_2的量可以通过使用22 t铀发电替代来避免。

世界核电技术已经发展到第三代核电技术,主要代表技术有法国的EPR和美国西屋公司的AP1000技术,同时,第四代核电技术正在研究中。我国在20世纪80年代就已经确定了走压水堆核电站的技术道路,通过对当时引进的二代法国压水堆技术的消化吸收,已取得了巨大的技术进步,自主实现了600 MW压水堆机组设计国产化,基本掌握了百万千瓦压水堆核电厂的设计能力,自主研发了CNP1000技术并对法国M310技术进行了改进。2007年3月,中国国家核电技术公司与美国西屋联合体签署《核电自主化依托项目核岛采购及技术转让框架合同》,山东海阳核电项目机组建设将选用西屋联合体的第三代百万千瓦级压水堆技术,该技术被称为“AP1000方案”。AP1000核电系统作为第三代核电技术,在吸取了大量的核电站运行经验的基础上,充分利用现有的科学技术成果,按照当前新的核安全法规设计,把严重事故作为设计预防基准,其安全性和经济性都有了很大的提高。采用AP1000技术建设的核电站在未来10到20年内,在我国的核电建设中将占主导地位,而且将来我国拥有自主知识产权的CAP1400,CAP1700核电技术研究成功后,还有可能向其他国家输出核电技术。

2. 压水堆核电站的组成

压水堆(pressurized water reactor, PWR)核电站主要由压水反应堆、反应堆冷却剂系统(简称一回路)、蒸汽和动力转换系统(又称二回路)、循环水系统、发电机及其辅助系统组成,如图1-5所示。由于压水堆核电站中具有放射性的一回路与不带放射性的二回路系统是分开的,所以通常又把压水堆核电站分为核岛和常规岛两大部分。核岛是指核系统和设备部分;常规岛是指那些和常规火电厂相似的系统和设备部分。图1-6所示为一回路主要部件。

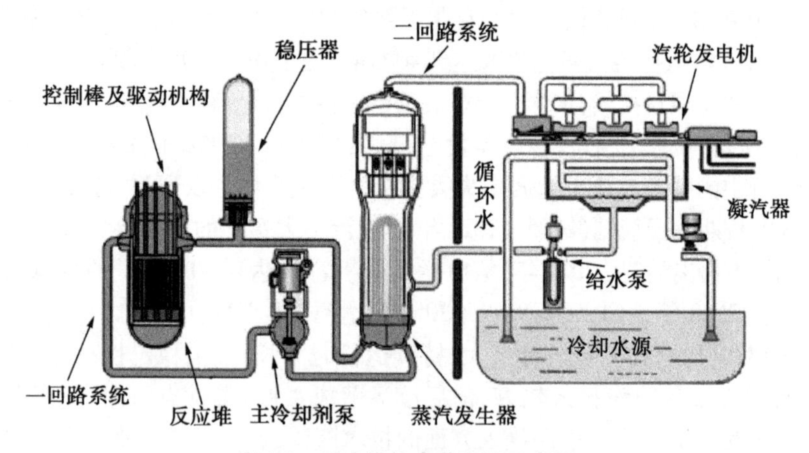

图1-5 压水堆核电站运行示意图

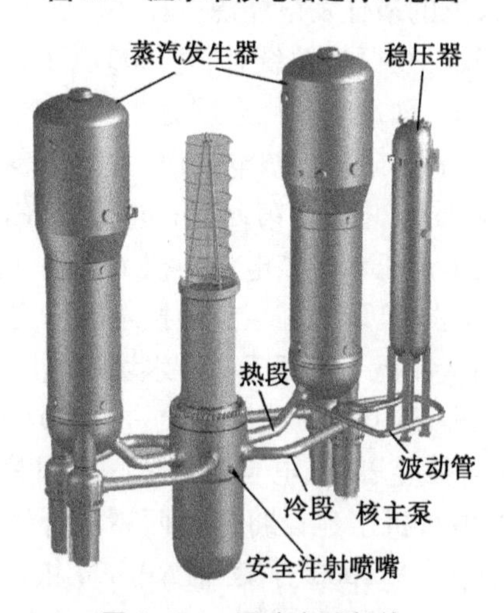

图1-6 一回路主要部件

反应堆冷却剂系统将堆芯核裂变释放出的热能带出反应堆并传递给二回路系统以产生蒸汽。通常把反应堆、反应堆冷却剂系统及其辅助系统合称为核供汽系统。现代商用压水堆核电厂反应堆冷却剂系统一般有二至四条并联在反应堆压力容器上的封闭环路。每一条环路由一台蒸汽发生器(steam generator)、一台或两台反应堆冷却剂泵(reactor coolant pump,RCP,又称为核主泵、核Ⅰ级泵)及相应的管道组成。一回路(primary loop)内的高温高压含硼水,由反应堆冷却剂泵输送,流经反应堆堆芯,吸收了堆芯核裂变释放出的热能,再流进蒸汽发生器,通过蒸汽发生器传热管壁,将热能传给二回路(secondary loop)蒸汽发生器,然后再被反应堆冷却剂泵送入反应堆。如此循环往复,构成封闭回路。整个一回路系统设有一台稳压器,一回路系统的压力用稳压器调节,保持稳定。

核主泵是保证核电站安全、稳定运行的核心设备。国外的 Westinghouse Electric(西屋电气)、KSB(凯士比)、Sulzer(苏尔寿)、Flowserve(福斯)、Andritz(安德里兹)等公司具备生产核主泵的资质。目前,我国泵产品加工制造企业尚无能力独立生产核主泵。核主泵始终是制约我国核电事业发展的瓶颈,在通过引进、合作等方式消化吸收国外核主泵制造技术的同时,相关单位也开展了核主泵的研究和开发工作。2008 年,我国科技部正式立项国家重点基础研究发展计划"核主泵制造的关键科学问题",对核主泵的设计制造技术进行攻关。

为了保证反应堆和反应堆冷却剂系统的安全运行,核电厂还设置了专设安全设施和一系列辅助系统。一回路辅助系统主要用来保证反应堆和一回路系统的正常运行。一回路辅助系统按其功能划分,有保证正常运行的系统和废物处理系统,部分系统同时作为专设安全设施系统的支持系统。专设安全设施为一些重大的事故提供必要的应急冷却措施,并防止放射性物质的扩散。

二回路系统由汽轮机发电机组、冷凝器、凝结水泵、给水加热器、除氧器、给水泵、蒸汽发生器和汽水分离再热器等设备组成。蒸汽发生器的给水在蒸汽发生器吸收热量变成高压蒸汽,然后驱动汽轮发电机组发电,做功后的乏汽在冷凝器内冷凝成水,凝结水由凝结水泵输送,经低压加热器进入除氧器,除氧水由给水泵送入高压加热器加热后重新返回蒸汽发生器,如此形成热力循环。为了保证二回路系统的正常运行,二回路系统也设有一系列辅助系统。

1.4.2 风能

1. 发展现状

风力发电是可再生能源中技术较为成熟的一种。过去 20 年间,风力发电成本累计下降了 80%,成为新能源中发电成本最接近火电的品种。除环境效益之外,风电在成本方面的竞争力正逐步增强。我国风能资源总储量约为 32 亿 kW,居世界首位,可开发利用部分约 10 亿 kW,其中陆地和海上可开发利用的风能储量分别为2.5亿kW和7.5亿kW。近年来在国家的各项政策支持下,我国的风电产业发展十分迅速,风电装机容量多年连续保持高速增长。根据全球风能理事会(Global Wind Energy Council, GWEC)发布的全球风电装机容量的统计数据显示,2011年我国风电的装机容量排名超过美国成为世界第一。在未来很长一段时期内,我国风力发电将持续保持强劲增长态势。能源的短缺和价格的上扬,环境保护压力的持续增大,风力发电技术的逐步成熟和成本的降低,国家产业政策的大力扶持,将成为促进风电行业持续增长的动力。

2. 风力机(wind turbine)

众所周知,风是空气流动的结果,它是由地球自转和太阳辐射共同作用形成的。以风力为动力做功,驱动风力叶轮旋转,再通过传动机构,驱动发电机旋转,风能由此转化为机械能,再转化为电能,这就是风力发电的过程。

目前,单台风力发电机的功率从几十瓦到几兆瓦,风力发电的规模也从家用的单台小型风力发电机到大型的风力发电场。风能发电的类型包括离网型和并网型,如图1-7,图1-8所示。

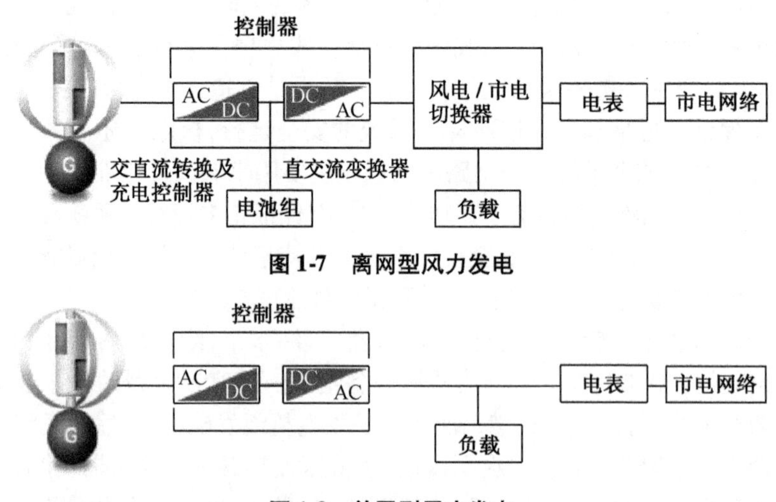

图1-7 离网型风力发电

图1-8 并网型风力发电

离网型风力发电将所发的电能存入电池模块内,可供一般照明设备使用,必要时可将电池电量汇入市电网络。该类型发电适合于边远地区和私人住宅。

并网型风力发电的优点是将所发的电力直接汇入市电网络。该类型发电便于集中管理,发出的电也可以统一调配。

图1-9为某近海风电场水平轴风力机群。近海区域风力资源丰富,风力机的安装与维护也较为方便。在我国江苏省沿海地区,到2015年风电装机容量将达到580万kW,其中陆地240万kW,海上340万kW,逐步打造海上"风电三峡"。图1-10为小型家用水平轴风力机,此类风力机发电功率在几个千瓦,适用

于居住在山区的居民和草原上的农牧民家庭。风力机远离叶轮的一端为尾舵，它可以根据风向调整叶轮的对风方向。

图 1-9　近海风电场水平轴风力机群

图 1-10　小型家用风力机

1.4.3 水能

1. 水能发展状况

水能资源是我国的优势资源，我国水能资源蕴藏量达 6.8 亿 kW，折合年发电量 5.9 万亿 kW·h，其中可开发的水电装机容量达 3.8 亿 kW，位居世界首位。我国水电装机总量目前已突破了 2 亿 kW，居世界第一。我国的三峡电站安装了 32 台 70 万 kW 水轮发电机组和 2 台 5 万 kW 水轮发电机组，总装机容量达 2 250 万 kW，年发电量超过 1 000 亿 kW·h，是目前世界上装机容量最大的水电站。

然而，我国水电的开发利用程度远远低于西方水电开发成熟的国家。据我国大坝委员会统计资料显示，目前一些发达国家的水电平均开发程度在 60% 以上。其中，美国的水电资源开发程度超过 82%，日本为 84%，加拿大为 65%，德国为 73%，法国、挪威、瑞士等均在 80% 以上，而我国水电资源的开发利用程度尚不到 30%。

同时，我国水电资源存在地区开发程度不平衡的问题。经济相对较发达的东部地区由于用电负荷集中，水电资源的开发利用率较高。而西部地区的水电资源开发由于起步较晚，目前利用率较低。我国水电资源的分布恰与此形成对比，全国近 3/4 的水电资源集中在经济相对落后的西部地区，其中仅云南、四川、西藏三省(自治区)就占到水电资源总量的 60%。西部地区的河流落差大，河谷下切深，资源集中，淹没损失小，水电站的技术经济指标普遍优于东部。

2. 水电站

水力发电是利用水作为传递能量的介质来发电的。水力发电依据一定的自然条件,或拦河筑坝,抬高上游水位;或采用引水的方式,集中河段中的自然落差,形成发电所需要的水头。水头表示单位重量的水体所具有的势能。当已经形成水头的水经由压力水管流过安装在水电站厂房内的水轮机(hydraulic turbine)而排至水电站的下游时,水流带动水轮机的转轮旋转,使水能转变为水轮机的旋转机械能。水轮机转轮带动发电机转子旋转,由于磁场切割导体,从而在发电机的定子绕组上产生感应电动势。当发电机与外电路接通时,发电机就会向外供电。这样,水轮机的旋转机械能就通过发电机转变为电能。这就是水力发电的过程。

为了实现这种能量的连续转换而修建的水工建筑物和所安装的发电设备及其附属设备的总体,就是水电站,典型的水电站示意图如图 1-11 所示。水电站安装的设备主要有水轮机、水轮发电机、变压器、开关设备和辅助设备等,还有为保证各种设备正常运行而设置的测量、监视、控制、保护及信号等电气设备。水轮机是水电站的核心设备,水流的能量转化在水轮机内进行。

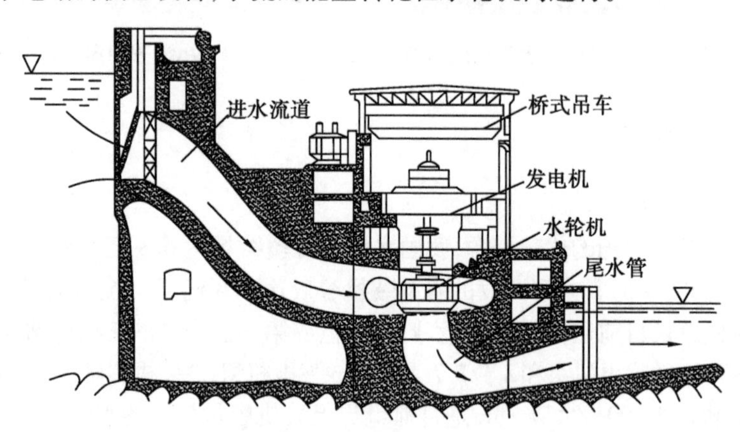

图 1-11　典型水电站剖面图

水轮机包括两种基本类型:冲击式水轮机(impulse hydraulic turbine)和反击式水轮机(reaction hydraulic turbine)。在冲击式水轮机(如图 1-12 所示)中,自由水柱通过喷嘴冲击水轮机的戽斗边缘,水分成两部分,从戽斗的两边排出。在此过程中,水柱对戽斗产生力的作用,推动戽斗和与其相连接的转动部件旋转。水柱通常由喷嘴产生,有时水柱流速会超过 150 m/s。反击式水轮机如图 1-13 所示,水进入

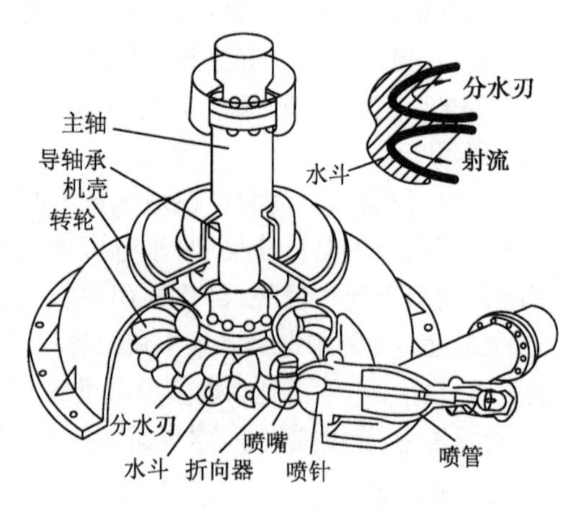

图 1-12 冲击式水轮机

蜗壳,通过固定导叶和活动导叶,流向叶轮,在冲击叶片的过程中,对叶轮产生力的作用,推动叶轮旋转。

两种水轮机的运转都是依靠水能量的转化,而水流对转轮的水力作用不同。

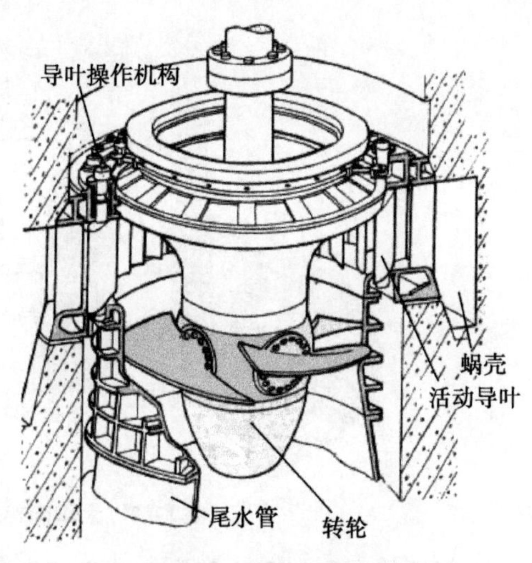

图 1-13 反击式水轮机

1.4.4 太阳能

1. 太阳能热利用

我国可再生能源中太阳能热利用最早实现了产业化发展,太阳能热水器的总产量和保有量均居世界首位。2005 年,我国太阳能热水器保有量近 7 500 万 m^2,占世界总量的 76%,相当于 1 100 万 t 标准煤的替代量。2011 年底,我国太阳能热水器(系统)保有量达 1.936 亿 m^2,预计 2015 年将达 4 亿 m^2。

2. 太阳能光伏发电

光伏发电前景非常广阔,据专家分析,全球 4% 的沙漠经配备太阳能光伏系统后,所发电力就可满足世界电力需求。全球光伏装机容量在 2011 年达到 29.7 GW。然而,由于发电成本高对产业发展带来的制约,目前光伏发电在发电总量中占比还很低。我国光伏发电水平近年来取得了一定的进步,但与发达国家的技术水平相比尚存在较大差距。我国光伏发电技术的发展历史较短,基础研究工作仍较薄弱,相关设备的生产和设计水平普遍落后于世界先进水平。

3. 太阳能热发电

太阳能热发电是除了风电以外最具有经济竞争力的可再生能源发电方式,而高温蓄热则是太阳能热发电系统中的关键技术。熔盐(molten salt)成本低,蓄热温度高,同时不可燃,具有很高的传热系数、热容和密度,是一种理想的蓄热介质。熔盐传热蓄热技术对于提高系统发电效率及稳定性和可靠性具有重要意义。西班牙 Andasol 太阳能电站、意大利 Enea 工程项目、国内青海德令哈市的 50 MW 太阳能塔式热发电站都成功应用了熔盐蓄热系统。图 1-14 为太阳能热发电系统流程图。反射镜面将太阳能集中于真空管,加热管中流动的熔盐,可使其温度升高到 550 ℃。熔盐将热量传递给蒸发器,通过热交换产生高温、高压的水蒸气,最后带动涡轮发电机发电。在此过程中,输送熔盐的熔盐泵内的最高介质温度超过 420 ℃,流动(flow)和传热(heat transfer)是影响熔盐泵运行的两大因素。

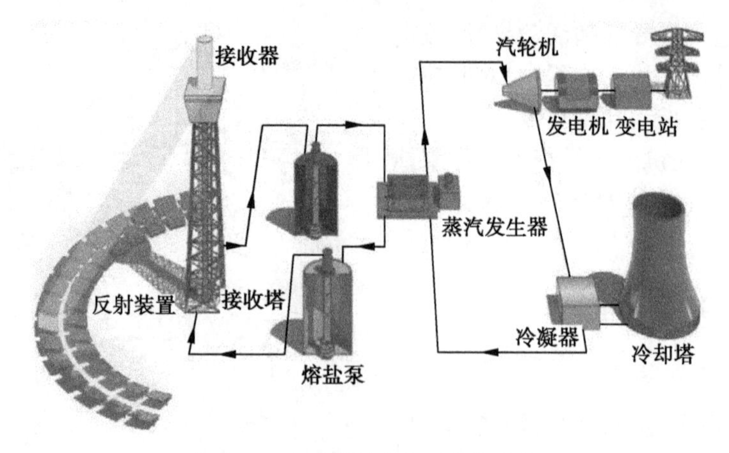

图 1-14 太阳能热发电系统流程图

能源的利用离不开各种动力机械与辅助机械。汽轮机、水轮机、风力机和叶片泵等是各自运行流程中的核心设备,其运行的可靠性、稳定性及效率影响着整个能源利用过程。对能源利用过程的直观认识应该以这些核心设备为起点,对能源利用开展研究工作更离不开这些关键设备。本书将以这些以旋转叶轮为特征的机械为侧重点,阐述其工作原理、结构特征、设计和研究手段等。该类机械的研究方法在能源与动力工程领域具有一定的普适性。

第 2 章　流体机械

2.1　流体机械概述

一般来说,物质存在的形态有 3 种:固体(solid)、液体(liquid)和气体(gas)。物质存在的形态由物质内部的微观结构、分子热运动和分子之间的作用力共同决定。流体(fluid)是液体和气体的统称。固体和流体的区别在于两个方面:一是固体具有长程有序的晶格结构,在宏观上表现为具有确定的熔化温度;二是固体具有抵抗剪切加载的能力,在宏观上表现为强度(strength)。

流体机械(fluid machinery)是以流体(气体或液体)为工作介质与能量载体的机械设备,是实现流体功和能转换的机械。流体机械的工作过程即是流体所具有的能量与机械的机械能相互转换或具有不同能量的流体之间进行能量的传递。

通过流体机械,人们将能量传递给流体或汲取流体本身的能量。根据能量传递的方向可将流体机械分为工作机和原动机。原动机将流体的能量转换为用于驱动其他机械设备的机械能,如水轮机、汽轮机、燃气轮机、风力机、各种液压马达(hydraulic motor)和各种气动工具。工作机将机械能转变成流体的能量,将流体输送到高处或压力更高的空间,或克服管路阻力将流体输送到远处。泵(pump)、风机(fan)、压缩机(compressor)均属于工作机。

2.1.1 流体机械的分类方法

(1) 根据流体与机械的相互作用方式,可将流体机械分成容积式流体机械(positive displacement fluid machinery)和叶片式流体机械(impeller fluid machinery)。容积式流体机械的特点:

① 工作介质处于工作腔,工作腔可以是一个或几个;

② 工作腔的容积是变化的;

③ 机械和流体之间的作用主要是静压力。

如风箱和打气筒均为容积式流体机械,而且是工作机。

图 2-1 为双螺杆泵(twin-screw pump)示意图。介质进入螺纹与泵壳形成的空间,由于各螺杆的相互啮合,在泵的吸入口与排出口间形成多个密封空间,随着螺杆的转动和啮合,这些密封空间在轴向沿螺杆连续地被推移至排出端,将封

闭在各空间的介质不断排出，犹如一个螺母在螺纹回转时不断向前推进的情形。

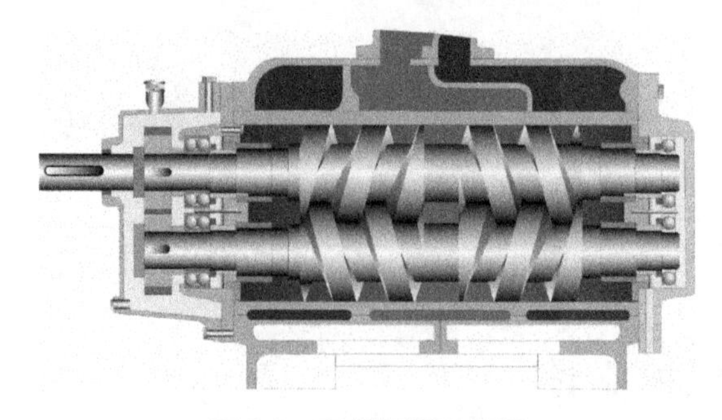

图 2-1　双螺杆泵示意图

螺杆泵可以输送润滑油、燃油及各类黏稠液体，且由于回转部件的惯性力较小，可使用很高的转速。

容积式泵是提升介质压力的重要设备。运用多缸柱塞泵，可以将纯水的压力增加到超过 600 MPa。如在射流流体中加入一定尺寸的石英砂，通过直径不足 1.0 mm 的喷管喷出，将形成可切割金属材料的磨料水射流（abrasive water jet，AWJ），也就是通常所说的“水刀”。

叶片式流体机械内的能量转换是在连续绕流叶片的介质与叶轮之间进行的。叶片使介质的速度（大小和方向）都发生变化，产生这种变化时叶片要克服流体的惯性力，此惯性力会对叶片产生反作用力。叶片泵是典型的叶片式流体机械，属于工作机。水轮机也是典型的叶片式流体机械，属于原动机。而应用于抽水蓄能电站（pumped-storage hydroelectric power plant ）的可逆式水泵水轮机（pump-turbine）则既可以作为水轮机，也可以作为水泵使用。抽水蓄能电站示意图如图 2-2 所示。

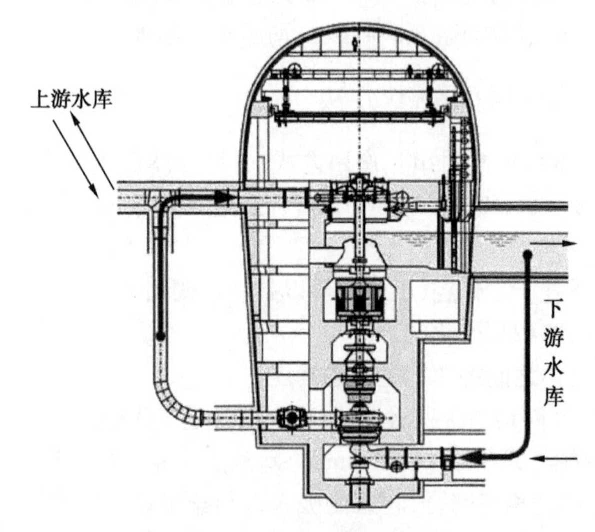

图 2-2　抽水蓄能电站机组示意图

(2) 按工作介质的性质可将流体机械分为水力机械和热力机械。水力机械以液体(如油、水等)为工作介质,水力机械的代表为泵和水轮机。热力机械以气体为工作介质。两种介质在是否可压缩方面存在差异。气体一般是可压缩的,当可压缩介质的体积发生变化时,必然伴随着功的传递及介质内能的变化。根据所产生的压力的不同,将输送可压缩介质的压缩机械分为通风机(压力小于0.015 MPa)、鼓风机(压力为0.015 ~0.35 MPa)和压缩机(压力大于0.35 MPa)。本书中以介绍水力机械为主。

另外还有一些根据流体机械的结构、用途等进行分类的方法,在此不再详细说明。流体机械在国民经济中的应用极其广泛。在能源电力工业中,汽轮机、水轮机、泵、风机和压缩机等均为关键设备。

2.1.2 流体机械的典型应用

火力发电厂简称火电厂,是利用煤、石油、天然气等燃料的化学能产生出电能的工厂。它的基本生产过程是:通过燃料在锅炉中燃烧加热水使其成为蒸汽,将燃料的化学能转变成热能,蒸汽压力推动汽轮机旋转,热能转换成机械能,然后汽轮机带动发电机旋转,将机械能转变成电能。按火力发电厂的功用可分为两类,即凝汽式电厂和热电厂。前者仅向用户供应电能,而热电厂除为用户提供电能外,还向用户供应蒸汽和热水,即所谓的“热电联合生产”。

火电厂的容量大小各异,具体形式也不尽相同,但就其生产过程来说却是相似的。图2-3为凝汽式燃煤电厂的生产过程示意图。

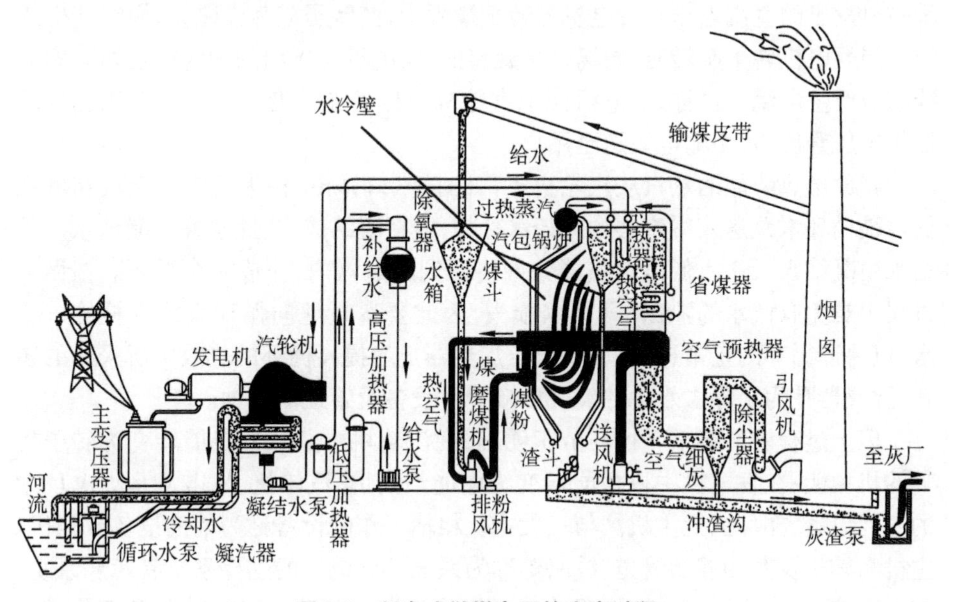

图2-3　凝汽式燃煤电厂的生产过程

大型火电厂为提高燃煤效率均燃烧煤粉。因此,煤斗中的原煤要先被送至磨煤机内磨成煤粉。磨碎的煤粉由热空气携带经排粉风机送入锅炉的炉膛内燃烧。煤粉燃烧后形成的热烟气沿锅炉的水平烟道和尾部烟道流动,释放热量,最后进入除尘器,将燃烧后的煤灰分离出来。洁净的烟气在引风机的作用下通过烟囱排入大气。助燃用的空气由送风机送入装设在尾部烟道上的空气预热器内,利用热烟气加热空气。这样,一方面使进入锅炉的空气温度提高,易于煤粉的着火和燃烧;另一方面可以降低排烟温度,提高热能的利用率。从空气预热器排出的热空气分为两股:一股进入磨煤机干燥输送煤粉,另一股直接送入炉膛助燃。燃煤燃尽的灰渣落入炉膛下面的渣斗内,与从除尘器分离出的细灰一起被水冲至灰浆泵房内,再由灰浆泵送至灰场。

在除氧器水箱内的水经过给水泵升压后通过高压加热器送入省煤器。在省煤器内,水受到热烟气的加热,然后进入锅炉顶部的汽包内。在锅炉炉膛四周密布着水管,称为水冷壁。水冷壁水管的上下两端均通过联箱与汽包连通,汽包内的水经由水冷壁不断循环,吸收煤燃烧过程中放出的热量。部分水在水冷壁中被加热沸腾后汽化成水蒸气,这些饱和蒸汽由汽包上部流出进入过热器中。饱和蒸汽在过热器中继续吸热,成为过热蒸汽。过热蒸汽有很高的压力和温度,因此有很大的热势能。具有热势能的过热蒸汽经管道进入汽轮机后,便将热势能转变成动能。高速流动的蒸汽推动汽轮机转子转动,形成机械能。

汽轮机的转子与发电机的转子通过联轴器连在一起。当汽轮机转子转动时便带动发电机转子转动。在发电机转子的另一端带着直流发电机,称为励磁机。励磁机发出的直流电送至发电机的转子线圈中,使转子成为电磁铁,周围产生磁场。当发电机转子旋转时,磁场也是旋转的,发电机定子内的导线就会切割磁力线感应产生电流。这样,发电机便把汽轮机的机械能转变为电能。电能经变压器将电压升压后,由输电线送至用户。

释放出热势能的蒸汽从汽轮机下部的排汽口排出,称为乏汽。乏汽在凝汽器内被循环水泵送入凝汽器的冷却水冷却,重新凝结成水,此水称为凝结水。凝结水由凝结水泵送入低压加热器并最终回到除氧器内,完成一个循环。在循环过程中难免有汽水的泄露,即汽水损失,因此要适量地向循环系统内补给一些水,以保证循环的正常进行。高、低压加热器是为提高循环的热效率所采用的装置,除氧器是为了除去水含的氧气以减少对设备及管道的腐蚀。

以上过程中的能量转换环节很明确,在汽轮机中蒸汽的热能转变为转子旋转的机械能;在发电机中机械能转变为电能。锅炉、汽轮机、发电机是火电厂中的主要设备,亦称三大主机。与三大主机相辅工作的设备称为辅助设备或辅机。主机与辅机及其相连的管道、线路等称为系统。火电厂的主要系统有燃烧系统、汽水系统、电气系统等。燃烧系统包括锅炉的燃烧部分、输煤、除灰及烟气排放系统等。汽水系统包括由锅炉、汽轮机、凝汽器及给水泵等组成的汽水循环和水处理系统、冷却水系统等。电气系统包括发电机、励磁系统、厂用电系统和升压变电站等。

除了上述的主要系统外,火电厂还有其他一些辅助生产系统,如燃煤的输送系统、水的化学处理系统、灰浆的排放系统等。这些系统与主系统协调工作,它们相互配合才能完成电能的生产任务。

从图 2-3 所示的电厂生产流程可以看到,汽轮机、泵、风机这些关键流体机械在电厂生产流程中占据着关键地位。另外,流动介质的输送与能量的传递过程构成了电厂运行的主要过程,涉及的部件种类多、结构形式多,且需要相互配合运行。火力发电系统是一个典型的流体机械集合体。

据统计,火力发电厂的泵与风机的耗电约为整个电厂用电量的 75%。所以,提高泵与风机的效率是节能的重要手段之一。

以前,泵只用来输送常温清水,所以常称为水泵。现在,泵除了可以输送常温液体外,还可以输送温度为 500 ℃以上的高温液体,以及密度是水的 10 倍以上的高温液态金属,还可以输送温度为 -200 ℃左右的液氧、液态氢等低温液体。特殊设计的泵可以输送含固体颗粒(如煤、矿石)的液浆。

在水利工程中,叶片泵成为提水排水的核心设备。在化学工程中,输送各种流体(包括各种液体、气体和多相流体)的泵和压缩机被广泛应用。近年来,高温、低温、高压、易燃、剧毒、易结晶、易汽化及易分解等介质的输送,对泵和压缩机的设计制造提出了各种特殊要求。在石油工业中,泵和压缩机是石油天然气钻探、开采、传输和加工过程中的重要设备。钢铁工业中的高炉鼓风机和空气压缩机,采矿工业中的排水泵、通风机和渣浆泵(slurry pump),航空航天工业中的燃料输送泵,生物医学工程中的人工心脏泵等,均为流体机械的典型应用。

2.2 叶片泵基本理论

叶片式流体机械有其共同点,但也因输送介质和运行工况的差异而存在诸多不同。本书将以叶片泵为切入点介绍叶片式流体机械。

2.2.1 叶片泵的分类

叶片泵依靠泵内高速旋转的叶轮把能量传递给液体,并进行液体输送。常见叶片泵按泵轴的位置可分为立式和卧式两类,再根据压水室、吸入方式、叶轮级数等进行分类,如图 2-4 所示。另外,又按使用条件、输送介质、材质、流动特征,对叶片泵进行分类。

(1) 按使用条件可将叶片泵分为：

① 高温泵（介质温度高达500 ℃甚至以上）与低温泵（介质温度低至 -253 ℃）；

② 高速泵（泵轴转速高达24 000 r/min）与低速泵（泵转速低至5 ~ 10 r/min）。

(2) 按输送介质可将叶片泵分为：清水泵、热水泵、污水泵、卤水泵、熔盐泵、渣浆泵和热油泵等。

(3) 按材质可将叶片泵分为：不锈钢泵、玻璃泵、铸铁泵、塑料泵、陶瓷泵和石墨泵等。

(4) 图2-4为目前叶片泵的结构框架，包含了叶片泵的常见结构形式。按流体通过叶轮时的出流和入流方向，叶片泵可以分为：离心泵（centrifugal pump）、混流泵（mixed-flow pump）和轴流泵（axial-flow pump）。3 种泵的叶轮入流方向均为轴向，它们之间的差别在于叶轮出流方向不同。图2-5、图2-6和图2-7分别为离心泵叶轮、混流泵叶轮和轴流泵叶轮的轴面结构示意图。

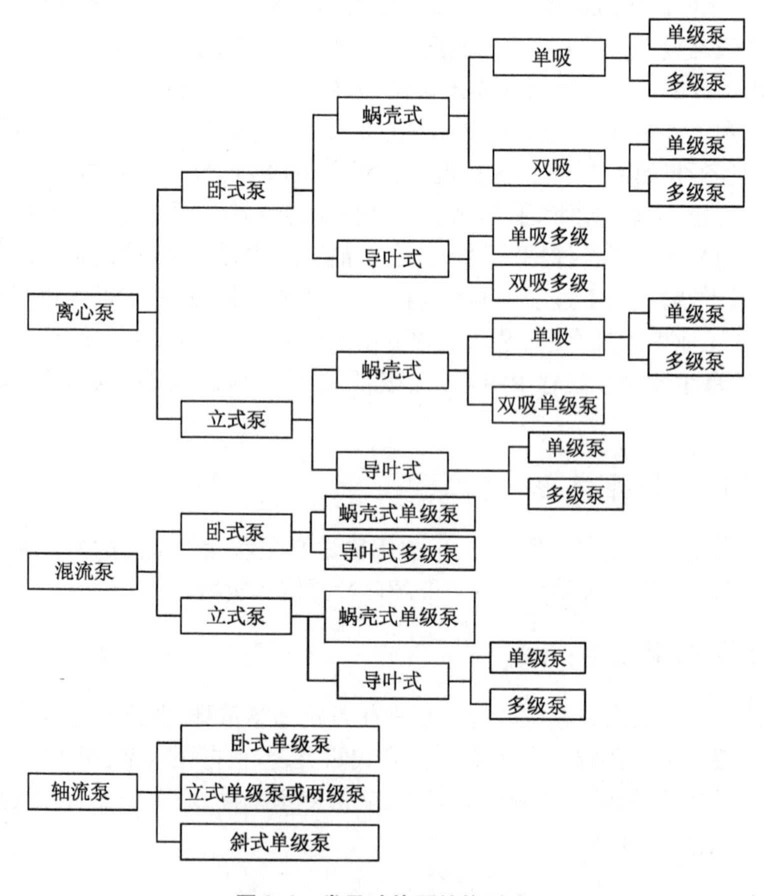

图2-4　常见叶片泵结构形式

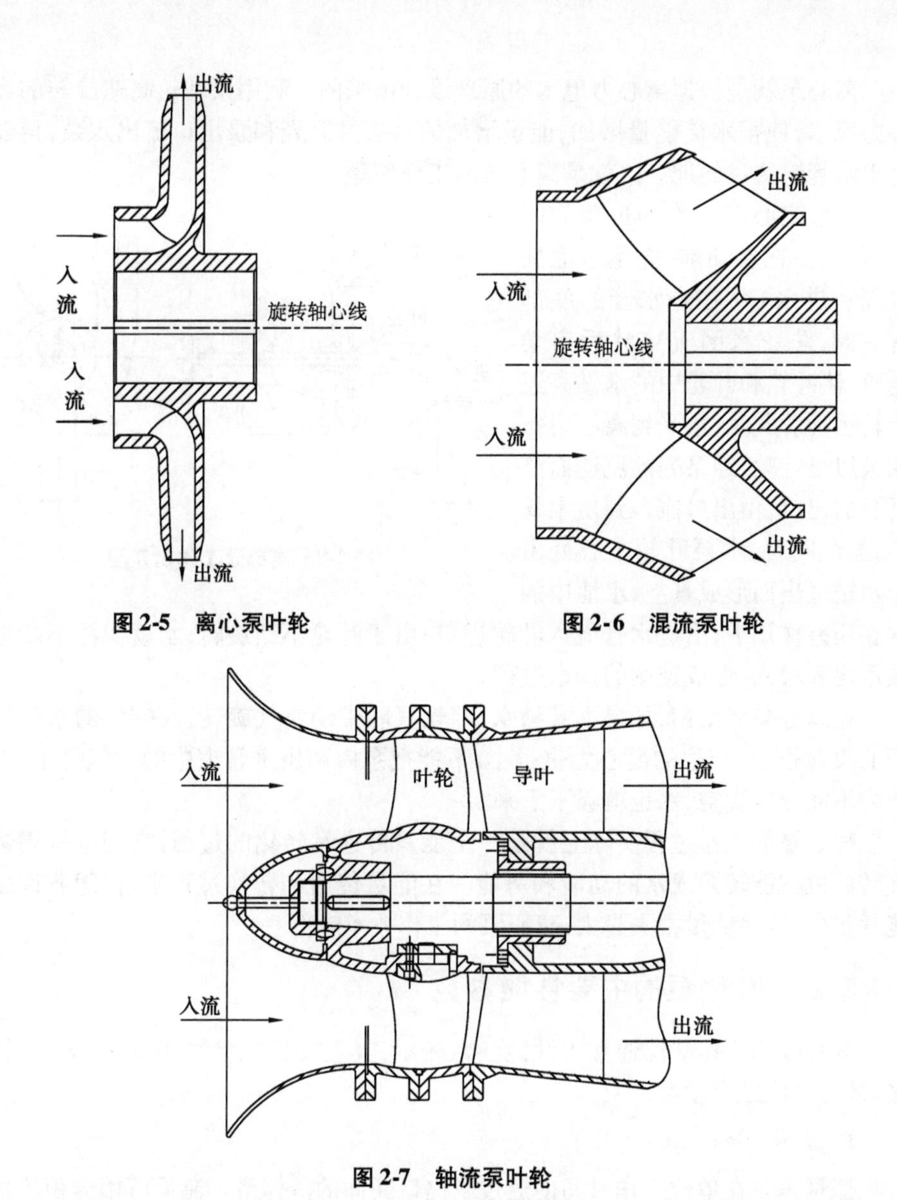

图 2-5　离心泵叶轮

图 2-6　混流泵叶轮

图 2-7　轴流泵叶轮

常用泵中,离心泵的使用范围最广,其具有体积小、转速高、重量轻、结构简单、易操作和易维修等优点。本章主要以离心泵为例进行阐述,轴流泵的做功原理与离心泵不同,请读者参照相关资料。

2.2.2 离心泵的工作原理

在生活中经常可以观察到离心现象:在雨天旋转雨伞,水滴会沿着伞边切线方向飞出,旋转的雨伞给水滴以能量,旋转产生的离心力把水滴甩走。这是旋转的离心力增加水的能量的例子。

离心泵就是根据离心力甩水的原理设计出来的。利用泵叶轮高速旋转的离心力甩水,使得水流能量增加,能量增加的水通过泵壳和泵出口流出水泵,再经过出水管输往目的地。这就是离心泵的工作原理。

一般离心泵工作的过程如图2-8所示。在启动前,先用水灌满泵壳和进水管(在进水管的底部有底阀,防止水倒流),然后启动电机,使叶轮和叶轮中的水做高速旋转运动。此时,水受到离心力作用被甩出叶轮,经泵壳的流道而流至泵的出口,由出口流入到出水管道;与此同时,水泵叶轮中心处由于水被甩出而形成真空,水池中的水在压差作用下,沿进水管流入叶轮进口;由于叶轮不断旋转,水就源源不断地被甩出和吸入,形成连续的扬水过程。

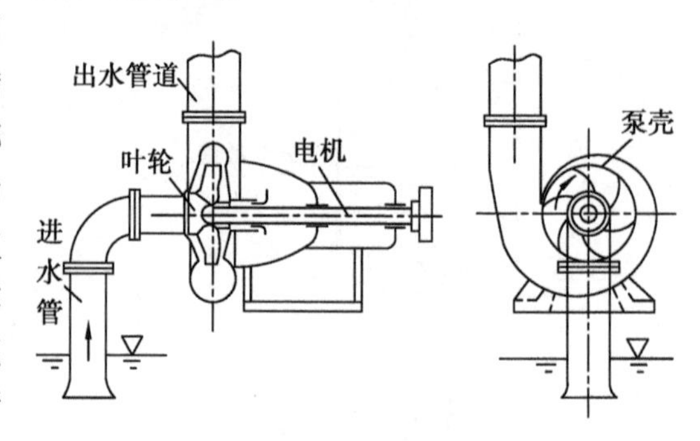

图 2-8　离心泵工作示意图

在离心泵启动前,如果不灌满水,叶轮只能带动空气旋转,而空气的单位体积的质量很小,产生的离心力也很小,不能把泵内和出水管道中的空气排出,在泵内不能形成真空,水也就吸不上来。

离心泵的工作过程实际上就是一个能量传递和转化的过程,它把电机高速旋转的机械能转换成水的动能和势能。在能量传递和转换过程中,伴随着许多能量损失,这些能量损失越大,离心泵的工作效率越低。

2.2.3 叶片泵的主要性能参数

叶片泵的工作状况通常用性能参数表示,其主要性能参数有流量、扬程、转速、效率和汽蚀余量等。

1. 流量(flow rate)

流量是泵在单位工作时间内通过泵出口断面的液体量。流量可用体积流量或质量流量表示,通常用 q_V 表示体积流量,其常用单位为 m^3/h 或 m^3/s。

2. 扬程(head)

扬程是单位重量的液体从泵进口断面(泵进口法兰)到泵出口断面(泵出口法兰)能量的增值,即单位重量的液体通过泵获得的有效能量,其单位为 m。

单位重量液体的能量通常由压头$\frac{p}{\rho g}$,速度水头$\frac{v^2}{2g}$和位置水头 z 组成。

泵的扬程可表示为

$$H = E_2 - E_1 \tag{2-1}$$

式中，E_1 为泵进口处单位重量液体的能量，E_2 为泵出口处单位重量液体的能量，

$$E_1 = \frac{p_1}{\rho g} + \frac{v_1^2}{2g} + z_1$$

$$E_2 = \frac{p_2}{\rho g} + \frac{v_2^2}{2g} + z_2$$

式中，ρ 为液体密度；p_1，p_2 为泵出口、进口处液体的压力；v_1，v_2 为泵出口、进口处液体的绝对速度；z_1，z_2 为泵出口、进口到测量基准面的距离。

因此，泵的扬程可表示为

$$H = \frac{p_2 - p_1}{\rho g} + \frac{v_2^2 - v_1^2}{2g} + z_2 - z_1 \tag{2-2}$$

3. 转速(rotating speed)

泵的转速 n 是泵轴每分钟旋转的次数，常用单位为 r/min，在国际标准单位制(SI)中转速的单位为 1/s，即 Hz。在应用固定转速的电动机直接驱动叶片泵时，泵的额定转速与电动机的额定转速相同。

如果泵采取交流电动机驱动，电动机的额定转速还与电动机的转差率有关。如果电动机的磁极对数为 2，则其同步转速为 $60f/2$(f 为 50 Hz，我国的电网频率)，即该电动机的同步转速为 1 500 r/min。如果转差率为 4%，则额定转速与同步转速之间相差的转速为 1 500 × 4% = 60 r/min，则额定转速为 1 440 r/min。

在国外也有电网频率为 60 Hz 的国家，如美国、加拿大、日本等，所以国外的电机额定转速会出现 1 750 r/min 的情况。

4. 功率(power)和效率(efficiency)

泵的功率通常指输入功率，即原动机传到泵轴上的功率，一般称为轴功率 N。

泵的输出功率又称为有效功率，表示单位时间内泵输送出去的液体从泵中获得的有效能量。

由于泵的扬程是单位重量的液体从泵中获得的有效能量，所以扬程和重量流量的乘积就是单位时间内从泵中输出液体所获得的有效能量。因此，泵的有效功率为

$$N_e = \rho g q_V H \tag{2-3}$$

轴功率和有效功率之差是泵内的功率损失，其大小用泵的效率计量。泵的效率的表达式为

$$\eta = \frac{N_e}{N} \tag{2-4}$$

5. 汽蚀余量(net positive suction head，NPSH)

为防止泵发生汽蚀(cavitation)，在其吸入液体具有的能量的基础上，再增加附加能量值，称此附加能量为汽蚀余量。汽蚀余量是表示泵的汽蚀性能的重要参数。

在化工行业中，一般采取增加泵吸入端液体的标高，即利用液柱的静压力作为附加能量（压力），单位为 m。在实际工程应用中，常用的两个术语为必需汽蚀余量 $NPSH_r$ 和有效汽蚀余量 $NPSH_a$。

（1）必需汽蚀余量 $NPSH_r$ 实际是流体经过泵入口部分后的压降，其数值由泵本身决定。$NPSH_r$ 越小，表明泵入口部分的阻力损失越小。因此，$NPSH_r$ 是汽蚀余量的最小值，是选用泵的重要参数之一。

（2）有效汽蚀余量 $NPSH_a$ 表示泵安装后，实际得到的汽蚀余量，此数值由泵的安装条件决定，与泵本身无关。$NPSH_a$ 必须要大于 $NPSH_r$，一般为 $NPSH_a \geqslant NPSH_r + 0.5$ m。

2.2.4 泵内的各种损失

泵在把机械能转换为所输送液体能量的过程中，伴随着各种损失，这些损失的大小用效率表示。

1. 机械损失（mechanical losses）和机械效率

原动机传递到泵轴上的轴功率，首先要消耗一部分以克服叶轮的圆盘摩擦（disk friction），损失的功率用 ΔN_1 表示，轴封装置摩擦损失的功率用 ΔN_2 表示，轴承摩擦损失的功率用 ΔN_3 表示。因此，泵内总的机械损失功率为

$$\Delta N = \Delta N_1 + \Delta N_2 + \Delta N_3 \tag{2-5}$$

泵的机械效率为

$$\eta_m = \frac{N - \Delta N}{N} = 1 - \frac{\Delta N}{N} \tag{2-6}$$

2. 容积损失（volumetric losses）和容积功率

泵的轴功率除去机械损失所剩余的功率，用来对通过叶轮的液体做功。但是从叶轮中获得能量的高压液体，经叶轮密封环等间隙从高压腔泄漏到低压腔，高压液体变为低压液体，其能量损失在泄漏的流动过程中。因此，泵的流量 qv 比通过叶轮的流量 q_V' 小，泵的容积效率为

$$\eta_V = \frac{q_V}{q_V'} \tag{2-7}$$

3. 水力损失（hydraulic losses）和水力效率

除泄漏量的损失外，液体从叶轮中获得的能量也并没有完全输送出去，有一部分能量消耗在从泵吸入口到排出口的泵的过流部件的水力损失上。因此，泵的实际扬程 H 比理论扬程 H_T 小，即

$$H = H_T - \sum h \tag{2-8}$$

式中，$\sum h$ 为泵内的水力损失扬程。

泵的水力效率为

$$\eta_{\mathrm{h}} = \frac{\rho g q_{\mathrm{V}}' H}{\rho g q_{\mathrm{V}}' H_{\mathrm{T}}} = \frac{H}{H_{\mathrm{T}}} = 1 - \frac{\sum h}{H_{\mathrm{T}}} \tag{2-9}$$

4. 泵的总效率(overall efficiency)

泵的总效率可以表示为

$$\eta = \frac{N_{\mathrm{e}}}{N} = \frac{\rho g q_{\mathrm{V}} H}{N} = \frac{\rho g q_{\mathrm{V}} H}{N} \cdot \frac{\rho g q_{\mathrm{V}}' H_{\mathrm{T}}}{\rho g q_{\mathrm{V}}' H_{\mathrm{T}}} = \frac{\rho g q_{\mathrm{V}}' H_{\mathrm{T}}}{N} \cdot \frac{q_{\mathrm{V}}}{q_{\mathrm{V}}'} \cdot \frac{H}{H_{\mathrm{T}}} \tag{2-10}$$

或

$$\eta = \eta_{\mathrm{m}} \eta_{\mathrm{V}} \eta_{\mathrm{h}} \tag{2-11}$$

2.2.5 基本方程

1. 速度三角形(velocity triangle)

离心泵工作时,液体一方面随叶轮一起旋转,同时又从转动着的叶轮内向外部运动。叶轮内任意一个流体质点(fluid particle)的绝对速度(absolute velocity)$\boldsymbol{c}_i$ 等于牵连速度(convected velocity)$\boldsymbol{u}_i$ 和相对速度(relative velocity)$\boldsymbol{w}_i$ 的矢量和

$$\boldsymbol{c}_i = \boldsymbol{u}_i + \boldsymbol{w}_i \tag{2-12}$$

这 3 个速度矢量组成一个封闭的速度三角形,如图 2-9 所示。不同位置的速度三角形可以反映液体在叶轮内的流动状态。

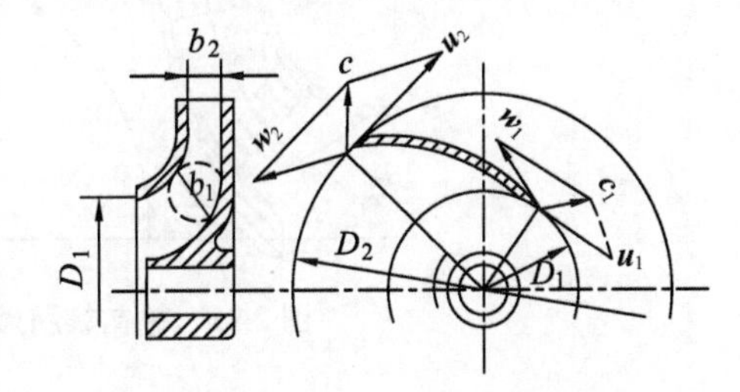

图 2-9 离心泵叶轮内的速度三角形

2. 欧拉方程

液体进入叶轮后受到叶片的作用力而增加能量,叶轮对液体做功与液体运动之间的关系可用能量方程表达,此方程即为离心泵的基本方程式——欧拉方程式。其表达式为

$$H_{\mathrm{T}} = \frac{1}{g}(c_{2u} u_2 - c_{1u} u_1) \tag{2-13}$$

式中,H_{T} 为离心泵的理论扬程(theoretical head),单位为 m;c_{2u} 为叶轮出口处液流绝对速度的圆周分量,单位为 m/s;c_{1u} 为叶轮进口处液流绝对速度的圆周分量,单位为 m/s;u_2 为叶轮出口处的圆周速度,单位为 m/s;u_1 为叶轮进口处的圆周速度,单位为 m/s。

当液流无预旋(pre-rotation)而进入叶轮时,$c_{1u}=0$。欧拉方程可简化为

$$H_{\mathrm{T}} = \frac{1}{g} c_{2u} u_2 \tag{2-14}$$

从欧拉方程可以看出,离心泵的理论扬程与叶轮的外径和工作转速相关,而与

输送介质的密度无关,这是离心泵可以用常温清水作为介质进行性能试验的依据。

3. 有限叶片数与无限叶片数理论扬程的区别

可以想象,当叶轮的叶片数为无限多时,液体质点的运动将被约束,相对运动的流线与叶片形状完全一致。对叶片泵进行理论研究时,无限叶片是一个假设,实际的离心泵叶片一般为 5 ~ 8 片,流体的惯性造成流道内的轴向旋涡运动(见图 2-10)会对流道内的速度分布产生影响,如图 2-11 所示。有限叶片数和无限叶片数叶轮产生的理论扬程的差别称为叶轮中的流动滑移(slip)。

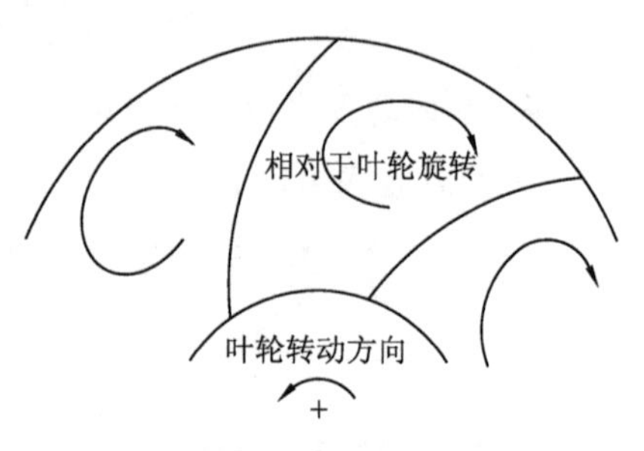

图 2-10 轴向旋涡位置

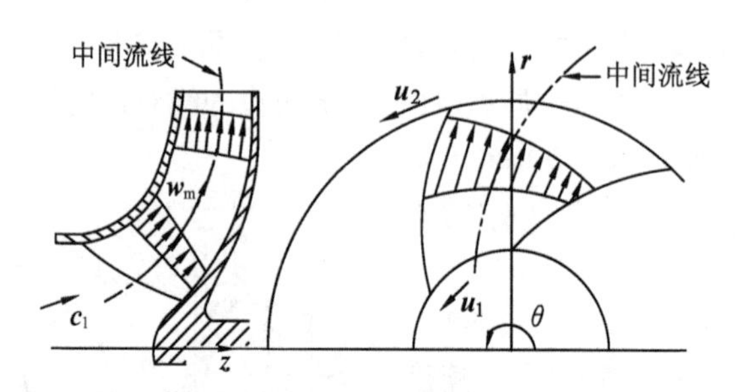

图 2-11 轴向旋涡对速度分布的影响

2.2.6 泵相似理论(similarity laws)

相似理论是叶片泵设计、研究及制造过程中的重要指导性理论。

设计任何一台泵,除了应保证泵结构经济合理、运行可靠及工艺性良好外,还应保证泵具有好的水力性能,即在规定的工况下运转时具有最佳的效率及汽蚀性能。泵内的液体流动,特别是在非设计工况下,流动现象非常复杂,研究起来也比较困难。目前,在得出一个好的水力设计方案前需要进行大量的试验工作,设计过程中要利用大量的经验资料和实验模型。但由于经济性或技术条件的限制,有的时候不可能对实型泵进行试验,这时必须将实型泵降速或缩小成模型来进行试验。那么如何将实物缩小成模型、模型试验结果与实型性能之间的关系将如何换算,这些都是模拟试验中需要考虑的问题。模拟试验的理论基础就是相似理论。

在泵制造过程中,充分利用国内外已有的优秀模型进行系列产品的开发,也需要采用相似理论进行性能、尺寸的换算,按模型换算进行相似设计是实际泵产品设计的重要方法。

本节以离心泵为例阐述相似理论,但其基本理论也适用于风机、水轮机等其他叶片式流体机械。以下用下角标“P”表示实型,用下角标“M”表示模型。模型的尺寸不一定比实型的小。

1. 几何相似

几何相似是指模型泵和实型泵相对应的尺寸均成同一比例，相对应的角度均相等。即

$$\frac{D_{1P}}{D_{1M}}=\frac{D_{2P}}{D_{2M}}=\frac{b_{2P}}{b_{2M}}=\lambda_L \tag{2-15}$$

式中，λ_L 为几何尺寸的比例常数。

2. 运动相似

模型泵和实型泵对应点的速度比值相同，即

$$\frac{v_{1P}}{v_{1M}}=\frac{v_{2P}}{v_{2M}}=\frac{u_{1P}}{u_{1M}}=\frac{u_{2P}}{u_{2M}} \tag{2-16}$$

由此可知，两个对应点的速度三角形是相似的。

3. 动力相似

动力相似是指模型和实型泵过流部分对应点液体的对应力的大小成比例、性质相同，即流动所受的外部作用力 F_w 和流体在外力作用下因本身质量引起的惯性力 ma 的比值相同，该比值称为牛顿数，即

$$N_w=\frac{F_w}{ma} \tag{2-17}$$

式中，N_w 表示流动的一般动力相似条件，N_w 相等，则流动满足动力相似。作用在液体上的外力 F_w 有黏性力、重力、表面张力、弹性力等。要使这些力均满足动力相似条件是很难的。在处理具体问题的时候只能选择起主导作用的某种力或某些力满足动力相似条件，而忽略相对次要的因素。

4. 泵的相似定律

满足相似关系的两台泵的流量、扬程、功率与泵的尺寸、转速及效率之间的关系，分别被称为流量、扬程、功率相似定律。即

$$\frac{q_{VP}}{q_{VM}}=\frac{n_P}{n_M}\left(\frac{D_{2P}}{D_{2M}}\right)^3\frac{\eta_{VP}}{\eta_{VM}} \tag{2-18}$$

$$\frac{H_P}{H_M}=\left(\frac{n_P D_{2P}}{n_M D_{2M}}\right)^2\frac{\eta_{hP}}{\eta_{hM}} \tag{2-19}$$

$$\frac{P_P}{P_M}=\left(\frac{n_P}{n_M}\right)^3\left(\frac{D_{2P}}{D_{2M}}\right)^5\frac{\rho_P\eta_{mM}}{\rho_M\eta_{mP}} \tag{2-20}$$

如果两个工况相似的泵的尺寸比值不是很大（不超过 2 ~ 3），转速比值不超过 2，且输送同一种液体，则可以认为两台泵的各种效率均相等。则

$$\frac{q_{VP}}{q_{VM}}=\frac{n_P}{n_M}\left(\frac{D_{2P}}{D_{2M}}\right)^3=(\lambda_L)^3\frac{n_P}{n_M} \tag{2-21}$$

$$\frac{H_P}{H_M}=\left(\frac{n_P D_{2P}}{n_M D_{2M}}\right)^2=(\lambda_L)^2\left(\frac{n_P}{n_M}\right)^2 \tag{2-22}$$

$$\frac{P_P}{P_M}=\left(\frac{n_P}{n_M}\right)^3\left(\frac{D_{2P}}{D_{2M}}\right)^5=(\lambda_L)^5\left(\frac{n_P}{n_M}\right)^3 \tag{2-23}$$

这是叶片泵中最常用的 3 个公式。

5. 比转速

泵的相似定律建立了几何相似的泵在相似工况下性能参数之间的换算关系，也就是说，如果要设计的泵的性能参数与已有的某个模型泵之间存在着上述关系，就可以采用相似定律按照模型泵进行设计，这是一种较为可靠的设计方法。相似定律中含有泵的几何尺寸，泵未设计出来，则几何尺寸未知，因此应用相似定律不方便。

（1）在相似定律的基础上，推导一个与泵的几何尺寸无关的相似数——比转速（specific speed），用 n_s 表示。如果几何相似的泵在相似工况下运转，则比转速相等。

比转速由相似定律演变得到，表达式为

$$n_s=\frac{3.65n\sqrt{q_V}}{H^{\frac{3}{4}}} \tag{2-24}$$

式中，流量 q_V 的单位为 m^3/s（对于双吸泵取 $q_V/2$）；扬程 H 的单位为 m；转速 n 的单位为 r/min。所以，比转速是有单位的。

对于同一台泵，在不同工况下运转时具有不同的比转速值，作为相似准则的比转速是指对应最高效率工况点的 n_s 数值。

比转速由相似定律得出，可以作为相似判据，即几何相似的泵在相似工况下 n_s 数值相同。但不能认为 n_s 数值相同的两台泵是几何相似的，因为影响泵几何形状的因素很多。比如相同的比转速，叶轮可能是轴流式的，也可能是混流式的；相同的比转速，压水室可能采用蜗壳，也可能采用导叶，泵的结构不同。

（2）比转速的量纲是 $[L]^{3/4}[T]^{-3/2}$，其中 $[L]$ 和 $[T]$ 分别为代表长度和时间的量纲，若将比转速除以重力加速度 g 的 3/4 次方，再把转速 n 改为角速度，就成为无量纲的，称为型式数（type number），一般用 K 表示，即

$$K=\frac{2\pi n\sqrt{q_V}}{60(gH)^{3/4}} \tag{2-25}$$

比转速与型式数之间的数值关系：

$$\frac{K}{n_s}=\frac{2\pi n\sqrt{q_V}}{60(gH)^{\frac{3}{4}}}\cdot\frac{H^{3/4}}{3.65n\sqrt{q_V}}=0.005\ 175\ 9$$

$$K=0.005\ 175\ 9\ n_s$$

$$n_s=129.2K$$

(3) 由于比转速是泵几何相似的准则，可以按比转速对泵进行分类；比转速也是运动相似的准则，又可按比转速对泵性能曲线的趋势进行分类。泵性能曲线的趋势与泵的运动参数有关，与泵的几何形状相关。表 2-1 总结了比转速与泵叶轮形状和泵性能曲线的趋势之间的对应关系。

表 2-1　比转速与泵叶轮形状和泵性能曲线之间的关系

泵的类型		比转数 n_s	叶轮形状	尺寸比 $\frac{D_2}{D_0}$	叶片形状	性能曲线形状
离心泵	低比转数	$30 < n_s < 80$	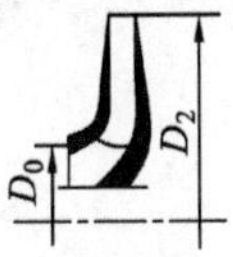	3	圆柱形叶片	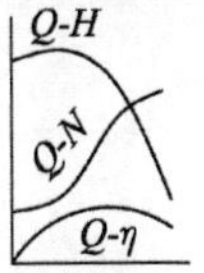
	中比转数	$80 < n_s < 150$	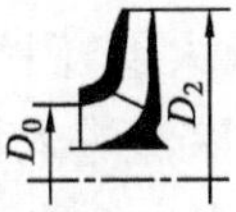	2.3	入口处扭曲 出口处圆柱形	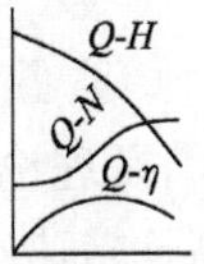
	高比转数	$150 < n_s < 300$	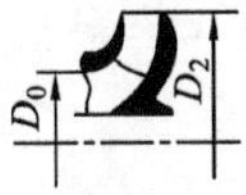	1.8 ~ 1.4	扭曲叶片	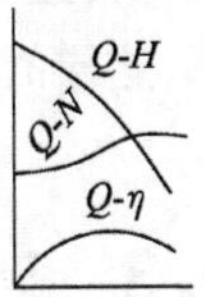
混流泵		$300 < n_s < 500$		1.2 ~ 1.1	扭曲叶片	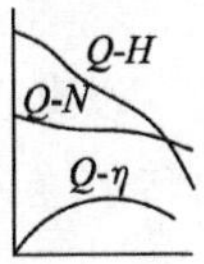
轴流泵		$500 < n_s < 1\,000$	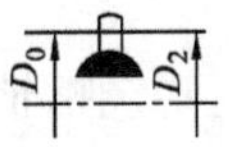	1	轴流泵翼型	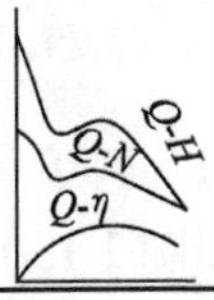

从表 2-1 中可以看出：

① 按比转速从小到大，泵分为离心泵、混流泵和轴流泵。在泵的流量和转速不变，吸入口尺寸大致相等的情况下，比转速低意味着高扬程，为了达到高扬程必须有足够大的叶轮出口直径 D_2，所以 D_2/D_0 值较大。比转速越高，扬程越低，叶轮出口直径 D_2 相应减小，D_2/D_0 值逐渐减小。对于混流泵，出口边变成倾斜的，因为出口边如果不倾斜，前盖板处的流线会比后盖板流线短得多，两条流线上的扬程也会相差较大，导致二次回流。另外，D_2 的减小受叶轮进口直径 D_0 的约束，出口边倾斜也使出口有较小的平均直径（取出口边中间流线的直径）。在混流式叶轮的基础上，继续减小 D_2，叶轮就成为轴流式叶轮。

② 从叶片形状来看，低比转速叶轮的叶片一般采用圆柱形的，因为这种叶轮的流道狭长，叶片进口边可以内缩到流道的径向部位，每条流线的进口液流角

都相同,这样的叶片是圆柱形的,设计和制造方便。比转速提高后,叶片进口边位置向叶轮进口延伸,进口边各条流线的直径相差较大,每条流线的进口安放角不能相同,叶片变成扭曲状。两种叶片的轴向视图如图 2-12 所示。

(a) 圆柱形叶片　　(b) 扭曲形叶片

图 2-12　不同形状的叶片

③ 低比转速叶轮的扬程易出现极大值,因为低比转速叶轮的出口角 β_2 较大,则理论扬程与流量的关系越平直,液流进入压水室时速度较大,撞击损失比高比转速叶轮大得多。理论扬程减去水力损失后,得到的扬程曲线易出现极大值,这样的泵在管网中运转易导致不稳定现象。

2.3　叶片泵的基本结构

以离心泵为例,离心泵虽然种类和形式繁多,但主要结构仍然基本相同,主要由转子、泵壳、轴向力平衡装置、密封装置、冷却装置,以及轴承与机架等部件组成。

2.3.1 转子(rotor)

转子是离心泵转动部分的总称,主要包括轴、叶轮、轴套、键和叶轮螺母等,如图 2-13 所示。

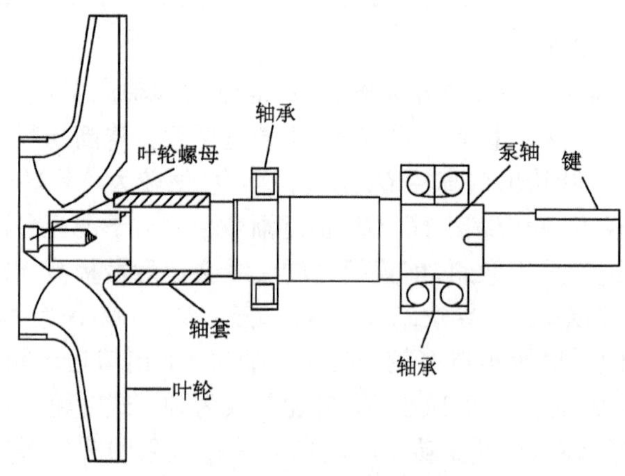

图 2-13　离心泵转子示意图

1. 叶轮

叶轮是离心泵的做功零件,它的高速旋转对液体做功而实现液体的输送,是离心泵的重要零件之一。叶轮一般由轮毂、叶片和盖板三部分组成。叶轮的盖板有前盖板和后盖板之分,叶轮进口侧的盖板称为前盖板,另一侧的盖板称为后盖板。叶轮可分为单吸式、双吸式,单吸为一侧进液,双吸为两侧同时进液。

按结构形式,叶轮可分为 3 种。

(1) 闭式叶轮,其两侧均有盖板,叶片在盖板之间,如图 2-14a 所示。闭式叶轮效率较高,应用最广,而制造难度大,适用于输送不含固体颗粒及纤维的清洁液体。闭式叶轮有单吸和双吸两种类型。双吸叶轮适用于大流量泵,其抗汽蚀性能较好。

(2) 半开式叶轮,其有两种结构:一种为前半开式,由后盖板和叶片组成,如图 2-14b 所示;另一种为后半开式,由前盖板与叶片组成,如图 2-14c 所示。半开式叶轮适用于输送易于含有固体颗粒等悬浮物的液体。半开式叶轮制造难度较小,成本较低,近年来应用逐渐广泛。

(3) 开式叶轮,其只有叶片和叶片加强筋,无前后盖板,如图 2-14d 所示。考虑强度和稳定性,开式叶轮的叶片数较少,一般为 2 ~ 5 片,叶轮效率低,主要用于输送高黏度液体。

叶轮的材料主要根据所输送液体的化学性质、杂质及在离心力作用下的强度来确定。清水离心泵叶轮用铸铁或铸钢制造,输送具有较强腐蚀性的液体时,可用青铜、不锈钢、陶瓷、耐酸硅铁及塑料等制造。叶轮的制造方法有翻砂铸造、精密铸造、焊接、模压及数控加工等,其尺寸、形状和制造精度对泵的性能影响很大。

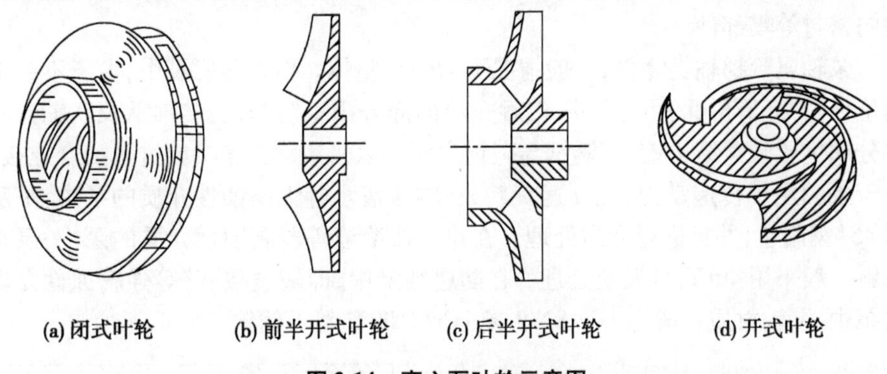

(a) 闭式叶轮　(b) 前半开式叶轮　(c) 后半开式叶轮　(d) 开式叶轮

图 2-14　离心泵叶轮示意图

另外,在低比转速叶轮中还有长短叶片复合叶轮、高速部分流泵(partial emission pump)叶轮、矩形等宽流道叶轮等。如图 2-15a 所示,长短叶片结构在国内应用比较多,长短叶片结合、短叶片偏置,目的是防止叶轮流道严重扩散导致小流量工况下工作不稳定,短叶片的布置可以改变流道中射流尾迹的流动结构,使叶轮出口流动更加均匀。目前,还有采用长、中、短3种尺寸叶片的组合叶轮。

高速部分流泵又称切线泵(tangent pump),其叶轮如图2-15b所示。旋转液体与叶轮之间基本没有相对流动,叶轮与液体保持一种刚体的关系,在单个流道与扩散管接通的瞬间就将最外层液体沿切向抛出,叶轮内的液体按能量高低由内向外分层次做同心旋转运动。

矩形等宽流道叶轮剖开后看不到叶片(如图2-15c所示),只有径向放射分布的矩形截面流道,在国内很少被采用。其原理结合了部分流泵和堵塞流道式泵的共同特点,可以有效地抑制轴向旋涡和脱流。其结构简单不需铸造,可采用全机加工的方法获得加工精度很高、表面粗糙度很小的表面。

(a) 长短叶片复合叶轮

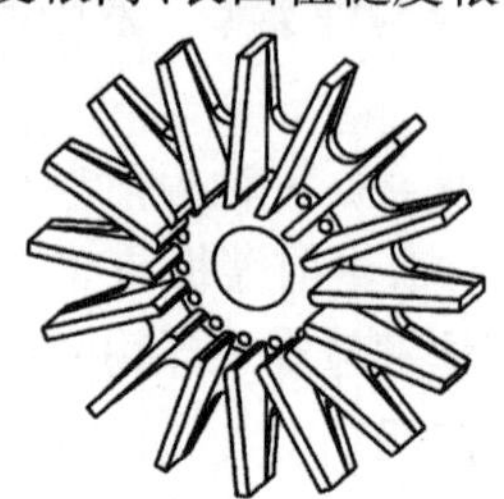

(b) 部分流泵叶轮

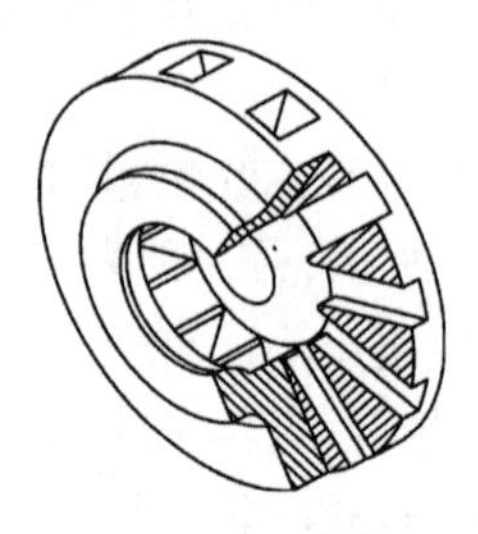

(c) 矩形等宽流道叶轮

图2-15 几种特殊叶轮形式

2. 轴(shaft)

轴是传递扭矩(torque)的主要零件。

离心泵泵轴的主要作用是传递动力、支承叶轮在工作位置正常运转。它一端通过联轴器与电动机轴相连,另一端支承着叶轮做旋转运动,轴上装有轴承、轴向密封等零部件。

泵轴属阶梯轴类零件,一般情况下为一个整体。但在防腐泵中,由于不锈钢的价格较高,有时采用组合件,接触介质的部分用不锈钢,安装轴承及联轴器的部分用优质碳素结构钢,不锈钢与碳钢之间可以采用承插连接或过盈配合连接。由于泵轴用于传递动力,且高速旋转,在输送清水等无腐蚀性介质的泵中,一般用45#钢制造,并且进行调质处理。在输送盐溶液等弱腐蚀性介质的泵中,泵轴材料一般采用40Cr,且调质处理。在防腐蚀泵中,即输送酸、碱等强腐蚀性介质的泵中,泵轴材质一般为1Cr18Ni9或1Cr18Ni9Ti等不锈钢。

3. 轴套(shaft sleeve)

轴套的作用是保护泵轴,使填料与泵轴的摩擦转变为填料与轴套的摩擦,所以轴套是离心泵的易磨损件,如图2-16所示。轴套表面一般采用渗碳、渗

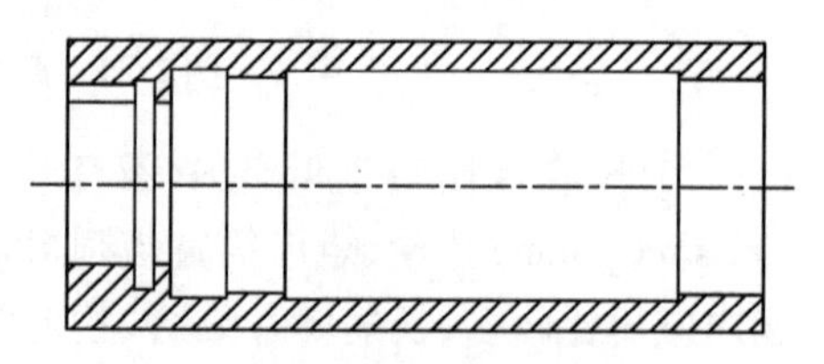

图2-16 离心泵轴套示意图

氮、镀铬、喷涂等方法进行处理，表面粗糙度要求一般要达到 Ra3.2 ~ Ra0.8，这样可以降低摩擦系数，提高使用寿命。

4. 轴承(bearing)

轴承起支承转子重量和承受力的作用。离心泵上多使用滚动轴承，如图 2-17 所示。其外圈与轴承座孔采用基轴制，内圈与转轴采用基孔制，国家标准有配合类别推荐值，可按具体情况选用。轴承一般用润滑脂和润滑油润滑。

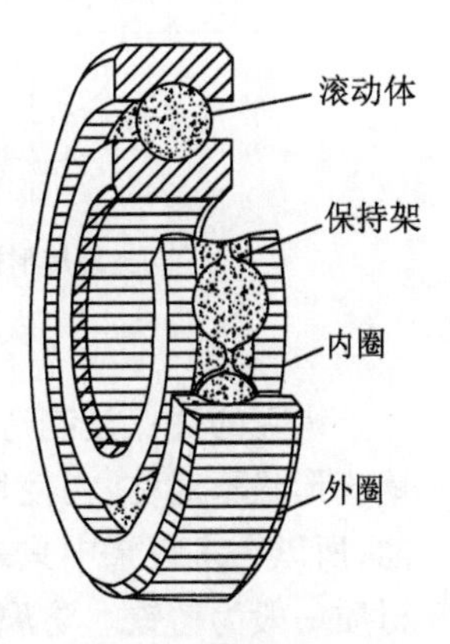

图 2-17 滚动轴承

2.3.2 壳体(pump casing)

壳体部分由泵体和泵盖组成，泵体和泵盖组成了不同结构的吸入室和压出室。两级以上的泵在泵壳与叶轮之间还设置导叶，它们同时承受介质的工作压力。壳体的作用是将叶轮封闭在一定的空间中，接纳从叶轮中排出的液体，并将液体的动能部分转化为压能。

1. 压出室(outlet casing)

蜗壳(volute)和导叶(guide vane 或 vane)都属于压出室，其作用一是汇集叶轮出口处的液体，将其引入到下一级叶轮入口或泵的出口；二是将叶轮出口的高速液体的部分动能转变为静压能。一般单级和中开式多级泵常设置蜗壳，分段式多级泵则采用导叶。

蜗壳是指叶轮出口到下一级叶轮入口或到泵的出口管之间截面积逐渐增大的螺旋形流道，如图 2-18 所示。其流道逐渐扩大，出口为扩散管状。液体从叶轮流出后，其流速可以平缓地降低，使很大一部分动能转变为静压能。

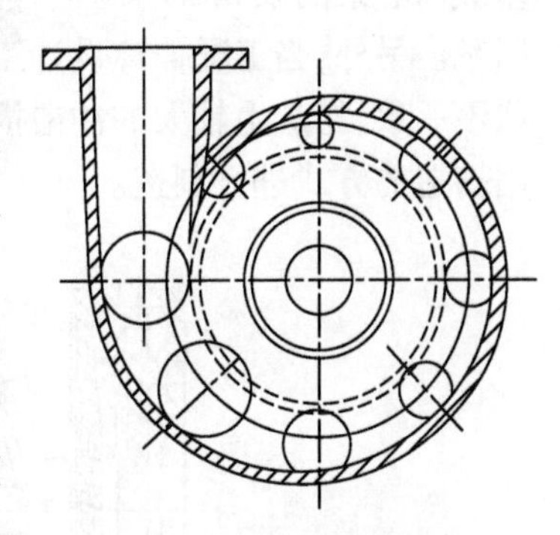

图 2-18 离心泵蜗壳

离心泵蜗壳一般有螺旋形蜗壳和环形蜗壳两种，环形蜗壳的通过性能好，易加工成形，但不符合流动规律；螺旋形蜗壳的能量转化效率较高，被普遍采用。在高扬程的场合，还可采用双螺旋形蜗壳，以平衡叶轮的径向力，降低泵的振动程度，如图 2-19 所示。另外，在压水堆核电站一回路中运行的混流式核主泵中采用了准球形壳体，其综合考虑了强度、易加工性、热膨胀、轴向定位等因素。有兴趣的读者可参照美国机械工程师学会(American Society of Mechanical Engineers, ASME)标准和相关文献。

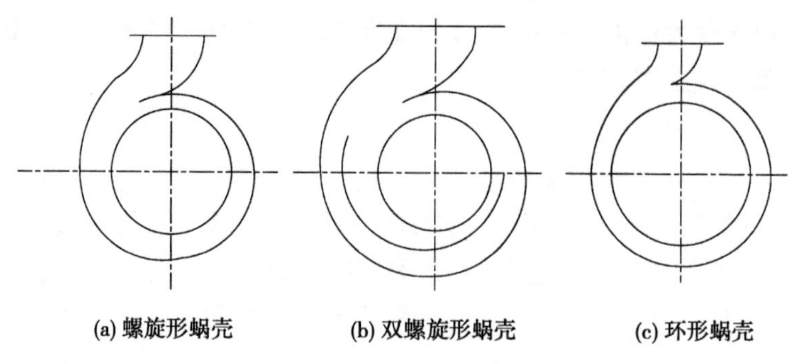

图 2-19　离心泵的蜗壳断面

蜗壳的优点是制造方便，高效区宽，车削叶轮后泵的效率变化较小。缺点是蜗壳形状不对称，在使用单蜗壳时作用在转子径向的压力不均匀，易导致轴弯曲，所以在多级泵中只是首段和尾段采用蜗壳而在中段采用导叶装置。蜗壳的材质一般为铸铁。防腐泵的蜗壳为不锈钢或其他防腐材料，例如塑料、玻璃钢等。多级泵由于压力较大，对材质强度要求较高，其蜗壳一般用铸钢制造。

导叶是一个固定不动的圆盘，正面有包在叶轮外缘的正向导叶，这些导叶构成了一条条扩散形流道，背面有将液体引向下一级叶轮入口的反向导叶，其结构如图 2-20 所示。液体从叶轮甩出后，平缓地进入导叶，沿着正向导叶继续向外流动，速度逐渐降低，动能大部分转变为静压能。液体经导叶背面的反向导叶被引入下一级叶轮。叶轮与导叶间的单侧径向间隙约为 1.0 mm。若间隙过大，效率则会降低；间隙过小，则会引起振动和噪声。与蜗壳相比，采用导叶的分段式多级离心泵的泵壳容易制造，能量转化的效率也较高。但安装检修较蜗壳结构困难。另外，当工况偏离设计工况时，液体流出叶轮时的运动轨迹与导叶流道形状不一致，易产生较大的冲击损失。由于导叶的几何形状较为复杂，所以一般采用铸造的方式进行制造。

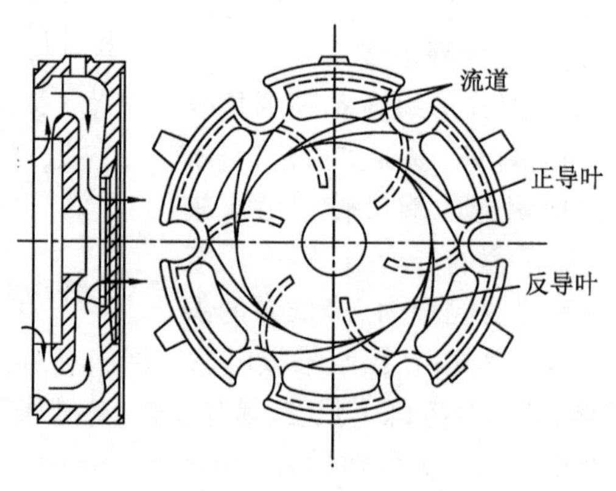

图 2-20　径向导叶

2. 吸入室(inlet casing)

吸入室的功能是把液体按要求的条件吸入叶轮。一般要求吸入室能够保证在叶轮入口获得分布均匀的速度场,且入流方向和水力损失符合要求。

吸入室的形状一般有直锥形、环形和半螺旋形,如图 2-21 所示。

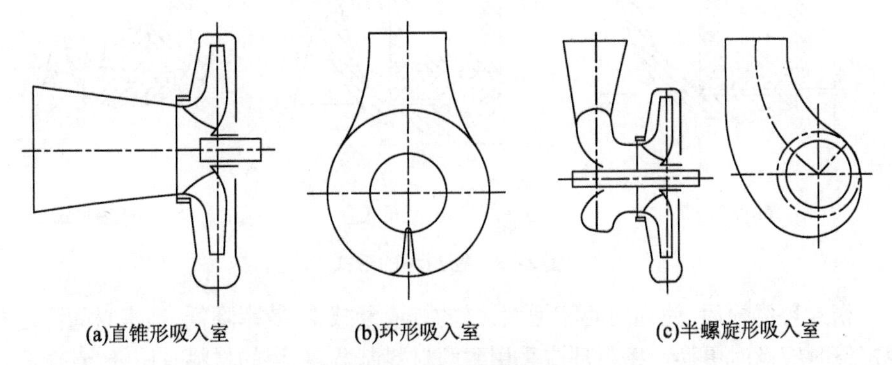

图 2-21　吸入室的形状

(1) 直锥形吸入室结构简单,性能较好,吸入室断面速度分布均匀,从而保证叶轮入口的流场均匀。

(2) 环形吸入室结构简单、对称,但不能保证叶轮入口的流场均匀而且对称。从液体在吸入室内的运动来看,流动损失大,且吸入室上下部分的流场不均匀。

(3) 半螺旋形吸入室的流动条件较环形吸入室好,由于设置了隔舌,阻挡了液体的旋转,如果设计合理,也能获得很好的水力性能。

2.3.3 密封(seal)装置

泵内常采用的密封方式有机械密封、填料密封和浮环密封。对于不同工况、不同介质,要使用不同结构和性能的密封部件。叶轮密封环和壳体密封环(口环)可以减少泵内部过流部件之间的能量损失,从而提高泵的效率。

1. 密封环

从叶轮流出的高压液体通过旋转的叶轮与固定的泵壳之间的间隙又回到叶轮的吸入口,称为内泄漏,如图 2-22 所示。为了减少内泄漏,保护泵壳,可在与叶轮入口处对应的壳体上安装可拆换的密封环。

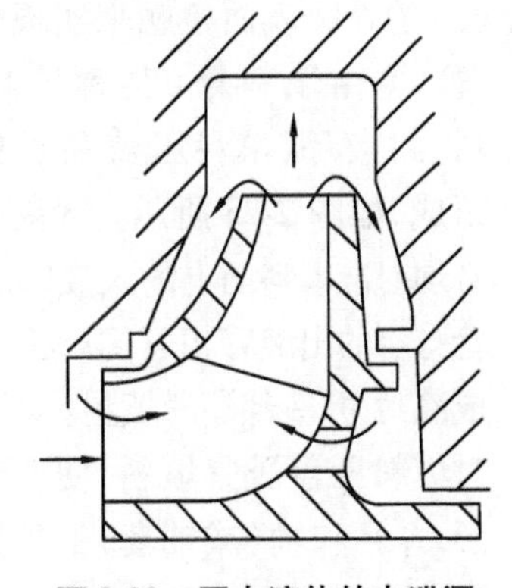

图 2-22　泵内液体的内泄漏

密封环的结构形式有 3 种,如图 2-23 所示。图 2-23a 为平环式,其结构简单,制造方便,但密封效果差;图 2-23b 为直角式的密封环,液体泄漏时通过一个 90°的通道,这种环的密封效果比平环式好，应用广泛；图 2-23c 为迷宫式密封环，其密封效果好，但结构复杂，制造困难，一般在离心泵中很少采用。密封环与叶轮外圆间的径向间隙取值可参照 API 610《石油、石化和天然气工业用离心泵》标准。

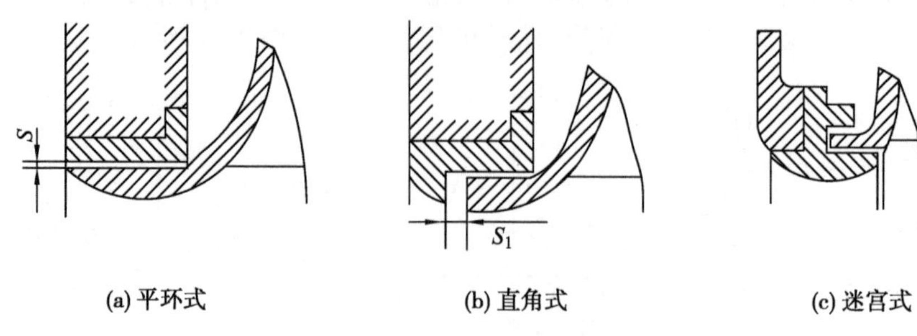

图 2-23　密封环的形式

密封环磨损后，使径向间隙增大，泵的排液量减少，效率降低，当密封间隙超过规定值时应及时更换。密封环应采用耐磨材料制造，常用的材料有铸铁、青铜等。

2. 轴向密封装置

从叶轮流出的高压液体，经过叶轮背面，沿着泵轴和泵壳的间隙流向泵外，称为外泄漏。在旋转的泵轴和静止的泵壳之间的密封装置称为轴封装置，如图 2-24 所示。它可以防止和减少外泄漏，提高泵的效率，同时还可以防止空气吸入泵内，保证泵的正常运行。特别在输送易燃、易爆和有毒液体时，轴封装置的密封可靠性是保证离心泵安全运行的重要条件。常用的轴封装置有填料密封和机械密封两种。

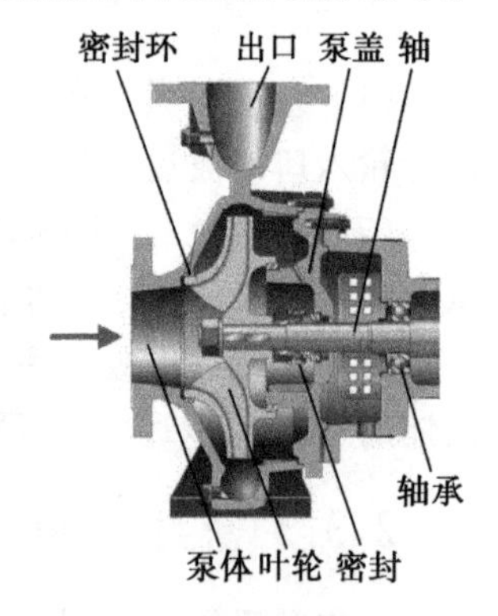

图 2-24　轴封装置的位置

3. 填料密封

填料密封指依靠填料和轴（轴套）的外圆表面接触来实现密封的装置。它由填料箱（又称填料函）、填料、封液环、填料压盖和双头螺栓等组成，如图 2-25 所示。封液环安装时必须对准填料函上的入液口，通过封液管与泵的出液管相通，引入压力液体形成液封，并冷却润滑填料。填料密封通过填料压盖压紧填料，使填料发生变形，并且和轴（或轴套）的外圆表面接触，防止液体外流和空气吸入泵内。填

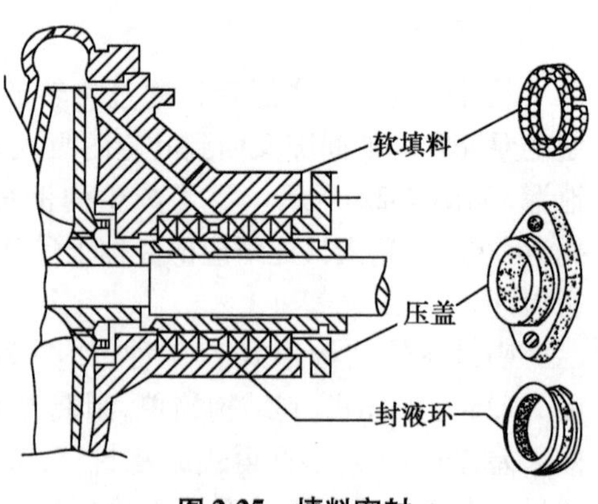

图 2-25　填料密封

料密封的密封性可通过调节填料压盖的松紧程度加以控制。填料压盖过紧,密封性好,但使轴和填料间的摩擦增大,加快了轴的磨损,增加了功率消耗,严重时会造成发热、冒烟,甚至将填料烧毁。填料压盖过松,密封性差,泄漏量增加,这是不允许的。合理的松紧度应该使液体从填料函中滴状漏出,每分钟控制在 15 ~20 滴左右。对有毒、易燃、腐蚀及贵重液体,由于要求泄漏量较小或不准泄漏,可以通过另一台泵将清水或其他无害液体注入封液环中进行密封,以保证有害液体不漏出泵外(也可采用机械密封装置)。

低压离心泵输送温度小于 40 ℃时,一般采用石墨填料或黄油浸透的棉织填料;输送温度小于 250 ℃、压力小于 1.8 MPa 的液体时,一般采用石墨浸透的石棉填料;输送温度小于 400 ℃、允许工作压力为 2.5 MPa 的石油产品时,一般采用金属箔包石棉芯子填料。

填料密封的密封性能差,不适用于高温、高压、高转速、强腐蚀等恶劣的工作条件。机械密封装置具有密封性能好、尺寸紧凑、使用寿命长及功率消耗小等优点,近年来在化工生产中得到了广泛的应用。

4. 机械密封

(1) 结构原理及分类

依靠静环与动环的端面相互贴合,并做相对转动而构成的密封装置,称为机械密封,又称端面密封,其结构如图 2-26 所示。利用紧定螺钉,将弹簧座固定在轴上,弹簧座、弹簧、推环、动环和动环密封圈均随轴转动,静环、静环密封圈装在压盖上,并由防转销固定,静止不动。动环、静环、动环密封圈和弹簧是机械密封的主要元件,而动环随轴转动并与静环紧密贴合是保证机械密封达到良好效果的关键。

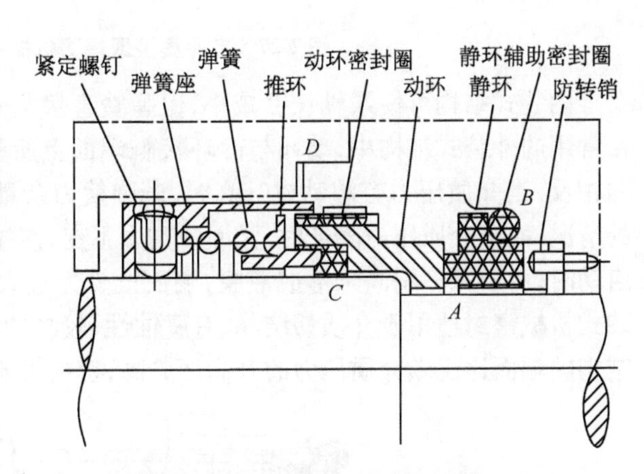

图 2-26　非平衡型单端面机械密封

机械密封中一般有 4 个可能泄漏点 A,B,C 和 D。密封点 A 在动环与静环的接触面上,它主要靠泵内液体压力及弹簧力将动环压贴在静环上,防止 A 点泄漏。但两环的接触面上总会有少量液体泄漏,它可以形成液膜,一方面可以阻止泄漏,另一方面又可以起润滑作用。为保证两环的端面贴合良好,两端面必须平直光洁。密封点 B 在静环与静环座之间,属于静密封点,将有弹性的 O 形(或 V 形)密封圈压在静环和静环座之间,靠弹簧力使弹性密封圈变形而密封。密封点 C 在动环与轴之间,此处也属静密封,考虑到动环可以沿轴向窜动,可采用具有弹性和自紧性的 V 形密封圈来密封。密封点 D 在静环座与壳体之间，也是静密封，可用密封圈或垫片作为密封元件。

机械密封的结构形式很多，主要是根据摩擦副的对数、弹簧、介质和端面上作用的比压情况以及介质的泄漏方向等因素进行划分。

① 内装式与外装式机械密封：

内装式机械密封的弹簧置于被密封介质的内部（见图 2-26、图 2-27），外装式机械密封弹簧则是置于被密封介质的外部，如图 2-28 所示。

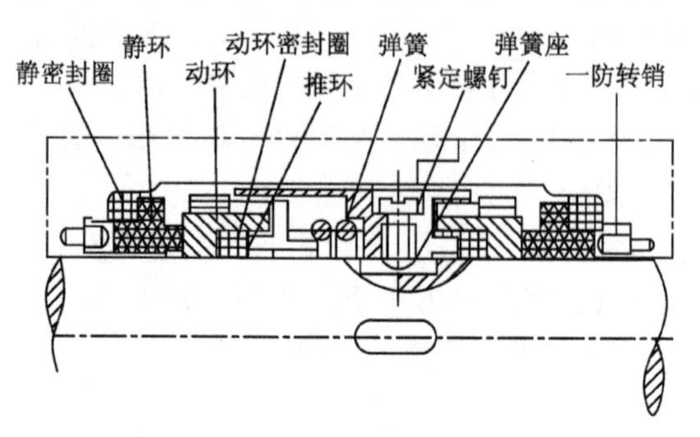

图 2-27　非平衡型双端面机械密封

内装式结构可使泵轴长度减小，但弹簧直接与介质接触，外装式正好相反。在常用的外装式结构中，动环与静环接触端面上所受介质作用力和弹簧力的方向相反，当介质压力有波动或升高时，若弹簧力余量不大，就会出现密封不稳定的情况；而当介质压力降低时，又因弹簧力不变，使端面受力过大，特别是在低压启动时，由于摩擦副尚未形成液膜，端面上受力过大容易磨伤密封面。所以，外装式机械密封适用于介质易结晶、有腐蚀性、较黏稠和压力较低的场合。内装式结构的端面比压随介质压力的升高而升高，密封可靠，应用较广。

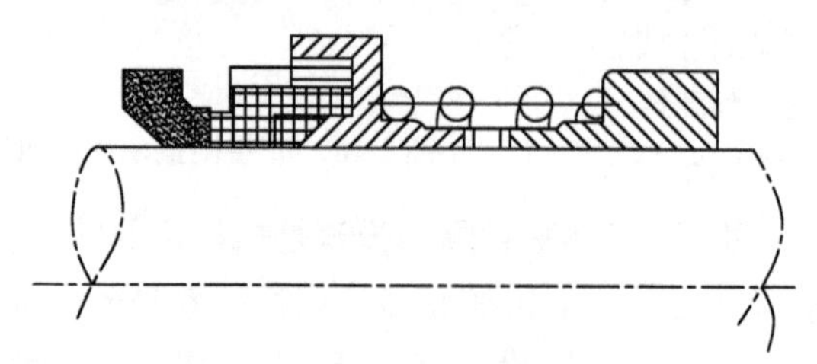

图 2-28　外装式机械密封

② 非平衡型与平衡型：

在非平衡型与平衡型的端面密封中，介质施加于密封端面上的载荷情况，可用载荷系数 K 表示，如图 2-29 所示。载荷系数 K 为介质压力的作用面积与密封端面面积之比。

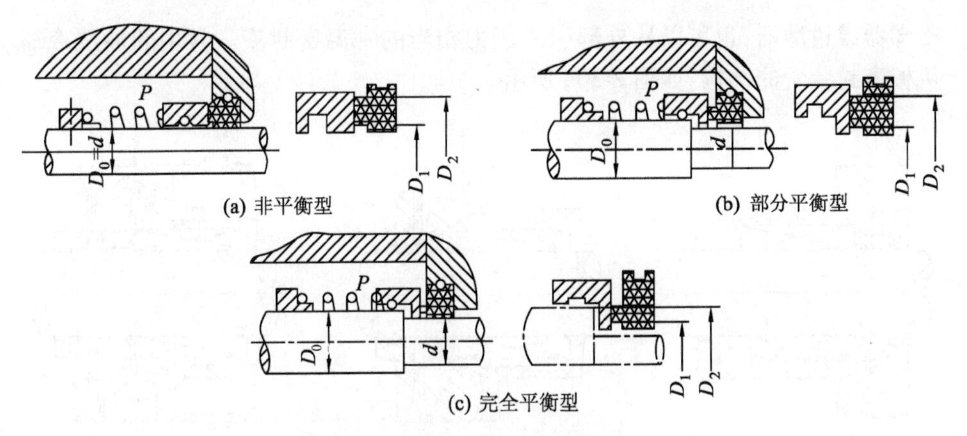

图 2-29　非平衡型与平衡型机械密封

③ 单端面与双端面机械密封：

单端面与双端面机械密封中动环与静环组成摩擦副，有一对摩擦副的称为单端面机械密封，如图 2-26 所示；有两个摩擦副的称为双端面机械密封，如图 2-27 所示。与单端面密封相比，双端面密封有更好的可靠性，适用范围更广，可以完全防止被密封的介质外泄漏，但其结构较复杂，造价高。

(2) 机械密封零件材料

正确合理地选择机械密封装置中的各零件材料，是保证密封效果、延长使用寿命的重要条件。材料必须满足设备运转中的工作条件，具有较高的强度、刚度、耐腐蚀性、耐磨性和良好的加工性。

在一对摩擦副中，不使用相同材料制造动环和静环，以免运转时发生咬合现象。通常，动环材质较硬，静环材质较软，即硬-软配对。常用的金属材料有铸铁、碳钢、铬钢、铬镍钢、青铜和碳化钨等，非金属材料有石墨浸渍巴氏合金、石墨浸渍树脂、填充聚四氟乙烯、酚醛塑料及陶瓷等。辅助密封圈一般用各种橡胶、聚四氟乙烯、软聚氯乙烯塑料等。弹簧常用的材料有磷青铜、弹簧钢及不锈钢。

(3) 冷却措施

由于机械密封本身的工作特点，动、静环的端面在工作中相互摩擦，不断产生摩擦热，导致端面温度升高，严重时会使摩擦副间的液膜汽化，造成干摩擦，导致摩擦副严重磨损。温度升高还会使辅助密封圈老化，失去弹性，动、静环产生变形。为了消除这些不良影响，保证机械密封的正常工作，延长使用寿命，要求对不同工作条件采取适当的冷却措施，以将摩擦热及时带走。常用的冷却措施有冲洗法和冷却法。

① 冲洗法利用密封液体或其他低温液体冲洗密封端面，带走摩擦热并防止杂质颗粒积聚。在被输送液体温度不高，杂质含量较少的情况下，自泵的出口将液体引入密封腔冲洗密封端面，然后再流回泵体内，使密封腔内液体不断更新，带走摩擦热。当被输送液体温度较高或含有较多杂质时，可在冲洗回路中安装

冷却器或过滤器,也可以从外部引入压力相当的常温密封液。常用的冲洗冷却机械密封装置的结构,如图 2-30a 所示。

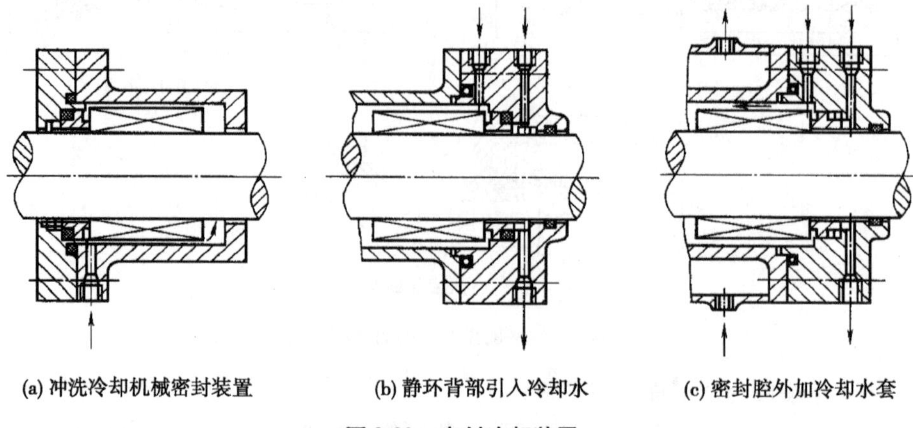

(a) 冲洗冷却机械密封装置　(b) 静环背部引入冷却水　(c) 密封腔外加冷却水套

图 2-30　密封冷却装置

② 冷却法分为直接冷却和间接冷却。直接冷却是用低温冷却水直接与摩擦副内径接触,冷却效果好。但缺点是冷却水硬度高时,水垢堆积在轴上会使密封失效,并且要有防止冷却水向大气一侧泄漏的措施。因此,直接冷却法的使用受到限制。间接冷却常采用静环背部引入冷却水结构,如图 2-30b 所示。也可采用密封腔外加冷却水套,此方法适用于输送高温液体,如图 2-30c 所示。

2.3.4 轴向力(axial force)平衡

离心泵工作时,由于叶轮两侧液体压力分布不均匀,会产生一个与轴线平行的轴向力,其方向指向叶轮入口,如图 2-31 所示。此外,当液体从轴向流入叶轮,然后又立即转为径向进入叶片间的流道时,由于轴向动量的突然变化,就会产生作用于叶轮的轴向力。但是,这个力比较小,并被压力差引起的轴向力抵消,一般可不考虑。

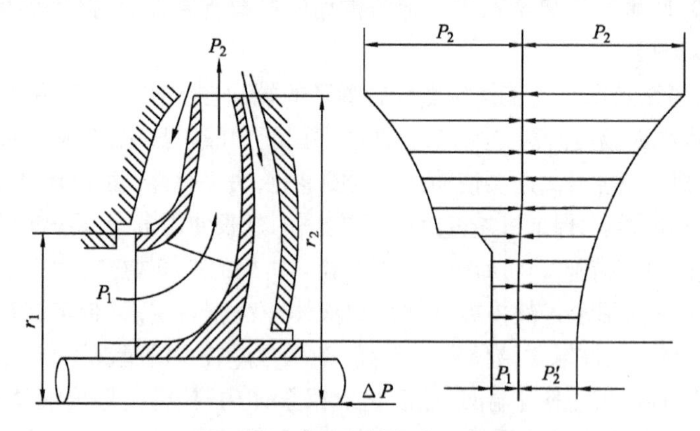

图 2-31　离心泵轴向力示意图

由于轴向力的存在,使泵的整个转子发生向叶轮吸入口的窜动,引起泵的振动,轴承发热,并使叶轮入口外缘与密封环产生摩擦,严重时使泵不能正常工作,甚至损坏部件,尤其是多级泵,轴向力的影响更为严重。因此,必须平衡轴向力以限制转子的轴向窜动。

1. 单级泵的平衡

(1) 叶轮上开平衡孔,可使叶轮两侧的压力基本上得到平衡,如图 2-32a 所示。但由于液体通过平衡孔有一定阻力,所以仍有少部分轴向力不能完全得到平衡,并且会使泵的效率有所降低。这种方法的主要优点是结构简单,多用于小型离心泵。

(2) 泵体上装平衡管。将叶轮背面的液体通过平衡管与泵入口处液体相连通来平衡轴向力,如图 2-32b 所示。这种方法优于开平衡孔法,它不干扰泵入口的液体流动,效率相对较高。

(3) 采用双吸叶轮。双吸叶轮的外形和液体流动方向均为左右对称,所以理论上不会产生轴向力,但由于制造质量及叶轮两侧液体流动的差异,仍可能产生较小的轴向力。

(4) 采用平衡叶片。在叶轮轮盘的背面设置若干径向叶片,如图 2-32c 所

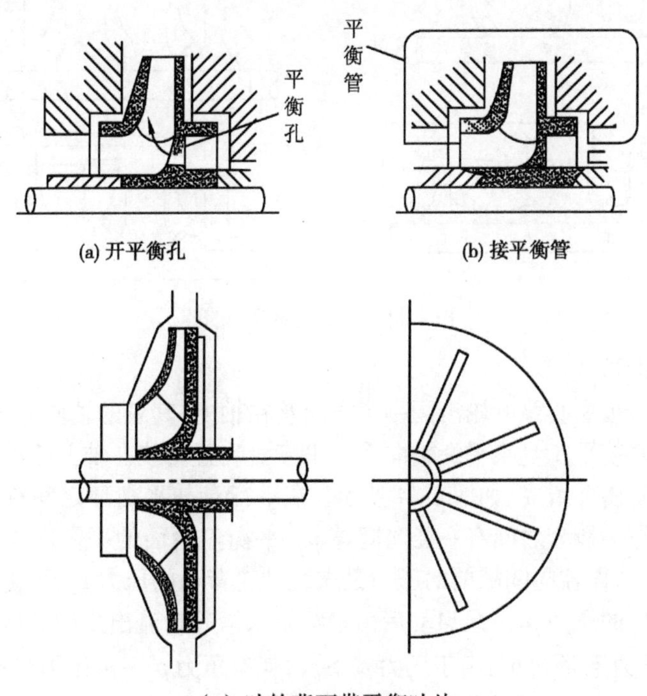

(a) 开平衡孔

(b) 接平衡管

(c) 叶轮背面带平衡叶片

图 2-32　常用平衡轴向力方式

示，当叶轮旋转时，它可以推动液体旋转，使叶轮背面靠近叶轮中心部分的液体压力下降，下降的程度与叶片的尺寸及叶片与泵壳的间隙大小有关。此方法的优点是除了可以减小轴向力以外，还可以减少轴封的负荷；对输送含固体颗粒的液体，则可以防止悬浮的固体颗粒进入轴封。但对于易与空气混合而燃烧爆炸的液体，则不宜采用此法。另外，从减轻泵振动的角度来看，设置背叶片的方案并不可取。

2. 多级泵的平衡

分段式多级离心泵的轴向力是各级叶轮轴向力的叠加，其数值很大，不可能完全由轴承来承受，必须采取有效的平衡措施。

(1) 叶轮对称布置

将离心泵的每两个叶轮以相反方向对称地安装在同一泵轴上，使每两个叶轮所产生的轴向力互相抵消，如图 2-33 所示。这种方案流道复杂，造价较高。当级数较多时，由于各级泄漏情况不同和各级叶轮轮毂直径不同，轴向力也不能完全平衡，往往还需采用辅助平衡装置。

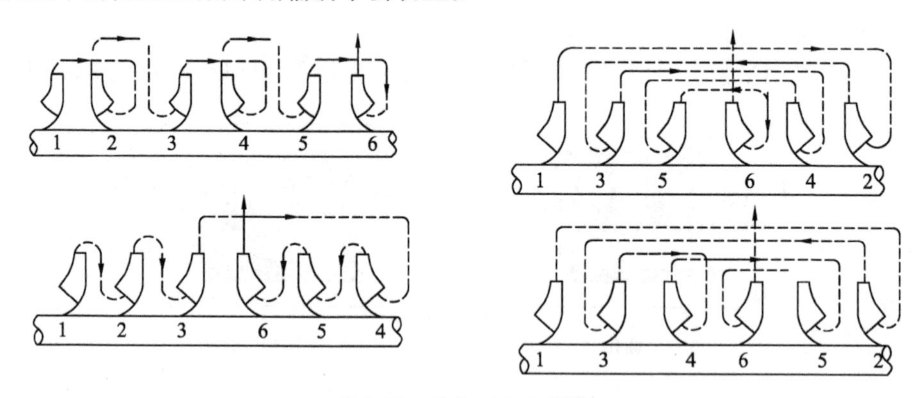

图 2-33　叶轮对称布置图

(2) 平衡盘装置

分段式多级离心泵叶轮沿同一个方向装在轴上，其总的轴向力很大，常在末级叶轮后面安装平衡盘来平衡轴向力。平衡盘装置由装在轴上的平衡盘和固定在泵壳上的平衡环组成，如图 2-34 所示。在平衡盘与平衡环之间有一轴向间隙 b，在平衡盘与平衡套之间有一径向间隙 b_0，平衡盘后面的平衡室与泵的吸入口用管子连通，这样径向间隙前的压力是末级叶轮背面的压力 p_2，平衡盘后的压力是接近吸入口的压力 p_1。泵启动后由多级泵末级叶轮流出来的高压液体流过径向间隙 b_0，压力下降到 p^*，由于压力 $p^* > p_1$，就有压力 $p^* - p_1$ 作用在平衡盘上，这个力就是平衡力，方向与作用在叶轮上的轴向力相反。

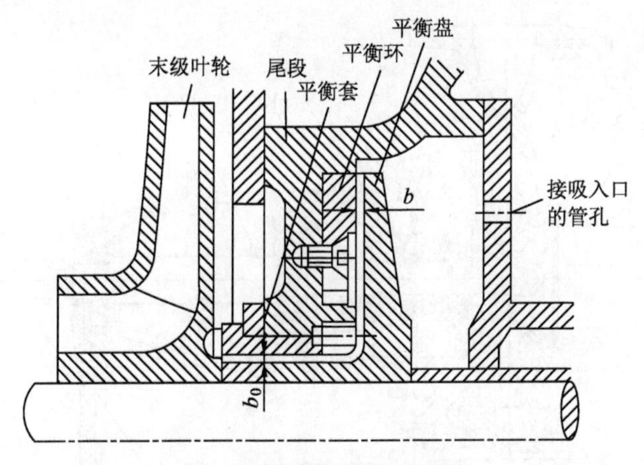

图 2-34 多级泵的平衡盘装置

离心泵工作时，当叶轮上的轴向力大于平衡盘上的平衡力时，泵的转子就会向吸入方向窜动，使平衡盘的轴向间隙 b 减小，增加液体的流动阻力，因而减少了泄漏量。泄漏量减少后，液体流过径向间隙 b_0 的压力降减小，从而提高了平衡盘前面的压力 p^*，即增加了平衡盘上的平衡力。随着平衡盘向左移动，平衡力逐渐增加，当平衡盘移动到某一个位置时，平衡力与轴向力相等，达到平衡。

同样，当轴向力小于平衡力时，转子将向右移动，移动一定距离后轴向力与平衡力将达到新的平衡。由于惯性，运动着的转子不会立刻停止在新的平衡位置上，而是继续移动促使平衡破坏，造成转子向相反方向移动的条件。

泵在工作时，转子永远也不会停止在某一位置，而是在某一平衡位置左右沿轴向窜动。当泵的工作点改变时，转子会自动地移到另一平衡位置进行轴向窜动。由于平衡盘有自动平衡轴向力的特点，因而得到了广泛应用。

2.4 典型叶片泵结构举例

本节将列举几种泵的典型结构，以此说明泵这一典型流体机械的整体结构特征。

2.4.1 IS 型悬架式悬臂泵（cantilever pump）

图 2-35 是 IS 型悬臂式离心泵的结构示意图。

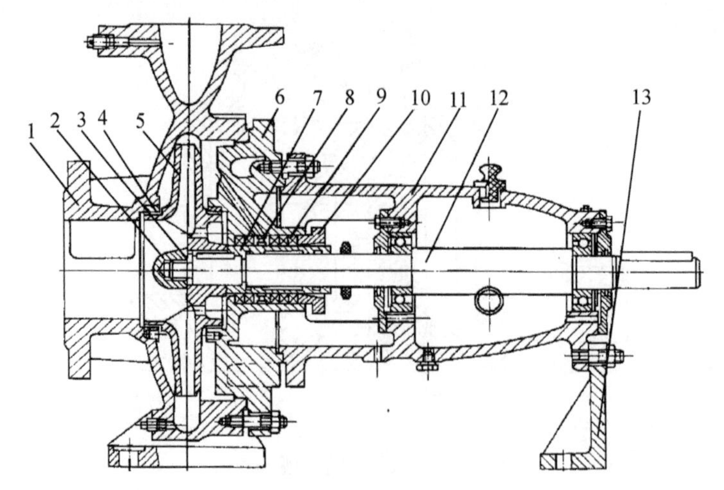

1—泵体；2—叶轮螺母；3—止动垫圈；4—密封环；5—叶轮；6—泵盖；7—轴套
8—填料环；9—填料；10—填料压盖；11—悬架；12—泵轴；13—支架

图 2-35 单级单吸悬臂式离心泵

IS 型泵的泵脚与泵体铸为一体，轴承置于悬臂安装在泵体上的悬架内，因此，整台泵的重量主要由泵体承受（支架仅起辅助作用），这种带悬架的悬臂式泵称为悬架式悬臂泵。泵的叶轮由叶轮螺母、止动垫圈和平键固定在泵轴的左端。泵轴的另一端用以装联轴器，以便实现动力拖动。为防止泵内液体从泵轴穿出泵壳处的间隙泄漏，在该间隙处皆设有轴封，由轴套、填料、填料环和填料压盖等组成。

泵工作时，泵轴由两个单列向心球轴承支承着转动，带动叶轮在由泵体和泵盖组成的泵腔内旋转。

因为该泵泵轴的两个轴承支承部位在泵轴长度的右半部分，安装叶轮的泵轴左半段处于自由悬伸状态，因此把这种具有悬臂式结构的泵称为悬臂泵。悬臂式结构主要用于像 IS 型泵这种轴向吸入的单吸式泵，这种泵多采用直锥形吸入室。双吸泵和径向或切向吸入的泵也可采用悬臂式结构，此时泵多采用螺旋形或环形吸入室。

2.4.2 双吸泵（double-suction pump）

多数单级双吸式离心泵通常采用双支承结构，即支承转子的轴承位于叶轮两侧，且一般都靠近轴的两端，如图 2-36 所示。转子是单独装配的部件，双吸叶轮靠键、轴套和轴套螺母固定在轴上。泵装配时，可由轴套螺母调整叶轮在轴上的轴向位置。泵转子采用位于泵体两端的轴承体内的两个轴承实现双支承。

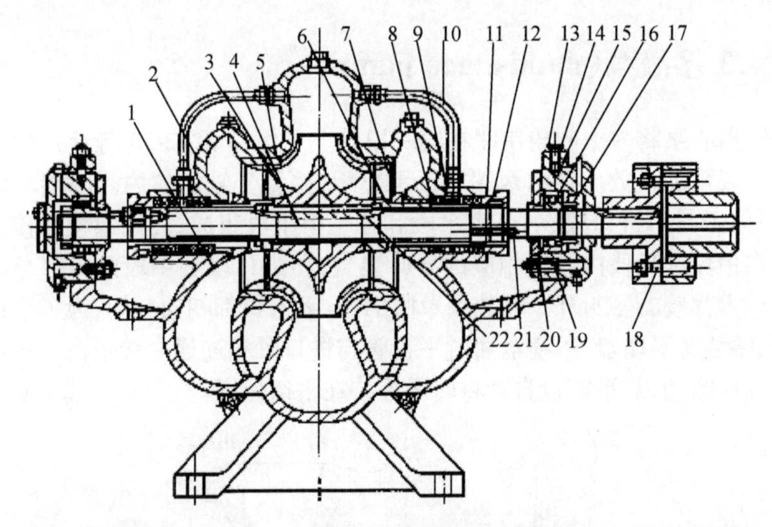

1—泵体；2—泵盖；3—叶轮；4—泵轴；5—密封环；6—轴套；7—填料挡套；
8—填料；9—填料环；10—水封管；11—填料压盖；12—轴套螺母；13—固定螺栓；
14—轴承架；15—轴承体；16—轴承；17—圆螺母；18—联轴器；19—轴承挡套；
20—轴承盖；21—双头螺栓；22—键

图 2-36　单级双吸离心泵

一般单级双吸泵采用水平中开式泵壳，即泵壳沿通过轴心线的水平中开面剖分。泵的吸入口和压出口均与泵体铸为一体。采取这种结构，检修泵时无需拆卸吸入管和压出管，也不需移动电机，只要揭开泵盖即可检修泵内各零件。

图 2-37 为我国上海凯泉泵业（集团）有限公司生产的某型双吸泵，该双吸泵输送介质流量最高可达 30 000 m^3/h。

图 2-37　上海凯泉公司生产的双吸泵

2.4.3 多级泵(multi-stage pump)

多级离心泵将多个叶轮串联在同一根轴上工作(如图2-38所示),轴上的叶轮个数代表泵的级数。轴的两端用轴承支承,并置于轴承体内。两端均设轴封装置,泵体由一个进口段、一个出水段和若干个中段组成,并用螺栓连接为一个整体。在中段和后段内设有相应的导叶装置,在进口段和中段的内壁与叶轮易接触的地方都装有密封环。叶轮为单吸的,且吸入口都朝向一侧,为了平衡轴向力,在末端装有平衡盘,平衡盘通过平衡管与进口段相连通。转子在工作过程中可以沿轴向窜动,靠平衡盘自动将转子维持在平衡位置。

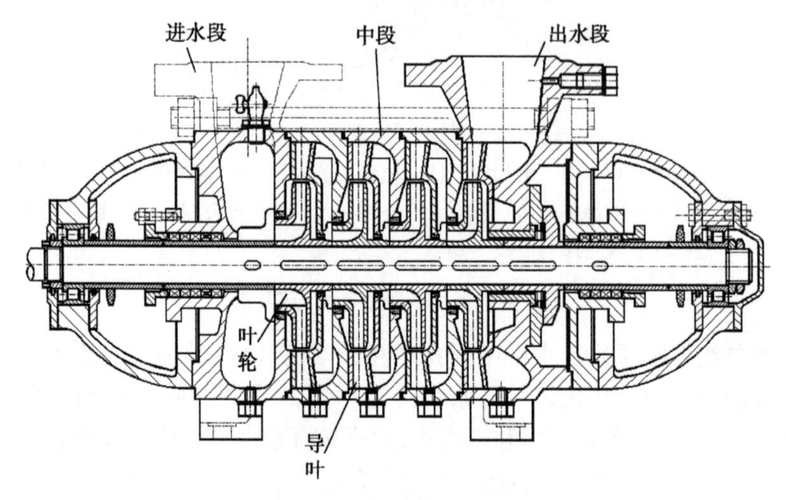

图2-38 多级离心泵剖面

Byron Jackson公司(现并入Flowserve公司)曾生产过多达54级的泵,这种泵可以使水被提升到几百米的高度。图2-39为Sulzer(苏尔寿)公司生产的多级泵的结构图。

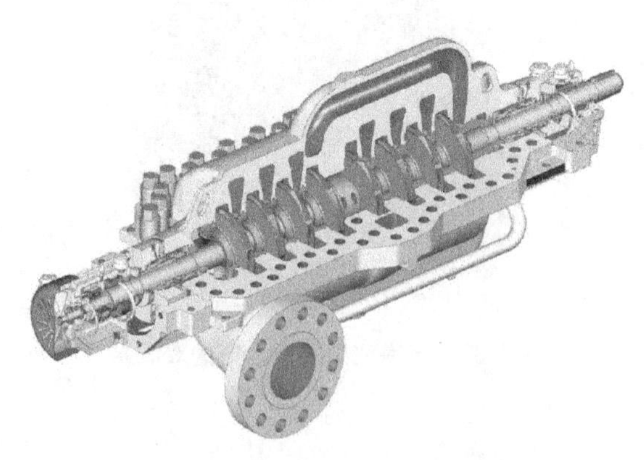

图2-39 苏尔寿公司生产的多级泵结构图

2.4.4 液下泵(submersible pump)

液下泵的泵体浸没在液面下,一般从储液槽罐(tank)内抽吸液体。如果储液槽罐内的液面高度变化大,则泵在液体中的浸没深度就相应深,因而中间接管及泵轴要长,为防止运转过程中轴的挠度太大,常在较长泵轴的中部设置中间支承。典型液下泵结构如图 2-40 所示。

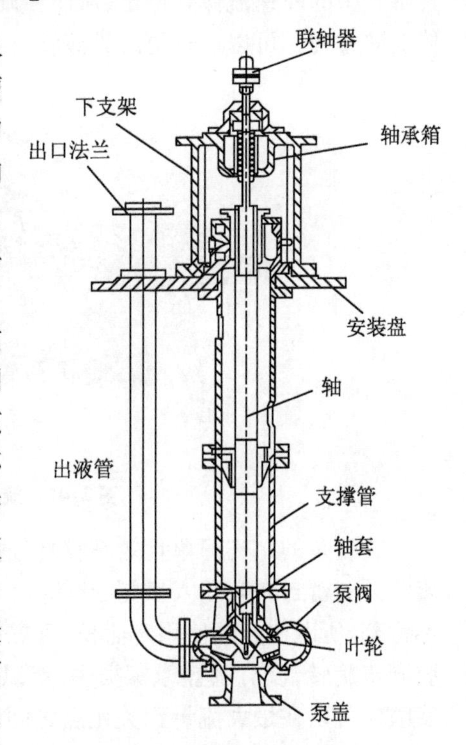

图 2-40　典型液下泵结构

一些输送高温、有毒、有腐蚀性介质的液下泵会设置中间接管,在中间接管侧面开孔,从泵体轴封处泄漏出的液体由该孔流回储液槽罐,不会引起液体介质对环境的污染。中间接管的上部设有填料密封,以防止运转过程中产生液面搅动、液体飞溅而泄漏出槽罐。

液下泵的安装方式为立式,转子承受液体的轴向力与转子重力方向一致,因而上部轴承要求有较好的轴向力承受能力。在输送高温介质的液下泵中,上轴承的润滑与散热是极为关键的问题。如第 1 章所述的用于太阳能热发电的高温熔盐泵一般采取液下泵形式,由于热传导的作用,热量会传递到包括泵轴在内的泵组件内,造成热应力。由于泵结构的周向结构不对称(图 2-40 所示的单出液管结构),泵轴旋转过程中可能会导致泵轴的周向热膨胀不均匀。若上轴承处的热量不能被及时带走,有可能造成上轴承抱死,导致泵的振动加剧甚至停机。

2.4.5 旋转喷射泵(rotor-jet pump)

旋转喷射泵(旋喷泵)的结构原理在 1923 年由 F. W. Krogh 提出,他将皮托管(Pitot tube)的原理推广应用于泵的设计上,故旋喷泵在早期被称为皮托管泵(Pitot tube pump)。20 世纪 60 年代美国出现了旋喷泵的专利,到了 20 世纪 70 年代,Kobe 公司生产出了第一台商用旋喷泵。从此,旋喷泵开始走向市场,并逐渐被人们所接受。此后的 10 年间在国际上出现了一段关于旋喷泵的专利高潮。目前,国外旋喷泵已具有了比较好的性能。

旋喷泵的工作原理比较特殊,如图 2-41 所示,流体在高速旋转的叶轮作用下被吸进吸入室，而后进入叶轮，在叶轮中获得能量后进入转子腔，集液管收集转子腔中的高速流体并输出，从而在旋喷泵中完成了动力输入、机械能转化为流体能的过程。可以通过更改集液管口径或改变转速来调节流量和扬程范围。

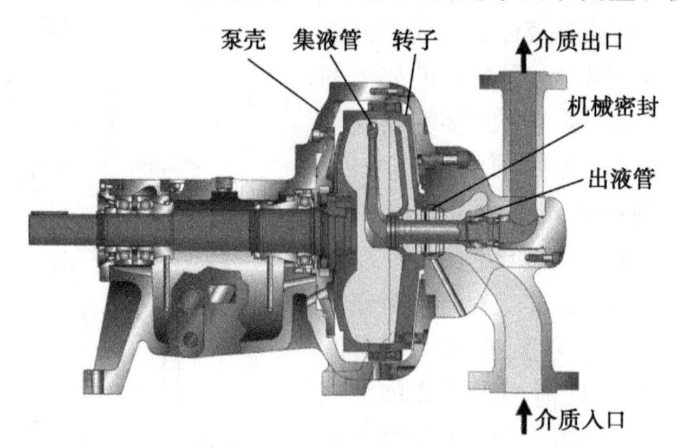

图 2-41　旋喷泵结构示意图

旋喷泵的结构简单且效率较高，适合小流量、高扬程输送，具有独特的优势。旋喷泵的密封在叶轮入口侧，叶轮入口侧几乎是泵内压力最低的区域，工作环境不苛刻，所以密封的使用寿命长、可靠性高。由于旋喷泵内的液体与叶轮和转子腔同步旋转，没有圆盘摩擦损失，所以旋喷泵的效率明显高于同比转数离心泵。旋喷泵可以在最大流量到关死点之间的任意点安全运行，只需要很小的流量就可以保证密封面的冷却及保持液体不过热或汽化。通过更换集液管可以很容易地改变泵的流量-扬程特性，集液管可以有不同的规格及一个或两个入口，结构简单，维护方便。

旋喷泵的应用领域非常广泛，如碳黑生产线燃烧炉的原料油输送、尿素深度水解系统的水解给料、食品加工业、高压清洗系统的高压给水、汽车制造业钻孔的高压冲洗冷却及零件加工后的清洗、铜管制造业铜管的高压切割、造纸业的冷凝喷射、钢厂的高压喷淋系统的高压给水、小型锅炉供水及锅炉冷凝水回收、发电厂的过热蒸汽降温以及水泥公司喷射塔的降温、化学工厂的深井污水处理系统、海水淡化反渗透领域以及石化行业的轻烃处理和一些高压化工流程等。

2.4.6 两种特殊应用泵

1. 液态铅铋泵

加速器驱动次临界洁净核能系统（accelerator driven sub-critical system，ADS）利用加速器加速的高能质子与重靶核（如铅）发生散裂反应，用散裂产生的中子作为中子源来驱动次临界包层系统，使次临界包层系统维持链式反应以得到能量和利用多余的中子增殖核材料及嬗变核废物。ADS 概念的预期效果在于充分利用可裂变的核资源和将危害环境的长寿命核废物嬗变为短寿命的核废物。ADS 系统的关键技术之一是高功率散裂靶和次临界堆包层的传热问题，利用液态铅铋(lead-bismuth eutectic,LBE)合金作为散裂靶兼冷却剂除了具有很好的中子学性能之外，还具有优良的抗辐照性能、传热性能和安全特性，可以提高靶系统的寿命和次临界反应堆的安全性。因此，铅铋合金已成为目前国际上 ADS 设计中散裂靶兼冷却剂的首选材料，也是先进快中子反应堆冷却剂的重要候选材料。

ADS 系统是一种洁净核能系统,发生核安全事故的可能性极低,是人类理想的清洁能源形式。我国对 ADS 系统的研究进行了部署,按进度要求,2017 年建成 5 ~ 10 MW 的 ADS 实验堆,2022 年建成 100 MW 的 ADS 示范堆。

泵是液态铅铋回路的核心,其作用是向液态铅铋传输能量,驱动其在回路中的循环。目前在世界上为数不多的铅铋回路中,采用的泵有电磁泵和机械泵两类。电磁泵普遍效率较低,且在长时间运行后,由于流道内壁堵塞会产生效率急剧下降的现象。机械泵的运行效率较高,但其密封、材质和结构参数等均存在需深入探讨的问题。

世界上对于液态铅铋泵的探索约从 20 世纪 50 年代开始,前苏联的阿尔法级核动力潜艇就曾应用铅铋液态合金作为双回路液态金属反应堆的冷却剂。德国卡尔斯鲁尔研究中心(FZK)、意大利国家核研究院(ENEA)、法国原子能研究院(CEA)等均建立了铅铋回路,开展了相关研究。美国 Los Alamos National Laboratory 的 DELTA 回路中采用液下式机械泵,泵内铅铋的质量流量为 16.2 kg/s。与热交换器相邻的实验段内铅铋流速约为 2 m/s。

电磁泵(electromagnetic pump)的原理:电动机带动磁极对低速旋转,对通过的液态金属产生洛伦兹力(Lorentz forces),驱动液态金属在 U 型通道内流动,如图 2-42 所示。电磁泵消耗功率大,效率只有 20% 左右。

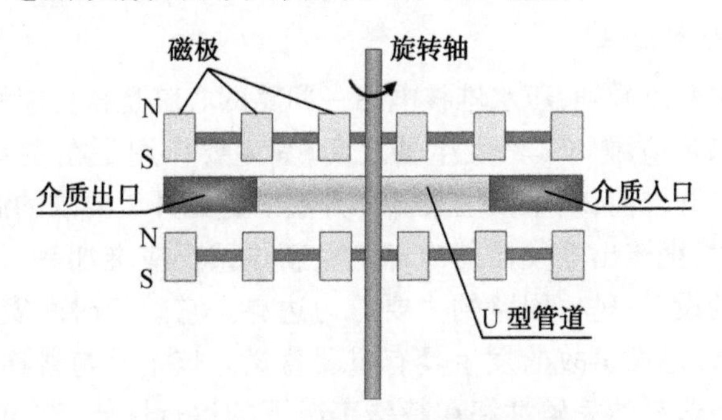

图 2-42　某电磁液态铅铋泵概念图

液态铅铋的流动是一种特殊的低普朗特数流动,无论在层流还是湍流状态下其热传递规律与一般流体不同,研究液态铅铋的输送装置均需从液态铅铋的流动规律出发。对于叶片泵,其内部流道形状复杂,给相关的流动和传热问题的研究增加了难度。当然,液态铅铋泵的安全和稳定性是所有工作的前提。因此,液态铅铋泵研究的复杂性主要体现在:

(1) 复杂壁面条件下液态铅铋的流动和传热问题的求解。液态铅铋具有很高的热导率和很低的比热容,故表征其动量扩散和热输运之比的普朗特数很小($P_r \ll 1$)。在层流状态下,流体中的热传递受分子运动影响显著。而在湍流状态下,传热过程受涡旋和分子运动的双重影响,铅铋中的热传递与空气或水的热传递机理有本质区别。

(2) 液态铅铋与复杂结构间的热传递。转子部件与液态铅铋间进行着周期性的能量传递,该过程不但包括相互接触产生的功传递,而且还发生液-固之间的热量传递。

(3) 高密度铅铋对于材料的磨蚀问题。在目前的文献报道中,铅铋的流速范围在0.14~5 m/s。而机械泵的转速若为980 r/min,预期叶轮出口流速也将超过5 m/s。由于液态铅铋的密度大,运行过程中难免会磨蚀过流壁面,增加液态铅铋中的杂质颗粒,加剧对过流壁面的磨损。

(4) 输送液态铅铋的泵结构型式。泵的结构型式与回路系统密切相关,而其过流部件、支撑结构、密封及冷却等关键部分又由铅铋的输送要求决定。目前的泵结构是否适用于铅铋的输送,是否会由于铅铋的密度而放大周向热不均匀度,这都是需要系统研究的问题。

液态铅铋是ADS堆的理想冷却剂,输送铅铋的泵的作用相当于核主泵。尽管ADS堆的核主泵运行是在堆内、安全壳内,但其对于突发事故的响应同样重要,如突然断电、介质排空、轴承抱死等情况。在建立一套运行参数监控系统的基础上,对于突发事故条件下泵的响应进行分析是全面评价液态铅铋泵性能的重要手段,其中的非定常流动、结构振动等均为目前具有挑战性的课题。

2. 反应堆冷却剂泵

在1.4节中可以看到,压水堆核电站一回路的心脏是核反应堆冷却剂泵(核主泵),它位于核反应堆与蒸汽发生器之间,其主要作用是在主系统充水时,利用主泵赶气。在开堆前,利用核主泵循环升温以达到开堆要求的温度条件;在反应堆正常运行时,把流出蒸发器的冷却剂重新送回反应堆加热。核主泵是核岛内部唯一旋转的设备,是一回路的主要压力边界。它的长时间安全稳定运行对冷却堆芯、防止核电站事故的发生具有重要意义。核主泵与普通泵的最大区别在于其强调压力边界的完整性和在特殊工况下的运行性能,这对泵的安全性和可靠性提出了更高的要求。

(1) 从核主泵的密封形式看,核主泵可以分为屏蔽泵和轴封泵两大类。

① 屏蔽泵又称为无填料泵,按结构又可分为隔套屏蔽套泵和湿定子泵。前

者就是平时讲的屏蔽泵,比较常用。屏蔽泵的电机和水泵以一个整体安装在耐压外壳内,电机的转子和定子之间设置一个非磁性不锈钢的隔套以阻止高温水进入定子绕组。电机和水泵合成一体没有轴封,所以液体会充满电机内部。轴承浸泡在高温水中,靠内部的循环流动水来润滑和冷却。由于转子是浸在液体内转动的,再加上金属隔套导致的涡流热损失,泵效率低于轴封泵。

湿定子泵没有阻止高温水进入定子绕组的隔套,流体能直接流过定子绕组带走热量,且内部磁损较小,所以效率比隔套泵高。不利之处在于进入绕组线圈内的放射性沾污不易去除,而且必须选用特殊的耐腐蚀材料制作与高温放射性液体直接接触的绕组线圈导线,因而制造成本较高。

② 轴封泵的结构特点是在泵头与电机之间的转轴处采用了复杂的轴封结构,如图 2-43 所示。轴封泵允许有少量的工作介质受控泄漏,因此又称受控泄漏泵。目前,国内在运行的机组中均采用轴封式核主泵。

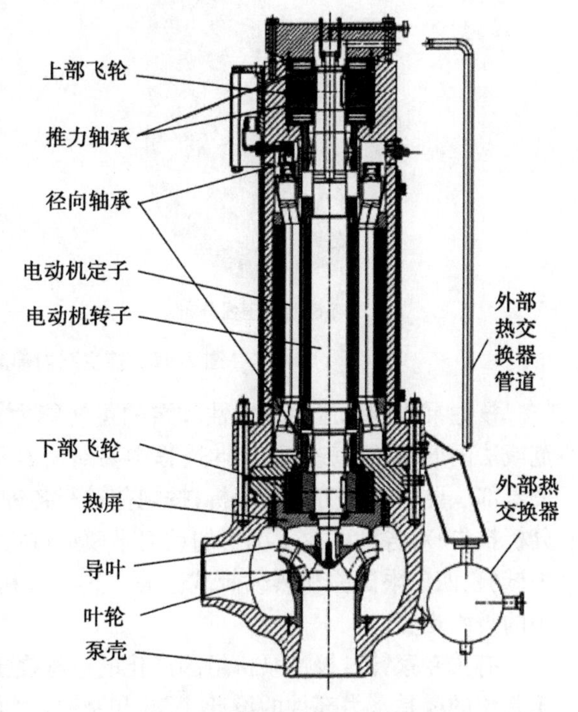

图 2-43　某轴封式核主泵结构图

(2) 屏蔽泵由于效率不高,所以不适合做大流量泵,但是这种泵有零泄漏的优点,工作安全可靠,因此早期的压水堆选用这种泵的居多,目前的反应堆仍然可以使用这种泵。随着装置功率增大,轴封研究不断进展,轴封泵在核动力装置中得到了广泛的应用。

不管是轴封泵还是屏蔽泵,都有着类似的水力机械部分。水力机械部分包括泵的入口和出口接管、泵壳、法兰、叶轮、扩压器、泵轴、径向轴承及热屏等组件。其基本功能是将泵轴的机械能传递给流体。由于核主泵的流量较大,扬程较高,所以核主泵的叶轮往往设计成单级单吸轴流或混流式。扩压器由不锈钢铸造而成,位于叶轮的外侧,扩压器的主要作用是降速增压。核主泵的泵壳包容并支撑着泵的水力部件,是反应堆冷却剂系统压力边界的一部分。泵壳一般是一个外形呈准球形的不锈钢铸件,其出入口焊接在一回路系统管道上。冷却剂沿叶轮轴线方向流入,流出叶轮后的冷却剂经过导叶和壳体后,通过与叶轮成切线方向的出口接管排出。

(3) 近年来,国内学者对核主泵的过流性能和过流部件优化开展了一些研究工作,图 2-44 为研究中获得的某型混流式核主泵内与泵轴垂直的某断面上的压强分布和速度矢量图。

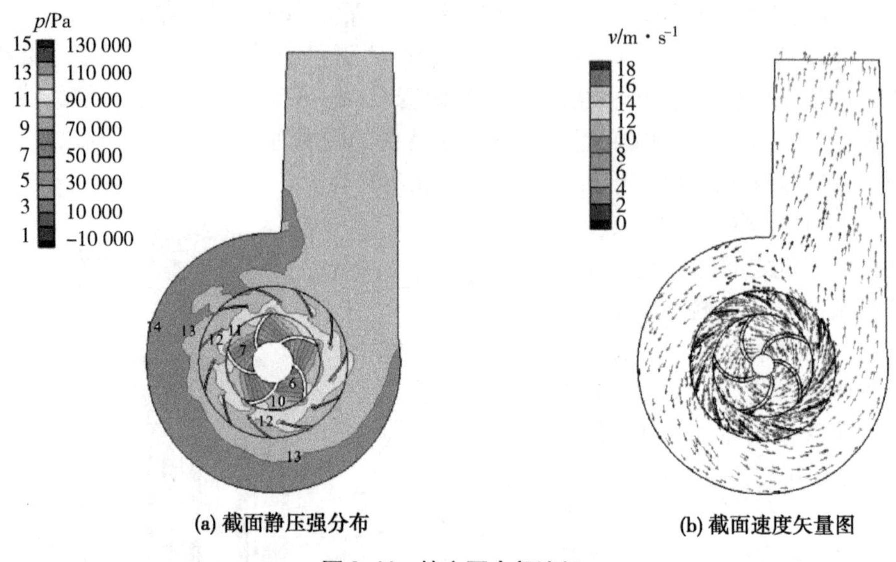

(a) 截面静压强分布　(b) 截面速度矢量图

图 2-44　核主泵内部流场

核主泵强调承压的完整性和泵的运转能力,泵设计必须按照美国 ASME 规范或法国 RCC 规范进行;设计过程中要对所有承压边界零件进行应力分析,对关键部位要进行疲劳强度分析;按规范进行各种工况的应力分析,并编写详细的分析报告;对各种事故工况下的动力学模型进行分析;进行各种必需的注入水断失试验、四象限试验和热载荷试验等。这些分析验证工作也体现出核主泵研发中的技术难度。

有关专家针对核主泵机组国产化的过程提出了 17 项关键技术问题,其中位于首位的就是水力部件的设计、试验和制造,这说明水力模型的设计在核主泵机组研发过程中的重要程度,同时也表明水力模型设计影响着整个核主泵机组的设计和安全可靠性。研发具有自主知识产权的核主泵是我国核电工业发展的必经之路,在国内开展核主泵水力模型的研发工作具有重要的意义。

目前,国内的叶片泵设计与研发水平与国外尚存在着一定的差距,设计理论和研究手段是研发技术落后的两大方面。尽管新结构的泵不断出现,泵的应用领域被不断拓宽,但以突破理论瓶颈为目标的工作仍然极为关键。该项工作需要坚实的知识基础与必要的研究条件的支撑,更需要工程师与研究人员的合作。

第3章 CAD技术及其应用

3.1 CAD概述

CAD(computer aided design)即计算机辅助设计,它借助计算机,通过特定的输入方式,将设计者的思路表现在屏幕或其他输出设备上,达到简化设计过程、提高设计准确度和设计效率的目的。20世纪60年代初,年仅24岁的麻省理工学院(MIT)研究生I. E. Sutherland在美国计算机联合会年会上宣读了题为"Sketchpad-人机交互系统"的论文,文中提出了对CAD的设想:设计师坐在交互式制图机的显示器前,通过人机对话的方式,实现从概念设计到技术设计的整个过程。论文首次提出了CAD这一术语,标志着CAD技术的出现。多年以来,计算机绘图技术的实用化、大众化,使绘图方法发生了根本性的变革,它不仅提供了功能强大的绘图工具,而且引导和创建了适应计算机技术的绘图、设计的新理念和新方法。

实现CAD必需的硬件为主机、输入设备、输出设备、图形显示设备和外存储器。键盘、鼠标、扫描仪、语音系统和手写系统等是常见的输入设备,打印机、绘图仪等为常用输出设备。CAD系统的软件包括系统软件(操作系统、编译系统等)、支撑软件(图形处理、建模、文档处理等)和应用软件(在系统软件支持下开发的实现某一功能的应用程序等)。

利用基本的编程语言,开发出准确、高效、可操作程度高的CAD应用程序是工程师追求的目标之一,而要达到这一目标,运用数学实现方法和机械设计方法是必要的前提。目前CAD技术替代传统的图板已成为必然,但CAD技术的优势不仅仅在于提高绘图精度和绘图效率,还在于它可以为计算机辅助工程(computer aided engineering, CAE)、计算流体动力学(computational fluid dynamics, CFD)和计算机辅助制造(computer aided manufacturing, CAM)提供素材,从而使各种计算机辅助技术成为一个有机的整体。

尽管CAD制图有替代手工绘图的趋势,但一些基本的绘图知识不可缺少。绘图的规范性是无论采取任何绘图手段都要遵循的原则之一。从这一角度来看,工程语言是严谨的,即使在折叠图纸的时候,也要遵循对应的国家标准《GB 10609.3-89 技术制图复制图的折叠方法》。一幅准确、规范、布局合理的图纸是体现工程师素质的重要依据之一。泵是一种较为特殊的流体机械,其表达方法与一般的机械不同,在绘制泵的图纸时,需要将二维表达方法、投影方法与三维实体进行有机结合。

3.2 二维绘图软件

目前中国市场上的二维商用绘图软件有十余种,而在流体机械行业应用较多的软件是 AutoCAD 和 CAXA 电子图板,其中 CAXA 电子图板是国内具有自主知识产权的 CAD 软件,目前该软件的最新应用版本为 2011 版。这两款软件在同类软件中具有代表性,下面将分别对这两款软件进行介绍。

3.2.1 AutoCAD

1. AutoCAD 绘图平台

AutoCAD 是 Autodesk 公司的标志性产品,是 Autodesk 公司于 1982 年推出的交互式通用微机绘图软件包,在中国机械行业的普及率曾一度高达 70% 以上。AutoCAD 的强大生命力在于它的通用性、多种工业标准和开放的体系结构。其通用性使它在机械、电子、航空、船舶、建筑及服装等领域得到了极为广泛的应用。AutoCAD 的功能强大,操作简单,尤其适用于二维工程图的绘制,用 AutoCAD 作为应用 CAD 程序的开发平台具有明显的优势。

AutoCAD 的功能概括起来有 5 个方面,即交互式绘图、图形编辑、尺寸标注、图形存储和图形输出。AutoCAD 提供一组图素,如直线、圆、弧、椭圆及多义线等,用于构造各种复杂的二维图形。用户只要从键盘上输入所需的命令或在菜单中选择相应的项,对所要绘制的图素输入必要的约束参数(如点的坐标值、长度数据或角度数据等),即可在屏幕上指定的位置显示出所绘图形。对于已绘制的图形,可用多种方式进行编辑修改,如擦除、拷贝、移动、修剪、圆角及倒角等。尺寸是工程图的重要组成部分,而且尺寸标注的效率和操作的方便性是衡量绘图软件优劣的重要指标之一,AutoCAD 具备很好的尺寸标注功能,对于已绘出的图形或经编辑修改的图形,可在 AutoCAD 中用各种图形文件的形式存储到存储介质,也可以在绘图机或打印机上输出精确的工程图样,这种图样比手工绘制的图样更加精确和美观。存储在磁盘上的图形,可根据需要随时调出进行修改或多次绘制输出。AutoCAD 除了上述的二维绘图功能之外,还具有简单的三维曲面造型和实体造型功能,AutoCAD 2012 版中进一步加强了三维造型方面的功能。

AutoCAD 作为一个通用的图形软件包,它不但具有很强的绘制各种工程图的功能,更重要的是它还具有开放式体系结构,使用户能够以它为平台开发效率更高的某种专用绘图系统或 CAD 系统。AutoCAD 的开放式体系结构表现在以下几个方面:

(1) 用户可根据需要方便地定义自己的屏幕菜单、下拉式菜单、图形板菜单,也可定制工具与工具栏;

(2) 用户可建立自己的文字字体、线型和阴影线图案;

(3) 用户可建立自己的符号、元件、器件、零部件的图形库;

(4) 可使用 DXF 或 IGES 等文件格式把图形数据传到其他程序或系统以用于分析计算,或用由其他程序或系统产生的数据文件建立图形,也就是,可实现图形交换与自动绘图;

(5) 系统提供了多种内嵌式程序设计语言,使用户能比较容易地进行二次开发,增加计算分析、自动绘图和自动操作等功能。

3.2.2 与 AutoCAD 有关的几个问题

对于 AutoCAD 的基本应用,读者通过一段时间的实践都能基本掌握。此处不再叙述构造和编辑基本点、线元素的命令,而将介绍一些与功能开发相关的问题。

1. 应用程序的加载

图 3-1 为 AutoCAD 的中文界面,在工具菜单项中设有加载应用程序的子菜单,可实现已编译功能模块的调用。

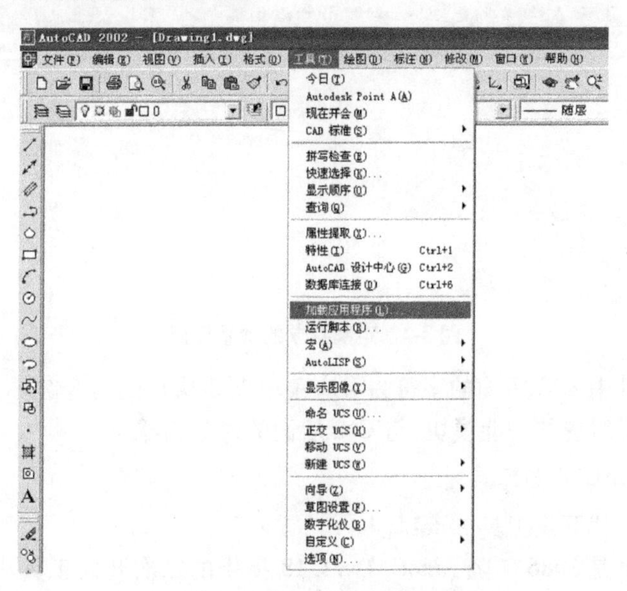

图 3-1 AutoCAD 加载应用程序的界面

2. 定制菜单

在 AutoCAD 安装目录的子菜单 support 下,找到文件 acad. mnu(仅适用于 AutoCAD 的某些版本),用文本编辑器打开,在帮助菜单前加入如下的语句:

```
* * * POP11
* * cad
ID_cad [CAD 技术]
ID_cad1 [CAD 理论] ^C^C_cadl1
ID_cad2 [ - >CAD 算法] ^C^C_cadl2
ID_cad3 [应用 CAD] ^C^C_cadl3
ID_cad4 [ < -CAD 程序] ^C^C_cadl4

[ - - ]
ID_pump[泵 &CAD]
ID_pump1 [普通离心泵] ^C^C_pumpl1
ID_pump2 [轴流泵] ^C^C_pumpl2
ID_pump3 [混流泵] ^C^C_pumpl3
ID_pump4 [往复泵] ^C^C_pumpl4
```

结果屏幕出现定制菜单的加载界面,如图 3-2 所示。

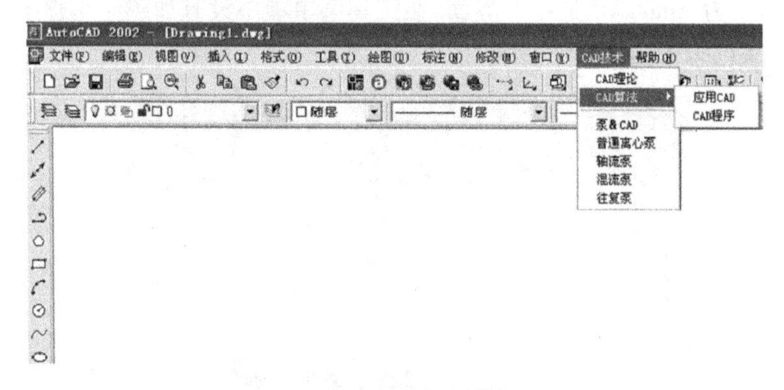

图 3-2　定制菜单的加载界面

菜单文件中^C^C 后面的字符为对应菜单项要执行的命令名称,程序开发的关键即为编译对应的功能模块,与^C^C 后面的命令相呼应。

3. AutoCAD 开发工具

(1) 第一代开发工具 AutoLISP

AutoLISP 是 1986 年随 AutoCAD v2. 18 提供的二次开发工具。它是一种人工智能语言,是嵌入 AutoCAD 内部的 COMMON LISP 的一个子集。在 AutoCAD 的二次开发工具中,它是唯一的一种解释型语言,使用 AutoLISP 可直接调用几乎所有的 AutoCAD 命令。AutoLISP 同 AutoCAD 之间通过 IPC(interprocess communication)相联系。

AutoLISP 语言最典型的应用之一是实现参数化绘图程序设计,包括尺寸驱动程序和鼠标拖动程序等。另一个典型应用就是驱动 AutoCAD 提供 PDB 模块构成 DCL(dialog control language)文件,创建自己的对话框。AutoLISP 语言的优点主要体现在:① 语言规则十分简单,易学易用;② 直接针对 AutoCAD,易于交互;③ 解释执行,立竿见影。

其缺点:① 功能单一,综合处理能力差;② 解释执行,程序运行速度慢;③ 缺乏很好的保护机制,源程序保密性差;④ LISP 用表来描述一切,并不能很好地反映现实世界和过程,跟人的思维方式也不一致;⑤ 不能直接访问硬件设备、进行二进制文件的读写。

AutoLISP 的这些特点,使其仅适合于有能力的终端用户完成一些自己的开发任务。建议读者尝试编写一些简单的 AutoLISP 程序,实现图框、粗糙度符号等简单图形的绘制与编辑,以提高 CAD 软件的运用能力。

(2) 第二代开发工具 ADS

ADS(AutoCAD development system)是一种基于 C 语言的灵活的开发环境。ADS 可直接利用用户熟悉的 C 编译器,将应用程序编译成可执行文件后在 AutoCAD 环境下运行,从而既利用了 AutoCAD 环境的强大功能,又发挥了 C 语言的结构化编程、运行效率高的优势。对于 AutoCAD 来说,ADS 应用程序同 AutoLISP 是相通的。一个 ADS 应用程序是以一系列外部函数,通过 AutoLISP 上载和调用的方式来完成其功能的,ADS 应用程序也通过 IPC 同 AutoLISP 相联系,其突出的优点体现在:① 具备错综复杂的大规模处理能力;② 编译成机器代码后执行速度快;③ 编译时可以检查出程序设计语言的逻辑错误;④ 程序源代码的可读性好于 AutoLISP。

而 ADS 也存在缺点:① C 语言的掌握和熟练应用比 LISP 语言难;② ADS 程序的隐藏错误往往导致 AutoCAD,甚至操作系统崩溃;③ 需要编译才能运行,不易见到代码的效果;④ 同样功能的 ADS 程序源代码比 AutoLISP 代码长很多。

(3) 第三代开发工具 ARX

ARX(AutoCAD runtime extension)是以 C ++ 语言为基础的,面向对象的开发环境和应用程序开发接口(application programming interface,API)。这是一种特定的 C ++ 编程环境,它包含一组动态连接库(DLL)。这些库与 AutoCAD 共享同一地址空间,直接调用 AutoCAD 的核心函数,并能直接利用 AutoCAD 核心数据库结构和代码,以便能够在运行期间扩展 AutoCAD 固有的类及其功能,创建能够全面享受 AutoCAD 固有命令特权的新命令。ARX 程序与 AutoCAD,Windows 之间均采用 Windows 消息传递机制进行直接通信。

借助 ARX,二次开发者可以充分利用 AutoCAD 的开放结构,直接访问 AutoCAD 数据库结构、图形系统以及 CAD 几何造型核心,以便能够在运行期间扩展 AutoCAD 具有的类以及功能,并且利用 AutoCAD 提供的工具(库函数)能够获得三维图形实体完整的几何信息,这样可以对 AutoCAD 的三维图形实体进行几何分析、查询及数据交换，获得图形实体用于加工的几何数据，这些在 CAD/CAPP/CAM 的集成上将非常有用。

ARX 编程环境在很多地方与 ADS 和 AutoLISP 的编程环境是不同的，最重要的差异在于一个 ARX 程序是一个动态链接库（DLL），它分享 AutoCAD 的地址空间，被 AutoCAD 直接调用，这样就避免了使用 IPC 作为中介，程序运行的速度就比 ADS 和 AutoLISP 要快。除了速度的提高，用户还可以使用 ARX 向 AutoCAD 增加新类，并向其他的应用程序输出，使用 ARX 创建的实体和用户在 AutoCAD 图形编辑环境中创建的实体是相同的。

4. 对话框的使用

（1）消息对话框

MessageBox 函数的原型为：

```
int MessageBox(
HWND hWnd,//父级窗口
LPCTSTR lpText,//指向信息字符串地址的指针
LPCTSTR lpCaption,//指向消息对话框标题字符串地址指针
UINT uType//消息对话框风格
);
```

消息对话框的风格由图标和按钮类组合构成，可以使用按位或运算符“|”或者加号运算符“+”实现图标和按钮的组合，例如：

MessageBox(NULL,“设置不匹配，是否继续?”,“警告”,MB_ICONWARNING + MB_YESNO + MB_DEFBUTTON2);

运行结果如图 3-3 所示。其中图标风格为警告图标，按钮为“是(Y)”和“否(N)”按钮，默认按钮为第 2 个。各种风格的图标和按钮，以及其他常用风格的设置，见表 3-1。

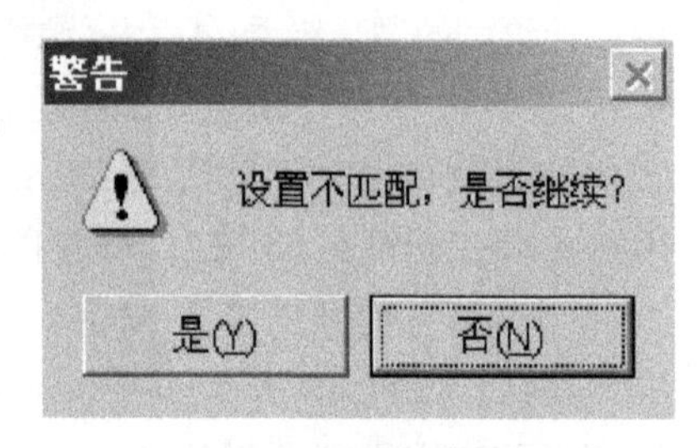

图 3-3　消息对话框

表 3-1　消息对话框中的图标风格

图　标	风格（参数 Utype）
	MB_ICONWARNING 或 MB_ICONEXCLAMATION
	MB_ICONQUESTION
	MB_ICONASTERISK 或 MB_ICONINFORMATION
	MB_ICONHAND 或 MB_ICONERROR 或 MB_ICONSTOP

表 3-2 为消息对话框中的按钮风格说明。

表 3-2 消息对话框中的按钮风格

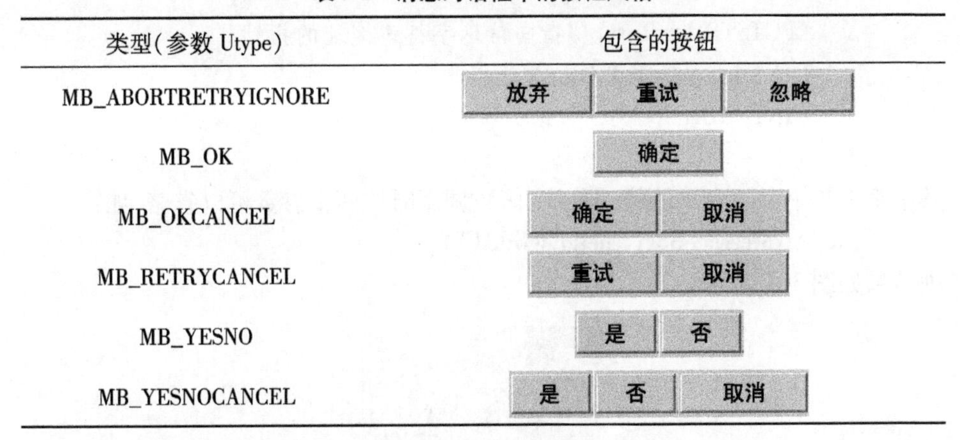

类型(参数 Utype)	包含的按钮
MB_ABORTRETRYIGNORE	放弃 重试 忽略
MB_OK	确定
MB_OKCANCEL	确定 取消
MB_RETRYCANCEL	重试 取消
MB_YESNO	是 否
MB_YESNOCANCEL	是 否 取消

表 3-3 为消息对话框中的默认按钮说明。

表 3-3 消息对话框中的默认按钮

类型(参数 Utype)	风 格
MB_DEFBUTTON1	默认按钮为第 1 个按钮
MB_DEFBUTTON2	默认按钮为第 2 个按钮
MB_DEFBUTTON3	默认按钮为第 3 个按钮
MB_DEFBUTTON4	默认按钮为第 4 个按钮

如果不对默认按钮进行设置,则按钮为第 1 个按钮。表 3-4 为消息对话框的返回值及其意义。

表 3-4 消息对话框的返回值及其意义

返回值	意 义
IDABORT	放弃 按钮被选择
IDCANCEL	取消 按钮被选择
IDIGNORE	忽略 按钮被选择
IDNO	否 按钮被选择
IDOK	确定 按钮被选择
IDRETRY	重试 按钮被选择
IDYES	是 按钮被选择

常常可以使用一种更简单的消息对话框,原型如下:

```
int AfxMessageBox(
LPCTSTR lpszText,//指向信息字符串地址的指针
UINT nType = MB_OK,//风格
UINT nIDHelp =0//帮助的标识号
);
```

其中第2,3个参数有默认值,所以在函数调用时这两个参数可以省略,如:

```
AfxMessageBox("hello World!");
```

则结果如图3-4所示。

图3-4 简单的消息对话框

一般对话框的创建与使用流程如图3-5所示。

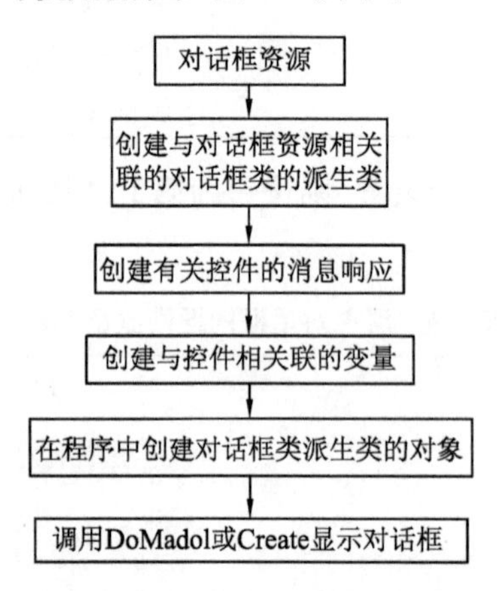

图3-5 一般对话框的创建与使用流程

(2)口令对话框

在程序主界面出现之前弹出一个"口令对话框",请用户输入口令。口令为一个0~9 999的整数。如果口令正确,则程序继续执行;否则,程序终止。

具体步骤如下:

① 首先创建一个工程,运行程序后界面如图3-6所示。

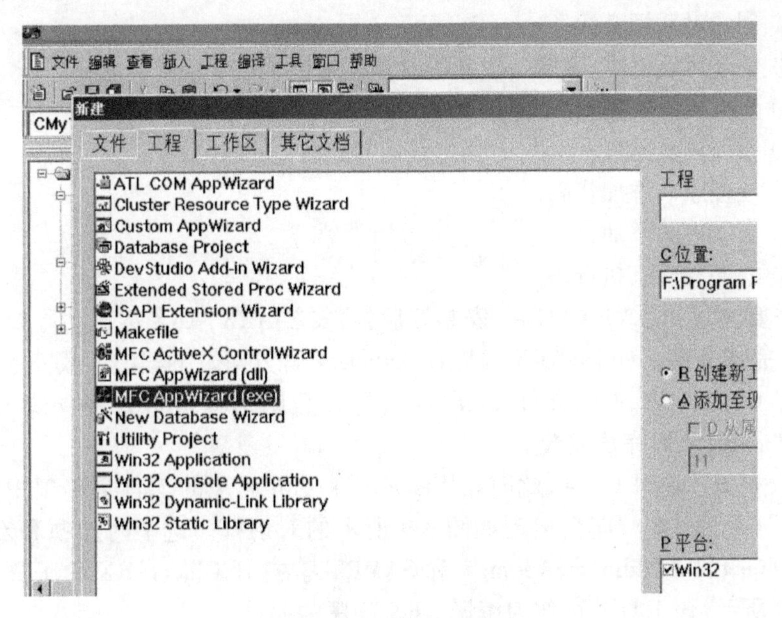

图 3-6　创建工程的界面

选择工程标签，选择 MFC Appwizard(exe)，并在右边的工程处填入工程名称，选择存放文件的位置。点击工作区标签，为工作区命名，回到工程标签，点击确定。根据向导直到完成，可到达图 3-7 所示界面。

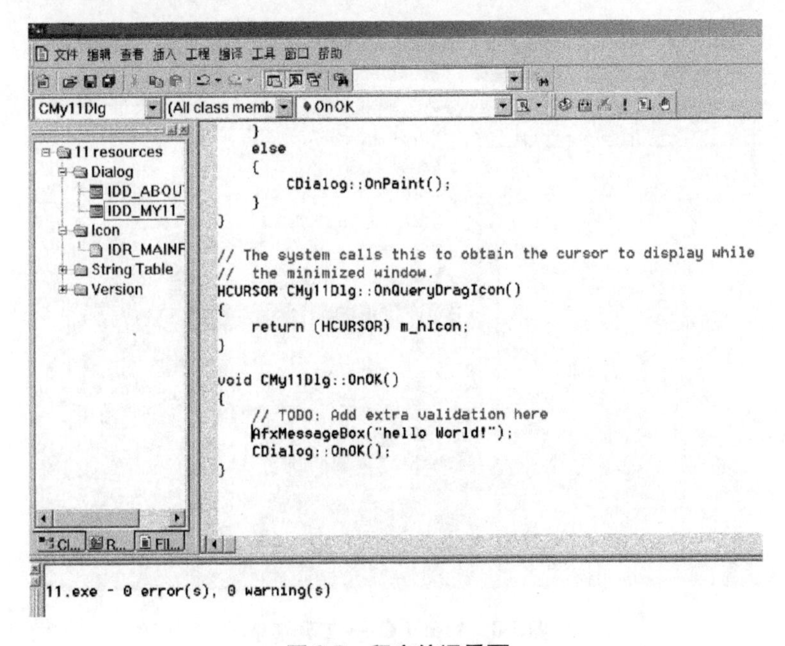

图 3-7　程序编译界面

② 创建对话框资源；

③ 创建对话框类，重建一个新的对话框为例子；

④ 生成成员变量；

⑤ 添加成员函数；

⑥ 往程序中添加代码；

⑦ 头文件的添加；

⑧ 编译、链接、执行。

需要注意：① Visual C ++ 安装好后，再安装 ARX，ARX 会自动寻找 Visual C ++，完成安装。ObjectARX 可以在 Autodesk 官方网站下载。下载完毕后，可以选择 ObjectARX 中的文件 Utils，点击打开后则选择 ObjARXWiz 文件下的 WizardSetup，从而完成安装。

② 打开 Visual C ++，此时在 Visual C ++ 界面上的工具菜单项中，选择“定制”(见图 3-8)，即会出现如图 3-9 所示的对话框。选中附加项和宏文件中的 ObjectARXAddin. OSAddin. 1 和 SAMPLE。打开 ObjectARX 的工具条，如图3-10 所示，该工具条可作为编译 ARX 程序的向导。

③ ARX 专门的数据类型 ads_point 表示点，ads_real 表示实型。例如：

```
ads_real Ll[100];
ads_point o1;
ads_point pte1 = { -1000, -1000} ,pte2 = {1000,1000};
```

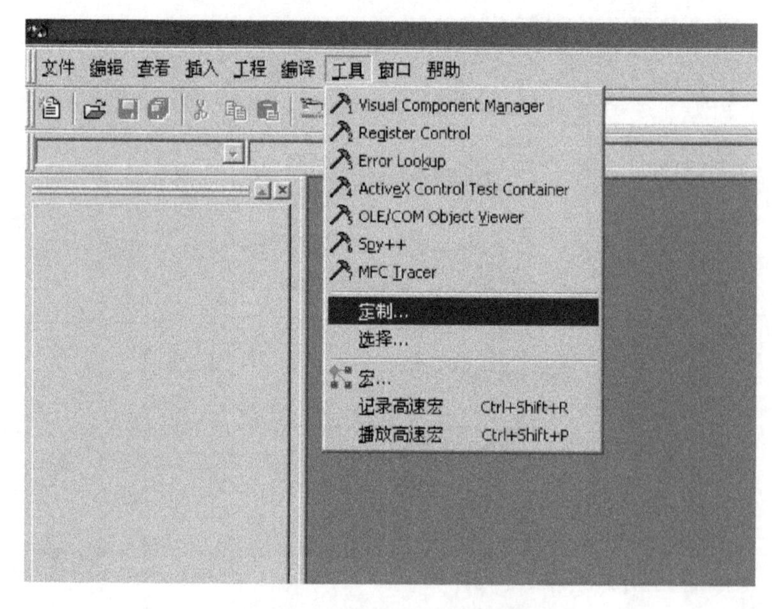

图 3-8 Visual C ++ 工具菜单

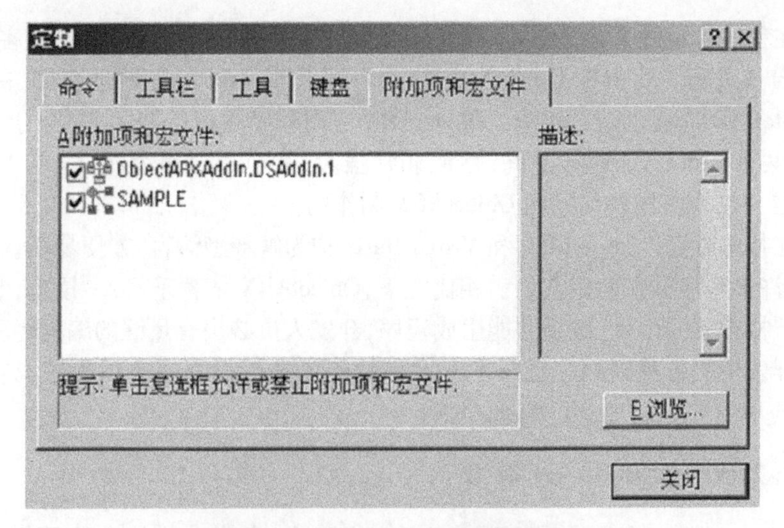

图 3-9　Visual C ++ 中定制附加项

图 3-10　ObjectARX 工具条

调用 AutoCAD 的内部命令的语句如：

acedCommand(RTSTR,"circle",RTPOINT,temp1,RTREAL,temp2,0)；

读者需掌握一些基本的 ARX 的内部函数如：

acdbEntLast(ent[0])；

acdbEntNext(ent[i-1],ent[i])。

5. 几种开发工具的比较

图 3-11 为 3 种开发语言与 AutoCAD 之间的关系。

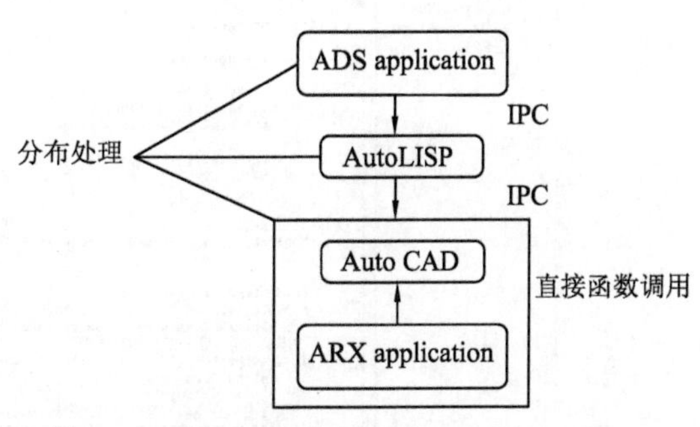

图 3-11　AutoLISP,ADS,ARX 与 AutoCAD 的关系

AutoLISP, ADS, ARX 都是 AutoCAD 提供的内嵌式编程语言。AutoLISP 和 ADS 都是通过内部进程通信(IPC)和 AutoCAD 通信的,它们与 AutoCAD 是相互分离的过程,而 ARX 以 DLL 形式与 AutoCAD 共享地址空间。因此,与前两者相比,其速度更快、运行更稳定、更简单。由于 ARX 是在 Windows 及 Visual C ++ 编程环境里运行的,所以对开发者的编程能力要求较高。

在程序稳定性上,采用 AutoLISP 开发的应用程序一旦失败,并不危害 AutoCAD 自身进程。而由于 ObjectARX 应用程序共享 AutoCAD 地址空间,一旦失败,AutoCAD 进程也随之崩溃。ObjectARX 应用程序在运行期间实时扩展 AutoCAD,共享 AutoCAD 地址空间,性能非常强大,甚至可自由发挥,以至于 AutoCAD 自身的许多模块均是用 ObjectARX 制作的。

在技术难度上,AutoLISP 和 Visual Basic 均为解释型语言,方便易学,开发周期短,许多程序员在使用它们。相比之下,ObjectARX 依赖于 C ++ 语言,它必须经过严格控制的编译、链接才能生成程序,开发人员必须有足够的编程经验才能处理开发中的各种问题。在开发速度和性能要求都很高的应用程序或者大型 CAD 应用软件时,应使用 ObjectARX。

3.2.3 Visual C ++ 简介

Microsoft Visual C ++ 是 Microsoft Visual Studio 家族成员之一,它不仅适用于 Windows 编程,还为数据库编程提供了强大的支持。它具有更快的编译速度、更加友好的编辑界面和更加强大的数据库支持功能。Visual C ++ 不仅是一个重要的 C ++ 编译器,它还提供了一套综合的开发工具和良好的可视化编程环境。在这个环境下,用户可以简便快捷地对 C ++ 应用程序进行各种操作,例如建立、打开、保存、编辑、编译、链接和调试等,如图 3-12 所示。

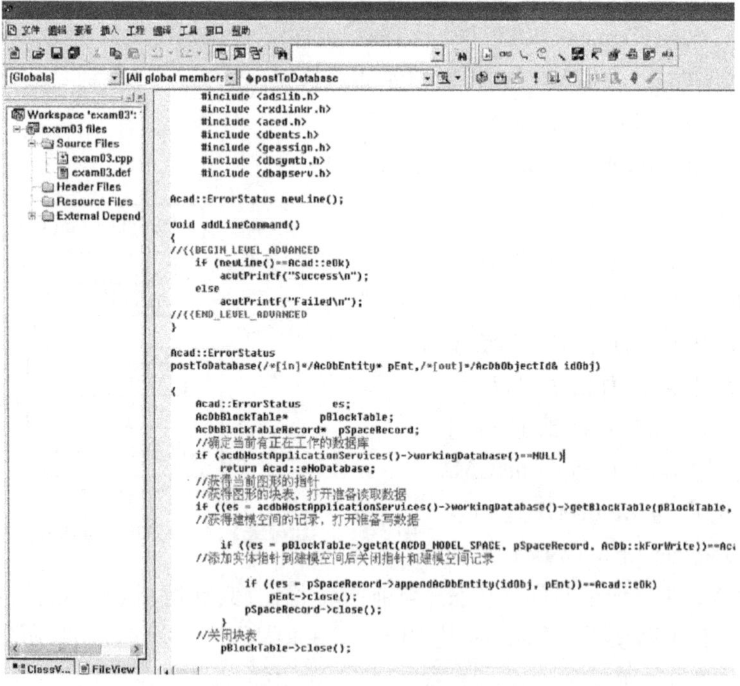

图 3-12 Visual C ++ 的运行界面

MFC(Microsoft Foundation Classes)库是 Microsoft 为利用 Visual C ++ 开发 Windows 应用程序提供的应用程序框架。在这个框架的支持下,对于不同的应用程序,编程的主要任务是填写各自特殊部分的代码。MFC 由 130 多个类组成,这些类封装了 2 000 多个 API 函数。MFC 类库主要包括两组类:一组是一般用途类,它提供了许多有用的抽象类,如 Cfile 类代表文件,CWnd 类是窗口类,这些在 Windows 的编程中有着重要作用;另一组是 OLE 类(object linking and embedding),即对象的链接与嵌入,这一类专门用于 OLE 的编程。

对比 DOS 的程序来说,Windows 的程序开发起来是非常繁琐的,一个功能不多的函数往往需要编写大量的代码,而且这些代码在一个应用程序中一般都会使用多次,并且由于 Windows 应用程序界面的统一性,这些代码在不同的应用程序中也会重复使用,所以用 MFC 把这些代码做成一个程序的框架。在这个框架中,所需要做的工作就是给这个框架增加特殊的内容。

使用 MFC 的优点:

(1) 用类编程,将代码和数据封装在类中,大大减少了编程的复杂性。以前用 Windows 的 API(application programming inferface)编程,需要清楚 2 000 多个函数的使用,而用 MFC,只需要了解 100 多个类的用法。

(2) 通过继承实现了基本的代码重用。在 MFC 中定义了大量类,所以可以在编程中通过继承来使用这些类。另外,MFC 还在这些类中定义了大量的虚函数,也就是说,对于这些函数不但可以保存它们原有的特性,还可以对它们进行修改,使之具有新的特性。

(3) 提供大量的工具,方便编程。在 MFC 中,可以使用 AppWizard(应用程序向导)建立应用程序的框架,也可以使用 ClassWizard(类向导)在程序中添加类、变量以及在程序中传递各种信息。

在机械行业工作的专业技术人员以学习 Fortran 和 C ++ 的居多。而程序语言的学习除掌握其基本的格式和流程外,也不可忽视最关键的环节——实践。

3.2.4 面向对象建模技术

面向对象建模技术是 20 世纪 90 年代计算机软件设计中采用的一个全新的方法,可有效地改进软件结构,提高软件的可维护性、可重用性、可扩充性和灵活性。采用传统的图形建模技术建造的系统,由于缺少强有力的建模方法,使得其在应用上受到许多限制。面向对象建模技术可将其可重用性、可扩充性和可维护性等优点带给实体建模。二十几年来,已经有许多这样的系统和方案出台,在很大程度上满足了实际应用对实体建模的需求。采用面向对象技术的程序设计与结构化程序设计不同,它是一种全新的软件设计方法。

对象是指包含有数据以及如何对它操作的方法的模块,它是一个具有特殊属性(数据)和操作方法(过程)的实体。对象的数据只能被对象自己的方法所操作,对象接收的信息是用来与外部连接的唯一通道,对象的内部结构对用户是透明的。对象的内部结构如图3-13所示。

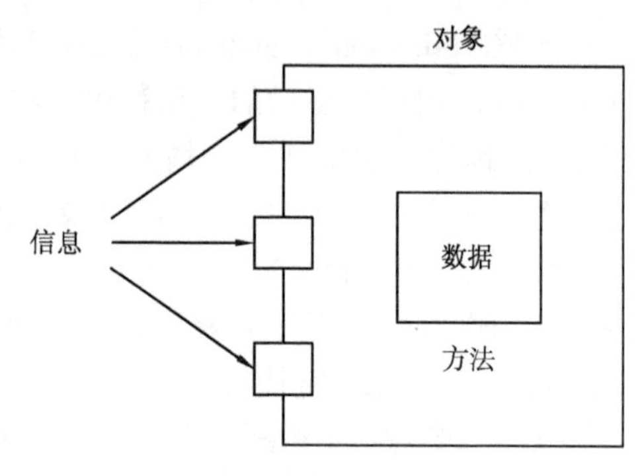

图3-13　对象的内部结构

传统的方法,即面向过程的程序设计方法与面向对象的程序设计方法有很大的区别。在面向过程的方法中,数据与数据处理的过程是分离的,而面向对象的方法是将数据与方法封装在一起。其方法与过程类似,两者都含有指令。面向对象中的类及实例与传统的程序设计中的数据相对应,类如同一个抽象数据类型,对于面向对象的程序设计来说,数据类型化的过程没有在类之外被揭示;面向对象中的继承机制与传统的程序设计没有直接的类比;面向对象中的消息传递取代了函数调用而成为面向对象系统中的主要控制方法。

面向对象建模系统中有两个分离的类层次结构:应用类层次结构和图形类层次结构。在应用层是对实体的概念描述的对象模型,它表明实体的几何结构、数据和基元,以面向对象的方式存储在数据库中;图形层接收来自应用层的信息,从语法上解释信息,在图形对象和应用对象间建立联系,并在输出设备上输出应用对象。

图形类层次结构由系统定义并且包含了系统中所有的图形对象,其层次结构如图3-14所示。系统通过定义这些类,使得应用对象归属于其中的某一类或某几类,只要通过继承就可构成应用对象,而生成的应用对象只需给出所需的数据与方法,其父类就可以自动地完成操作。

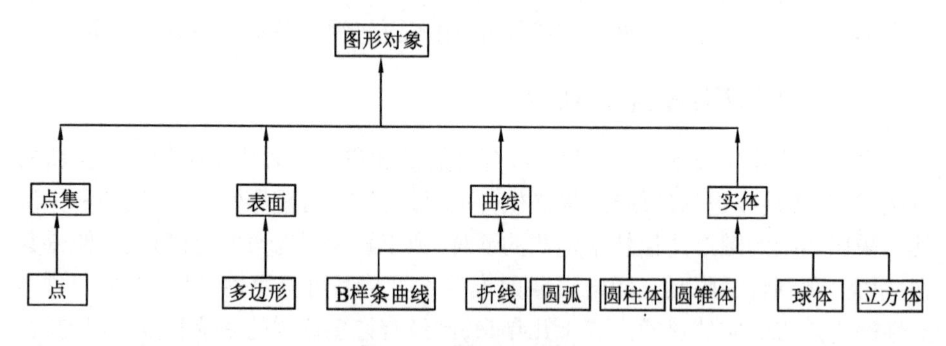

图3-14　图形类的层次

分类的原则:具有相似的定义和存储方式的对象共享同一个父类。在图3-14中,根节点为图形对象,它是所有抽象类的父类,共含有4个子类点集,含有各种点信息。

表面类由多边形子类组成。曲线类的子类有折线、圆弧和B样条曲线,实体类包含有圆柱等多种实体。系统提供的这个基本图形对象集,通过继承机制很容易生成应用对象,而应用对象还可以被其他的实体模型使用。

3.2.5 CAXA 简介

CAXA是一个功能齐全的计算机辅助绘图软件,它以交互图形方式,对几何模型进行实时构造和编辑。它可以进行零件图设计、装配图设计、平面设计、电器图设计及建筑图纸设计等,目前已在国内市场上得到广泛应用。图3-15为CAXA 2011机械版的运行界面。

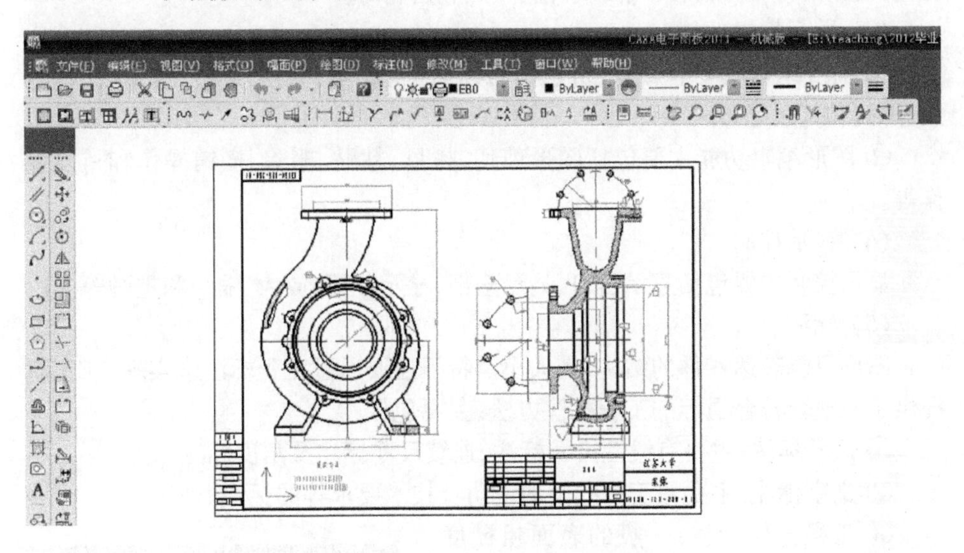

图3-15　CAXA 2011版运行界面

CAXA界面中的工具栏包括:标准工具栏、属性工具栏、常用工具栏和绘图工具栏。

1. CAXA的特点

CAXA平台的特点可总结为3个方面:

(1) 智能设计,操作方便;

(2) 体系开放,符合标准;

(3) 参量设计,兼容性好。

2. 运行环境

CAXA对硬件要求较低,可运行于任何Windows操作系统环境下。目前的CAXA版本支持Windows 7的32位和64位的操作系统。

3. 绘图功能

图形绘制是CAD软件的基本功能,CAXA提供了比较丰富的图形绘制工具,可极大地提高绘图效率。CAXA中的图形要素分为基本曲线和高级曲线两大类,同时提供了功能较全的图元编辑功能。

(1) 基本曲线

CAXA中的基本曲线是指构成一般图形的基本图形要素,如直线、圆、圆弧、矩形、中心线、样条线、等距线和剖面线等。

(2) 高级曲线

高级曲线是指由基本元素组成的一些特定的图形或曲线,如多边形、椭圆、孔/轴、波浪线、双折线、公式曲线、箭头、点和齿轮等。

(3) 图元编辑功能

① 曲线编辑主要有裁剪、齐边、过渡、打断、拉伸、平移、旋转、镜像、比例缩放、阵列和打散等。

② 图形编辑功能主要包括图形剪切、拷贝、粘贴、删除、撤销操作和重复操作等。

(4) 显示控制

显示控制主要包括显示窗口、显示全部、显示复原、放大、缩小和重画等。

(5) 标注

图形只能表达零件的结构,其大小及特征还要通过工程标注来实现。CAXA提供了一整套符合国标的工程标注方法,主要包括:

① 尺寸标注:主要有线性尺寸标注、连续尺寸标注及角度标注。

② 文字标注:主要用于一些附加说明及技术要求等的标注。

③ 工程符号标注:一般的表面粗糙度、焊接符号、形位公差及剖切符号等均可在CAXA平台上实现。如启动粗糙度标注命令后出现如图3-16所示的对话框,其中包括简单标注和标准标注两种方式。

CAXA的最突出特点在于其包含了多种标准件和通用件,如螺母、键、电机、轴承等,只需在CAXA界面上进行简单的调用操作,就可以将标准件的图形显现在绘图界面上,对该图形可进行比例缩放、打散编辑等操作。图3-17所示为CAXA界面上调入的角接触球轴承(GB/T 292－1994)图块。

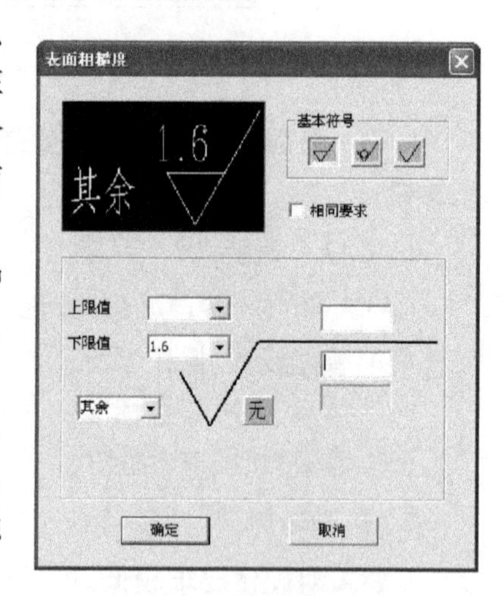

图3-16 粗糙度标注界面

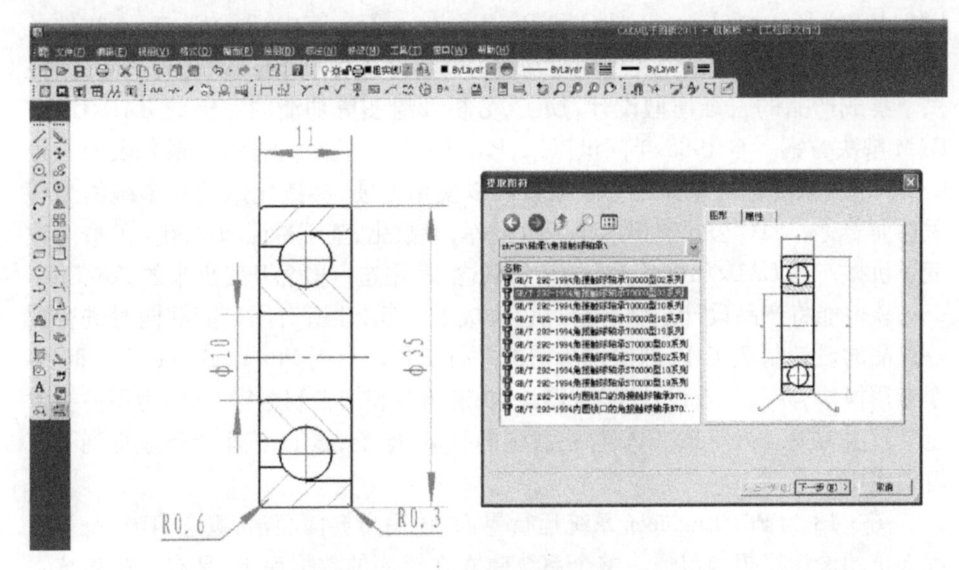

图 3-17　轴承调用界面

3.3　三维绘图软件

CAD 技术的核心及发展的重要标志是三维造型技术。二维 CAD 技术只是将传统的设计方法转移到计算机上进行，主要是计算机绘图技术，相对于人工绘图，其效率有了大大的提高。随着 CAD/CAM 技术的发展，三维造型技术为三维设计提供了坚实的基础。

三维造型技术包括线框造型、曲面造型、参数化造型和实体造型。线框造型是利用零件形体的棱边和顶点表示零件几何形状的造型方法。目前，该技术主要用于二维绘图和作为其他造型技术的一种辅助工具。曲面造型利用有向棱边构成形体的表面，用面的集合表示相应的形体。由于曲面造型不能完整地表达物体形状，因而所产生的形体难以直接用于物性计算，也难以保证物体描述的一致性和有效性。参数化造型是一种尺寸驱动技术，它不仅可以使 CAD 系统具有交互式绘图功能，而且具有自动绘图的功能。利用参数化设计手段开发的专用产品设计系统，可使设计人员从大量繁重而琐碎的绘图工作中解脱出来，从而大大提高设计速度，并减少信息的存储量。实体造型技术通常利用基本实体定义、旋转、扫描或边界曲面的缝合来生成复杂实体，克服了线框造型和曲面造型的局限性。

3.3.1 Pro/Engineer 三维造型软件

随着计算机技术以及 CAD 技术的不断发展，出现了许多三维造型软件，如

CATIA,Solidedge,Solidworks,UG 和 Pro/Engineer 等。其中,Pro/Engineer 软件是美国参数化技术公司 PTC(Parametric Technology Corporation)的优秀产品,它提供了集成产品的三维模型设计、加工、分析及绘图等功能的完整的 CAD/CAE/CAM 解决方案。自 1988 年问世以来,Pro/Engineer 已成为全世界最普及的三维 CAD/CAM 系统标准软件之一。该软件以使用方便、参数化造型和系统的全相关性而著称。PTC 公司提出的单一数据库、参数化、基于特征和全相关的概念改变了机械产品 CAD/CAE/CAM 的传统观念,利用这一概念开发出来的 Pro/Engineer 软件能将产品设计至生产全过程集成到一起,让所有用户能够同时进行同一产品的设计制造工作,即实现所谓的并行工程。目前 Pro/Engineer 共有 80 多个专用模块,涉及工业设计、机械设计、功能仿真和加工制造等方面,为用户提供全套解决方案。近年来,该软件在我国的机械、电子、通讯、汽车等行业得到了广泛的应用。

图 3-18 为 Pro/Engineer 系统运行界面,该用户界面简洁、概念清晰,符合工程人员的设计思想与习惯。整个系统建立在统一的数据库上,具有完整而统一的模型。

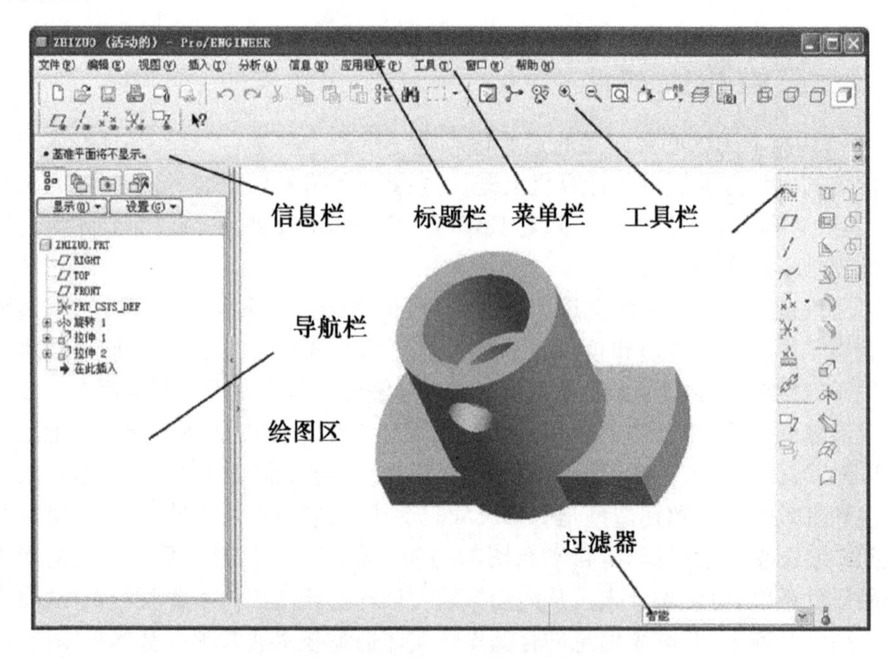

图 3-18　Pro/Engineer 运行界面 WT

Pro/Engineer 的优势突出表现在:

(1) 全相关性。Pro/Engineer 的所有模块都是全相关的,这意味着在产品开发过程中某一处进行的修改,能够扩展到整个设计中,可同时自动更新所有的工程文档,包括装配体、设计图纸,以及制造数据。全相关性允许在开发周期的任一节点进行修改,却没有任何损失,使得并行工程成为可能,所以能够使开发后期的一些功能提前发挥其作用。

(2) 基于特征的参数化造型。Pro/Engineer 使用用户熟悉的特征作为产品几何模型的构造要素,这些特征是一些普通的机械对象,并且可以很容易按预先设置进行修改。例如,设计特征有弧、圆角和倒角等,工程人员易于使用。

(3) 装配、加工、制造以及其他部门都使用这些领域独特的特征,通过为这些特征设置参数(不但包括几何尺寸,还包括非几何属性),然后修改参数就很容易进行多次设计迭代,实现产品开发。

(4) 数据管理。为加速投放市场,需要在较短的时间内开发更多的产品。为了实现这种效率,必须允许多个部门的工程师同时对同一产品进行开发。数据管理模块的设置,正是专门用于管理并行工程中同时进行的各项工作的。Pro/Engineer 中独特的全相关性功能使之成为可能。

(5) 装配管理。Pro/Engineer 的基本结构使一些命令更为直观,例如"啮合"、"插入"、"对齐"等很容易把零件"装配"起来。高级功能支持大型复杂装配体的构造和管理,这些装配体中零件的数量不受限制。

(6) 易于使用。Pro/Engineer 菜单以直观的方式分层次出现,提供了逻辑选项和预先选取的最普通选项,同时还提供了简短的菜单描述和完整的在线帮助,这使得软件更容易地被学习和使用。

3.3.2 Unigraphics(UG)软件

UG 软件起源于美国麦道飞机公司,它是从二维绘图、数控加工编程和曲面造型等功能发展起来的软件。1987 年,通用汽车公司(GM)选择 Unigraphics 作为其战略合作伙伴。1989 年,Unigraphics 宣布支持 UNIX 平台及开放系统结构,普惠发动机公司(Pratt & Whitney)选择 Unigraphics,将全新的与 STEP 标准兼容的三维实体建模核心 Parasolid 引入 Unigraphics。2002 年,Unigraphics 发布了 UG NX 1.0 版本。2007 年,西门子(Siemens)公司收购 UGS 公司,随后 UG NX 的功能不断扩充。图 3-19 为 UG NX 的运行界面。

UG 软件于 1990 年进入中国市场,并很快以其先进的管理基础、强大的工程背景、完善的专业功能和技术服务,赢得了广大的中国 CAD/CAM 用户。1996 年,美国通用汽车公司选中 UG 作为全公司的 CAD/CAM/CIM 主导系统。

专业分析家 Evan Yares 称赞 Unigraphics NX 软件"通过知识熔接,后参数化直接建模技术加强应用以及改进用户界面和更多考虑设计师思路来安排界面,Unigraphics NX 弥补了理论和现实之间的鸿沟。"他说:"从前是需要经过专业 CAD 操作培训才能使用的工具,现在是能帮助工程师工作的智能工具。Unigraphics NX 已经跨越了应用工具的极限。"

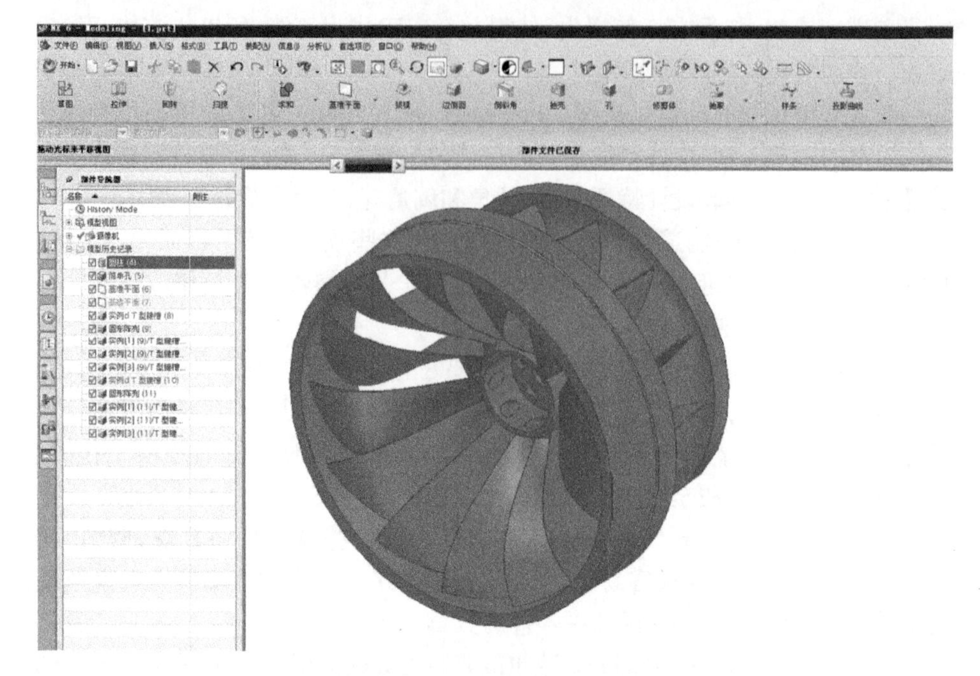

图 3-19　UG NX 软件的运行界面

UG 软件在航空航天、汽车、通用机械、工业设备、医疗器械以及其他高科技行业的机械设计和模具加工自动化的市场上得到了广泛的应用。在美国的航空业,安装了超过 10 000 套 UG 软件;在俄罗斯航空业,UG 软件具有 90% 以上的市场;在北美汽轮机行业,UG 软件占 80%。UGS 在喷气发动机行业也占有领先地位,拥有如 Pratt & Whitney 和 GE 喷气发动机公司这样的知名客户。航空业的其他客户还有 B/E 航空公司、波音公司、以色列飞机公司、英国航空公司、Northrop Grumman、伊尔飞机和 Antonov。

1. UG 软件的建模方法

UG 的建模方法也是基于特征的实体建模方法,是在参数化的基础上采用了一种所谓变量化技术的设计建模方法,对参数化建模方法进行了改进。

在变量化技术中,将参数化技术中的单一的尺寸参数分成形状约束和尺寸约束。形状约束通过几何对象之间的几何位置关系来确定,不需要对模型的所有几何对象进行全约束,既可以欠约束,也可以过约束,不影响模型的尺寸。可以直接修改三维实体模型,而不一定要修改生成该三维模型的二维几何对象的尺寸。

由于不需要全约束就可以建立几何模型,在产品设计的初始阶段就可以将主要精力放在设计思想和设计方案上,而不必介意模型的准确形状和几何对象之间的严格的尺寸关系,这更加符合从概念设计、总体设计到详细设计的设计流程,有利于设计的优化。

2. UG 的模块

UG 软件由多个模块组成，主要包括 CAD、CAM、CAE、注塑模、钣金件、Web、管路应用、质量工程应用和逆向工程等应用模块，其中各个功能模块之间既有联系又相互独立。

（1）CAD 模块的主要功能

① 实体建模。

实体建模是集成了基于约束的特征建模和显性几何建模两种方法，提供符合建模的方案，使用户能够方便地建立二维和三维线框模型、扫描和旋转实体、布尔运算及其表达式。实体建模是特征建模和自由形状建模的必要基础。

② 特征建模。

UG 特征建模模块提供了对建立和编辑标准设计特征的支持，常用的特征建模方法包括圆柱、圆锥、球、圆台、凸垫，及孔、键槽、腔体、倒圆角和倒角等。为了基于尺寸和位置的尺寸驱动编辑、参数化定义特征，特征可以相对于任何其他特征或对象定位，也可以被引用复制，以建立特征的相关集。

③ 自由形状建模。

UG 自由形状建模可以设计高级的自由形状外形、支持复杂曲面和实体模型的创建。它是实体建模和曲面建模技术功能的合并，包括沿曲线的扫描，用一般二次曲线创建二次曲面体，在两个或更多的实体间用桥接的方法建立光滑曲面。它可以采用逆向工程，通过曲线/点网格定义曲面，通过点拟合建立模型，还可以通过修改曲线参数，或通过引入数学方程控制、编辑模型。

④ 工程制图。

UG 工程制图模块以实体模型自动生成平面工程图，也可以利用曲线功能绘制平面工程图。在模型改变时，工程图将被自动更新。制图模块提供自动的视图布局（包括基本视图、剖视图、向视图和细节视图等），可以自动、手动进行尺寸标注，自动绘制剖面线、形位公差和表面粗糙度标注等。利用装配模块创建的装配信息可以方便地建立装配图，包括快速地建立装配图剖视、爆炸图等。

⑤ 装配建模。

UG 装配建模可用于产品的模拟装配，支持“由底向上”和“由顶向下”的装配方法。装配建模的主模型可以在总装配的上下文中设计和编辑，组件以逻辑对齐、贴合和偏移等方式被灵活地配对或定位，改进了性能并减少对存储量的需求。参数化的装配建模提供描述组件间配对关系的附加功能，也可用于说明通用紧固件组和其他重复部件。另外可以在装配层次中快速切换，直接访问任何零件和子装配件，这为流体机械整机装配提供了便利。

（2）MoldWizard 模块功能

MoldWizard 是运行在 Unigraphics NX 软件基础上的一个智能化、参数化的注塑模具设计模块。Moldwizard 为设计模具提供了方便、快捷的设计途径,通过定义模具坐标系、设置收缩率、定义成型镶件、模型修补、定义型腔与型芯、定义分型面等,创建型腔与型芯等环节,最终可以生成与产品参数相关的、可用于数控加工的三维模具模型。

(3) CAM 模块功能

UG/CAM 模块是 UG NX 的计算机辅助制造模块,该模块提供了对数控加工的数据支持,提供了包括铣、多轴铣、车、线切割和钣金等加工方法的交互操作,还具有对图形后置处理和机床数据文件生成器的支持。同时它又提供了制造资源管理系统、切削仿真、图形刀轨编辑器、机床仿真等加工或辅助加工仿真。

(4) 产品分析模块

UG 产品分析模块集成了有限元分析的功能,可用于对产品模型进行受力、受热后的变形分析,可以建立有限元模型、对模型进行分析并对分析后的结果进行处理。此模块提供线性静力、线性屈服分析、模拟分析和稳态分析。运动分析模块用于对简化的产品模型进行运动分析,可以进行机构连接设计和机构综合,建立产品的仿真,利用交互式运动模式同时控制 5 个运动副。注塑模流动分析模块用于注塑模中对熔化的塑料进行流动分析,具有前处理、求解和后处理的能力,并提供强大的在线求解器和完整的材料数据库。

3. 使用 UG 软件进行设计

在进行产品设计时,应该养成一种良好的产品设计习惯,这样可以节省设计时间,降低设计成本。在使用 UG 软件进行产品设计时,需要了解产品的设计过程。

(1) 准备工作

① 阅读相关设计的文档资料,了解设计目标和设计资源;

② 搜集可以被重复使用的设计数据;

③ 定义关键参数和结构草图;

④ 了解产品装配结构的定义;

⑤ 编写设计说明书;

⑥ 建立文件目录,确定层次结构;

⑦ 将相关设计数据和设计说明书存入相应的项目目录中。

(2) 设计步骤

① 建立主要的产品装配结构,用自上而下的设计方法建立产品装配结构树。如果有些以前的设计可以沿用,可以使用结构编辑器将其纳入产品装配树中。其他的一些标准零件,可以在设计阶段后期加入到装配树中,因为这类零件大部分需要在主结构完成后才能定形、定位。

② 在装配设计的顶层定义产品设计的主要控制参数和主要设计结构描述(如草图、曲线和实体模型等),这些模型数据将被下属零件所引用,以进行零件

细节设计,同时这些数据也将被用于最终产品的控制和修改。

③ 根据参数和结构描述数据,建立零件内部尺寸关联和部件间的特征关联。

④ 用户对不同的子部件和零件进行细节设计。

⑤ 在零件细节设计过程中,应该随时进行装配层上的检查,如装配干涉、重量和关键尺寸等。此外,在设计过程中,也可以在装配顶层随时增加一些主体参数,然后再将其分配到各个子部件或零件设计中。

(3) 三维造型设计步骤

① 理解设计模型:

了解主要的设计参数、关键的设计结构和设计约束等设计情况。

② 主体结构造型:

建立模型的关键结构,如主要轮廓、关键定位孔。确定关键的结构对于建模过程起着关键作用。对于复杂的模型,模型分解也是建模的关键。如果一个结构不能直接用三维特征完成,则需要找到结构的某个二维轮廓特征,然后用拉伸旋转扫描的方法,或者自由形状特征去建立模型。

UG 允许用户在一个实体设计上使用多个根特征,这样就可以分别建立多个主结构,然后在设计后期对它们进行布尔运算。对于能够确定的设计部分先造型,不确定的部分放在造型的后期完成。设计基准(datum)通常决定用户的设计思路,好的设计基准将会帮助简化造型过程并方便后期设计的修改。通常,大部分的造型过程都是从设计基准开始的。

(4) 零件相关设计

UG 允许用户在模型完成之后再建立零件的参数关系,但更加直接的方法是在造型过程中直接引用相关参数。

如果遇到一些造型特征较难实现,应尽可能将其放在前期实现,这样可以尽早发现问题,并寻找替代方案。

(5) 细节特征造型

细节特征造型放在造型的后期阶段进行,一般不要在造型早期阶段进行这些细节设计,否则会大大增加用户的设计周期。

在造型的基础上,使用 UG 还可进行产品加工的模拟,从而为产品的数控加工提供代码,其一般实现过程如图 3-20 所示。

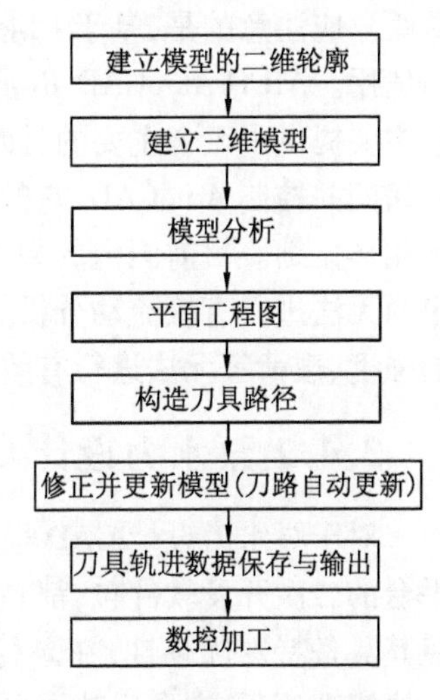

图 3-20 采用 UG NX 实现加工的一般过程

3.4 叶片泵水力设计 CAD

3.4.1 国内外泵 CAD 现状

目前,国外泵的 CAD/CAM/CAE 技术日趋成熟,并已得到广泛的推广及应用。利用先进的计算机辅助设计、流动分析、流动模拟和计算机辅助制造技术,不仅保证了产品设计质量,而且缩短了设计周期,实现了设计方案的最优化,确保了产品的性能和可靠性,强化了对千变万化的市场的快速反应能力。在使用高级语言开发 CAD 应用软件方面,国外趋向于使用 C/C ++ 语言。国外水泵 CAD 的应用软件多是保密性质的,其内容涉及水力设计、性能预测、强度计算等诸多方面。据报道,英国威尔(Weir)泵业公司的 CAD 系统输入参数后,可直接输出刀具的走刀路线,并在图形终端上模拟刀具的行进轨迹,如设计一台多级离心泵的全过程仅需几十分钟。

国内对泵 CAD 系统的研究始于 1978 年,沈阳水泵研究所、江苏工学院、浙江机械科学研究院等先后开展了这方面的研究工作。近几年来,国内在水泵 CAD 领域做了许多工作,尤其是在水力设计方面。目前,国内大多数科研人员大都采用 C/C ++语言来开发泵 CAD 应用软件;另外一种方式是以 AutoCAD 作为开发平台进行基于 ObjectARX 的二次开发。国内 CAD 软件虽然都具有一定的实用性,但随着用户要求的越来越高,这些软件与用户需求之间存在着一定的差距。应注意的是,基于 ObjectARX 的二次开发对于泵水力部件的二维设计较为适用。ARX(AutoCAD Runtime Extension)程序是面向对象的程序设计语言,它主要提供了 5 个主要的类库(AcRx 库、AcEd 库、AcDb 库、AcGi 库和 AcGe 库)来访问并控制 AutoCAD,它的优越性及其强大的功能,使传统的结构化语言的设计相形见绌。目前国内的泵 CAD 软件与 CFD 软件的联合应用很少,对设计结果尚无法进行直接流动分析。同时,叶片泵结构设计软件还很少,对于用户关心的强度、载荷等无法进行有效的预测与分析。

3.4.2 泵水力设计 CAD 的实施流程

对于泵水力设计 CAD 程序来说,无论是独立运行的软件,还是加载到 CAD 平台的二次开发软件包,都是作为应用程序进行开发的。它的系统性与完整性使其具备特殊优越性,在泵行业有着广泛的应用前景。图 3-21 中所示为 CAD 模块实现流程,它也反映了目前设计对泵 CAD 软件的要求。

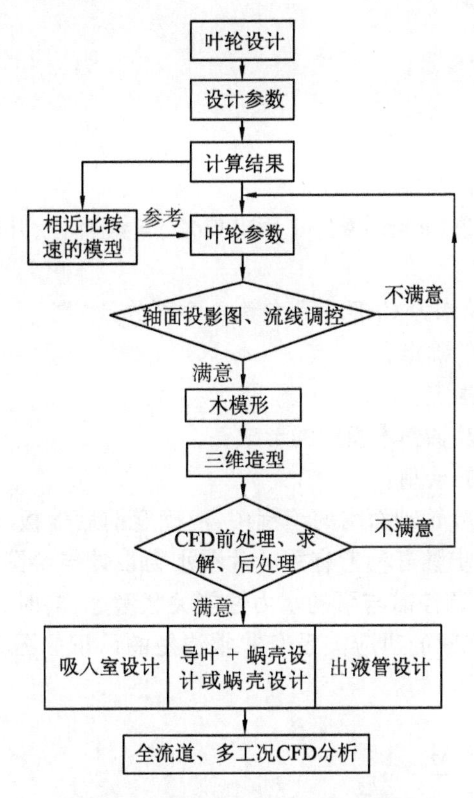

图 3-21 单级离心泵 CAD 流程图

3.4.3 离心泵水力设计 CAD

离心泵水力设计 CAD 有别于其他一般性 CAD 制图模块,它是一个专业性模块或软件,开发者及使用者应具备一定的水泵设计方法的知识,掌握一定计算机软件知识及编程语言。一套成功的泵 CAD 软件应该具备如下技术特征:

① 良好的实用性、可靠性、容错性;

② 操作直观,运行快捷;

③ 适应主流操作系统,能及时升级,可维护性强;

④ 设计结果准确,图元规范;

⑤ 设计结果输出接口丰富,可被其他软件完整、准确地读入。

(1) 离心泵过流通道 CAD 计算

在目前国内离心泵水力设计 CAD 中,进行过流通道水力设计参数的确定时仍多以一元流动分析的方法为基础,采用速度系数法和模型换算法。为了计算方便,尽量采用经验公式,一些经验曲线也可输入成离散数据。

根据基本性能参数,需进一步确定的主要参数包括:

① 比转速；

② 汽蚀比转速；

③ 效率；

④ 轴功率；

⑤ 泵进出口直径及最小轴径；

⑥ 水力几何参数，如叶片数、叶片出口角、轮毂直径、叶轮进出口直径及出口宽度等。

(2) 离心泵叶轮水力 CAD 大致分为 4 个部分：

① 叶轮轴面图的确定；

② 叶片骨线的确定；

③ 叶片的加厚及轴面木模图的形成；

④ 叶轮木模图的绘制。

其中，在离心泵叶轮轴面图的绘制中，应确定前后盖板、轴面流线与流网及叶片进口边，随后的步骤可参考有关叶片泵水力设计与绘图的资料。在此过程中，一些关键参数的调控需与泵的水力性能关联考虑，同时，一定要对叶片的空间形状与投影方式之间的对应关系有非常清楚的认识。图 3-22 为某离心叶轮的木模图。

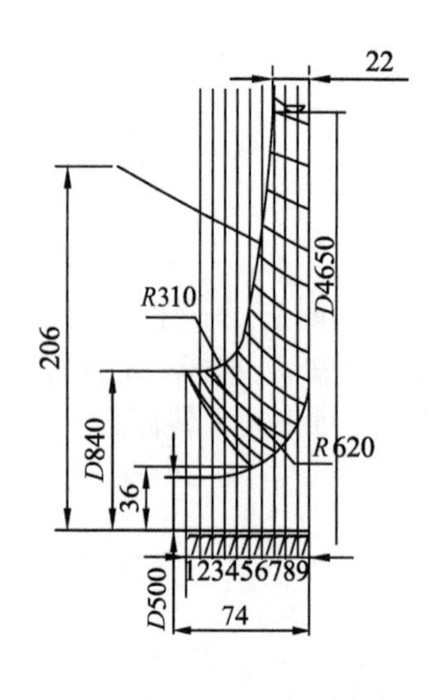

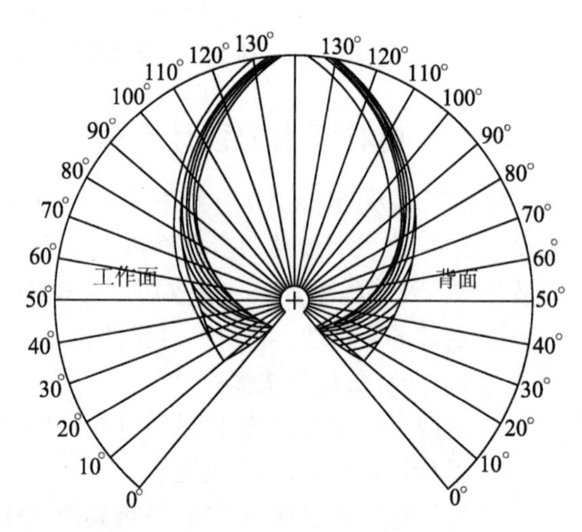

图 3-22　某叶轮木模图

在二维木模图的基础上，可在三维建模软件中得到单个叶片的三维模型图，如图3-23所示。叶片的工作面和背面可由自前盖板到后盖板的叶片骨线扫掠得到，也可以由自叶片进口到出口的截线扫掠获得。叶片的进口边形状需要进一步拟合，其对水力性能有显著的影响。获得封闭的叶片实体后，对叶片进行周向阵列而后与前后盖板实体模型进行布尔运算，可得到叶轮的实体模型，如图 3-24 和图 3-25 所示。

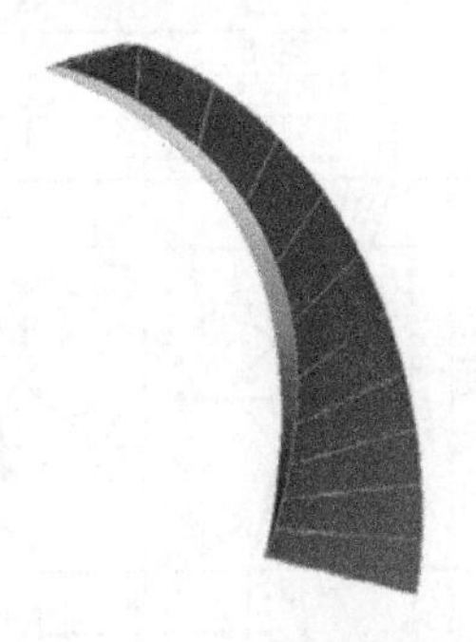

图 3-23　单个叶片的三维造型图

图 3-24　叶片和后盖板的三维造型图

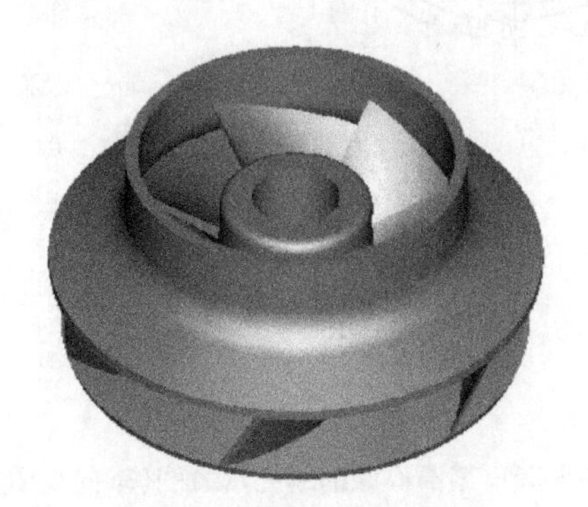

图 3-25　叶轮的三维造型图

(3) 离心泵蜗壳水力 CAD

① 基本参数。

进行蜗壳水力设计时所需的基本参数主要有入口宽度、入口直径、各截面的倾角、隔舌位置角度和不同形状的截面参数等。

设计压水室中各截面的参数可用速度参数法。蜗壳中的流动速度可由速度系数和泵扬程确定。第Ⅷ断面面积根据流量和压水室中速度确定，其他截面面积根据第Ⅷ断面面积推出，从而得出不同形状截面（如梯形、矩形）的基本尺寸。

② 扩散管。

蜗壳的扩散管可以是直锥形，也可是弯曲形的，主要确定两个过渡截面的位置和尺寸。对于直锥形扩散管，只要隔舌位置、第Ⅰ至Ⅷ断面几何参数确定后，选择扩散角 8°～12°，即可计算出扩散管的尺寸。

图 3-26 为蜗壳水力图的轴向视图。

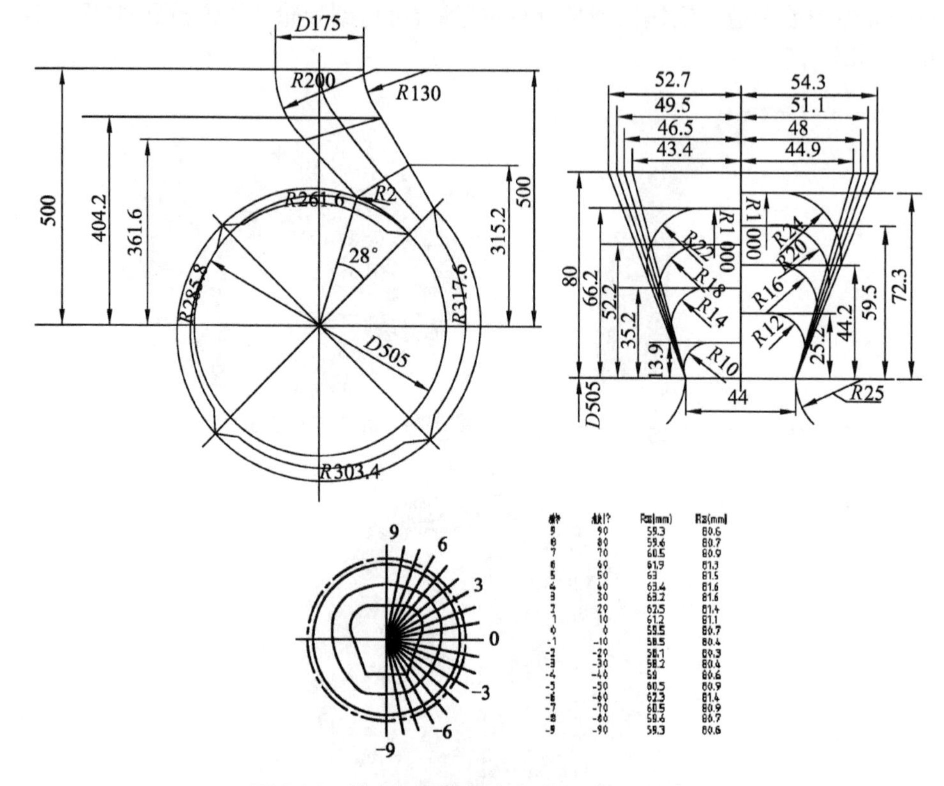

[illegible]	[illegible]	R[illegible](mm)	Rz(mm)
9	90	59.3	80.6
8	80	59.6	80.7
7	70	60.5	80.9
6	69	61.9	81.3
5	50	63	81.5
4	40	63.4	81.6
3	30	63.2	81.6
2	29	62.5	81.4
1	10	61.2	81.1
0	0	59.5	80.7
-1	-10	58.5	80.4
-2	-29	58.1	80.3
-3	-30	58.2	80.4
-4	-40	59	80.6
-5	-50	60.5	80.9
-6	-60	62.3	81.4
-7	-70	60.5	80.9
-8	-80	59.6	80.7
-9	-90	59.3	80.6

图 3-26　某离心泵的蜗壳水力图(轴向视图)

3.4.4 泵水力设计 CAD 的发展趋势

目前,在泵的结构设计应用软件开发方面开展的工作尚不足。比如,在对泵进行强度、模态和振动等分析时,通常采取由二维图生成三维实体的方式。图 3-27 为在 UG NX 中构建的整泵三维实体模型(不包括电机),该图集中了泵中的所有零件,而后通过装配获得。如果可以实现泵结构设计的自动化,并提供一些强度、应力等的分析功能,将为优化、分析等后续工作提供非常有利的条件。

图 3-27　某离心泵的三维实体

(1) CAD 支撑软件,由 AutoCAD 逐渐向更高的版本转化(如 AutoCAD 2011 等都是更高版本的支撑软件),并使泵水力设计部分实现人机对话的形式,从而提高设计者的设计效率。目前采用 UG

等三维软件平台进行二次开发是一种很好的方式,它可以实现二维图和三维模型快速、准确的生成。

(2) 生成及链接优秀水力模型动态库,实现比转速相近的优秀模型与设计界面同屏幕显示,供设计者参考。

(3) 开发语言逐渐由一般的高级语言向面向对象程序编程转化。ARX 程序的编程环境是面向对象的,它为程序员提供了完全的 C ++ 类体系,可以充分利用 C ++ 的强大功能和最新 MSVC ++ 开发环境。因此,ARX 类库、MFC 类库和 MSVC ++ 开发工具三者构成了强有力的开发和调试平台。

(4) 将泵的二维设计图转化为三维实体,将水体以 IGES(initial graphics exchange specification), DXF(drawing exchange format), STEP(standard for the exchange of product model)等格式输出到 CFD 软件中,进行流动分析,并对泵性能进行预测,验证设计结果,以便进行设计上的修正,保证设计的正确性。CFD 软件现在在流体机械内部流场计算中的应用已比较普遍,并能够将计算结果做成动画播放,直观而又形象。这样的 CFD 运用可以利用计算结果指导泵的设计,并使泵水力部件内部流动的三维演示成为可能。

3.5 CFturbo 介绍

近年来,随着流体机械应用水平的不断提高,CAE 技术在叶片泵、风机等叶片式流体机械领域的模拟分析中被越来越广泛地应用。然而,如何根据叶片式流体机械的性能需求,快速高效地设计 CAD 模型,是深入应用 CAE 技术的关键问题之一。

3.5.1 CFturbo 软件简介

CFturbo 是专业的叶轮及蜗壳设计软件,该软件结合了成熟的叶片式流体机械理论与丰富的实践经验,基于设计方程与经验函数开展设计,并且能够根据用户积累的专业技术和设计准则来定制特征函数。目前,CFturbo 可以被应用于离心泵、混流泵、离心风机、混流风机、压缩机及涡轮等流体机械的设计,只需要给出流量、效率等性能参数,就可以自动生成叶轮及蜗壳三维模型。

CFturbo 具备与多种 CAD/CAE 软件的直接接口,从而确保 CFturbo 设计生成的几何造型能够被便捷地导入其他软件进行模型修改、性能校核、优化设计及性能分析等相关工作。除了 IGES, STEP, DXF 以及 ASCII 文本等中间格式外,CFturbo 还具备与多种 CAD/CAE/CFD 大型软件的直接接口,如图 3-28 所示。

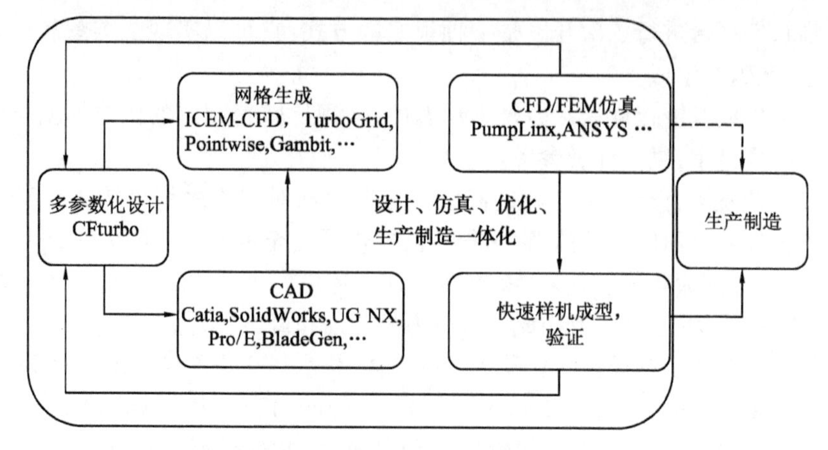

图 3-28　CFturbo 与其他软件的集成

3.5.2 CFturbo 软件工作流程

(1) 输入性能参数

输入性能参数包括设计流量、扬程、转速、流体密度、转动方向和叶片数等基本参数。CFturbo 会根据设计参数自动求解比转速、功率等参数，再根据默认或自定义的函数计算轴面流线基本参数。

输入性能参数的对话框如图 3-29 所示。

图 3-29 的右侧即为系统根据输入参数可以计算出的比转速、型式数和比功率等参数，相关参数的定义可参考 CFturbo 的帮助文档。

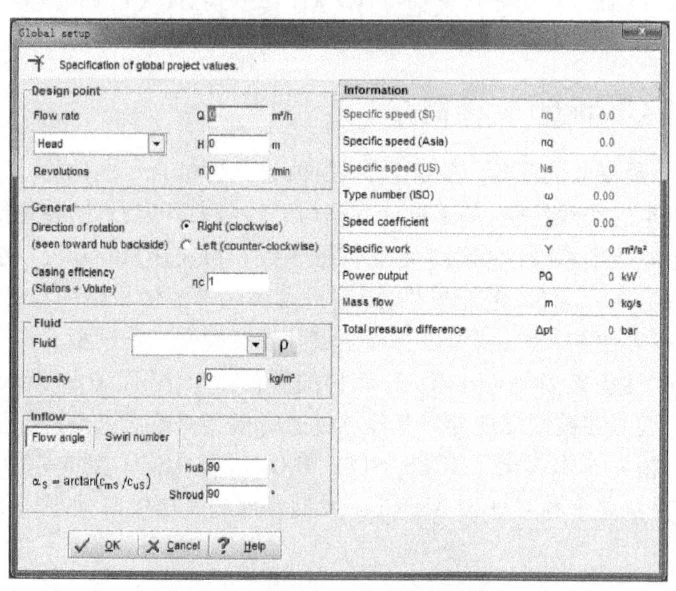

图 3-29　CFturbo 软件的参数输入

(2) 调控轴面投影图

设计人员可以在 CFturbo 的界面上调控轴面投影图,可调控的参数如叶片出口边的倾斜角、前后盖板的曲率、叶片进口边的位置等。调控后,在轴面投影图的右侧,实时地计算出了沿流道的前后盖板曲率(curvature)、静矩(static moment)及过流面积(cross section area)的变化,给使用者提供了很好的判断依据(见图 3-30)。

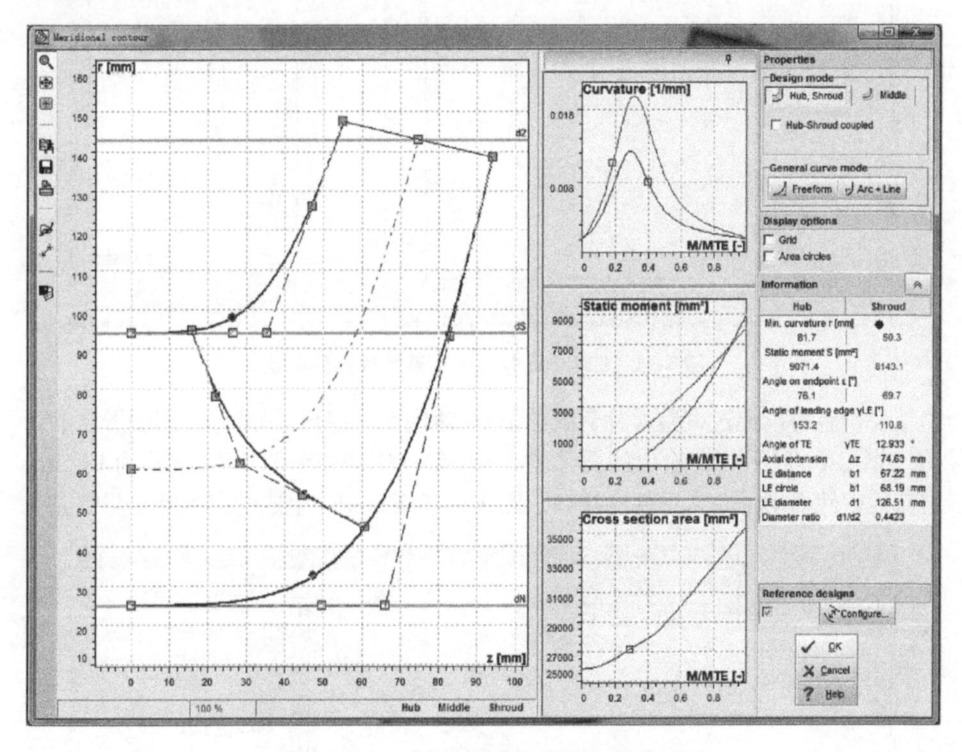

图 3-30 Cfturbo 软件中轴面投影图的调控

使用者可根据设计思路选择设计圆柱形叶片、扭曲形叶片及直叶片等叶片形状(如图 3-31 所示),同时可设定冲角、叶片厚度的变化规律等。根据 Wiesner 公式或 Pfleiderer 公式对滑移速度进行预测。在图 3-31 界面的右侧,依据设定的参数自动显示出叶片进出口的速度三角形,反映出速度矢量、安放角和液流角等重要信息。

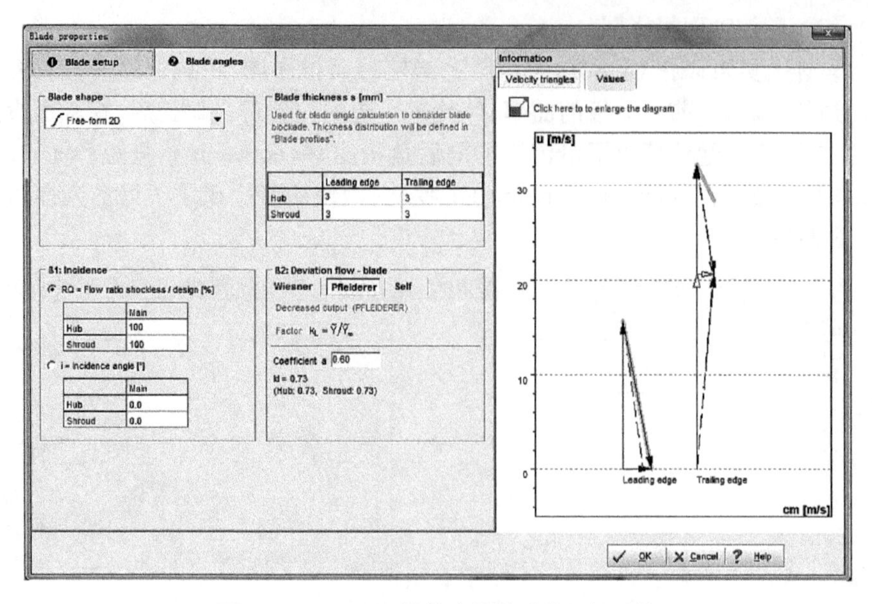

图 3-31　CFturbo 软件中调整叶片几何形状

使用者可以通过调整叶片骨线的形状，达到调节包角、调节叶片扭曲形状的目的，如图 3-32 所示。在输出的图形格式中，有 DXF，IGES，STL 等，这些为 CFturbo 与其他软件提供了非常方便的接口。图 3-33 为 CFturbo 生成的三维叶轮与蜗壳。

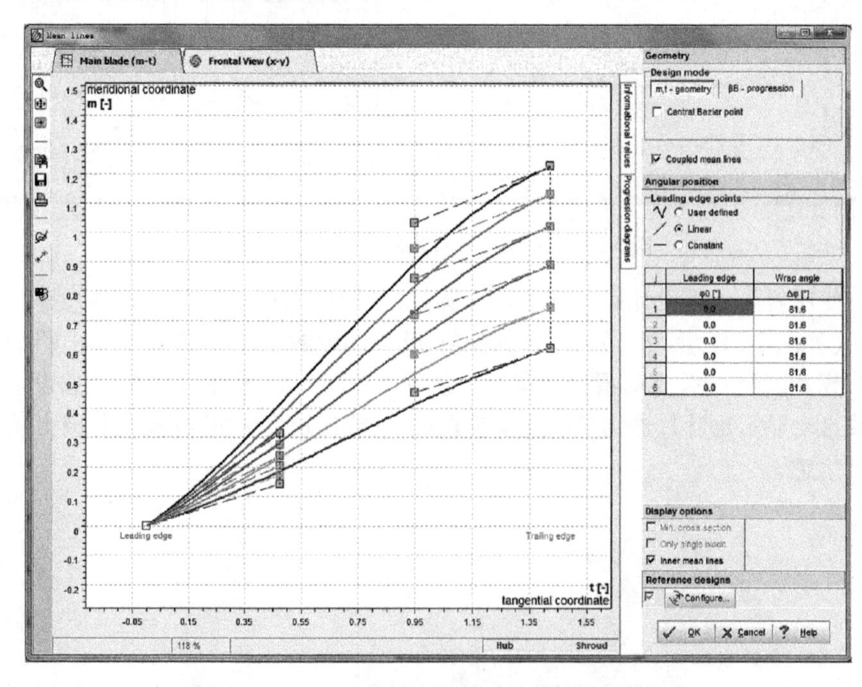

图 3-32　CFturbo 软件中调整叶片前缘与后缘形状

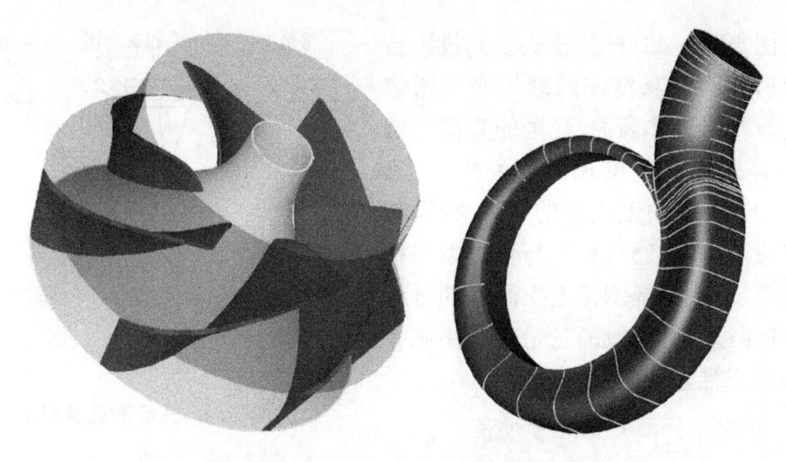

图 3-33 CFturbo 软件中输出设计结果

如果与叶轮在同一设计环境下,部分蜗壳参数也可由叶轮参数自动得出并显示。如果不做任何参数更变,CFturbo 会根据叶轮设计参数自动计算出与之匹配的蜗壳参数,并将图形绘出。

3.6 逆向工程

近年来,在计算机辅助设计和制造过程中出现了“逆向工程”一词。逆向工程(reverse engineering)技术可以通过扫描测量获取实物外形坐标点并重建实物的三维数字模型。在此基础上可以方便地进行模型再设计、快速原型制造与快速模具制造等后续工作,从而大大节省研发时间,缩短设计周期。逆向工程的研究对象是产品实物或影像照片,它不仅仅是产品的复制和简单再现,而且是对产品的改进和创新。

逆向工程中需要三维光学扫描测量轮廓(phase measuring profilometry,PMP)方法。本节以 ATOS 仪器为例进行说明。ATOS 流动式光学扫描仪是德国 GOM 公司研究开发的三维扫描测量系统,它借助高分辨率的 CCD 数码相机对复杂工件表面进行高速扫描测量,利用多组固定参考点,对多次扫描测量摄取的信息数据进行拟合比较,自动拼合成单一的整体立体图,并能输出被测表面相关点(或面)的数字化三维数据,供 CAD,CAM 和 CNC 等软件运行实现曲面重建、产品设计甚至直接加工。该扫描测量系统的测量方法具有快速、非接触、高分辨率及与被测工件材料无关等优点,非常适用于不规则曲面以及用传统方法难以测量的工件和模型的点云数据的获取。

1. 结构光三维扫描测量系统工作原理

ATOS 流动式光学扫描仪采用结构光测量技术。结构光三维扫描法的测量原理见图3-34。ATOS扫描头上的投影装置将黑白相间的灰度编码结构光栅图像投影到被扫描物体表面,规则的光栅图像受到物体表面高度的调制而发生变形。利用两台以不同角度安放的CCD数码相机同时摄取图像,通过相移与灰度编码技术的结合,解决两幅图像上空间点的对应问题,并通过两台相机的三角交汇快速获得形体的三维坐标信息。

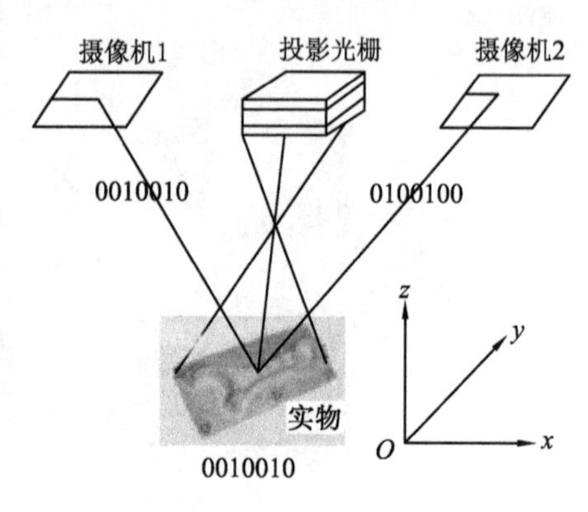

图3-34 光栅测量原理图

2. 结构光三维扫描测量过程

ATOS快速三维光学扫描仪对实物进行扫描,其主要工作步骤如下:

(1) 对扫描仪进行软硬件的标定,调整好各种测量参数;

(2) 对待测实物表面进行前期处理,喷涂显像剂,使之产生漫反射;

(3) 根据仪器每幅照片测量范围和曲面形状,合理地布置编码和编码参考点、参考标尺;

(4) 用数码相机拍照,要求前几幅照片要保证摄入标尺,以后的各幅要求相互间至少有5个编码参考点同时被摄入,以确定各参考点的空间位置关系,并将获得的数字图像导入计算机中;

(5) 用ATOS系统进行数据采集,注意每幅照片数据应至少包含3个参考点;

(6) 用ATOS软件对点云数据进行三角化,经软件处理,获得三维CAD数模(曲面),并可选择按一定的格式输出。图3-35为扫描仪的测量流程图。

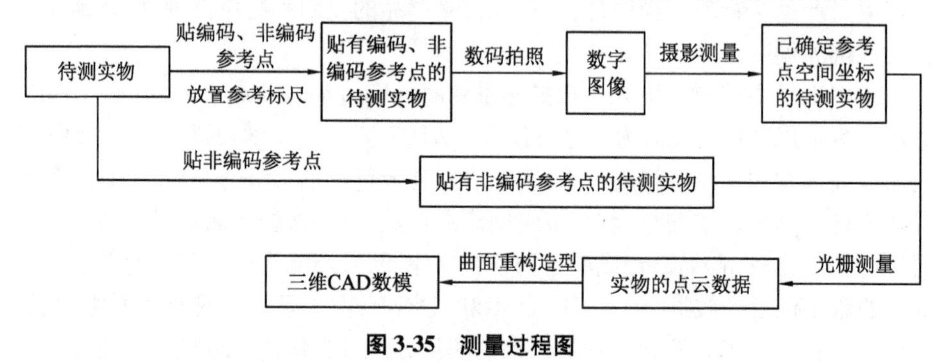

图3-35 测量过程图

3. 逆向工程应用

目前的逆向工程可应用在如下几个方面。

(1) 产品的反求设计。利用ATOS扫描仪可准确、快速测得现有三维实物轮廓的几何数据,并加以建构、编辑、修改,生成通用输出格式的曲面数字化模型，从而生成三维 CAD 实体数模，可实现对已有产品技术的吸收和创新。

(2) 工件测量误差分析。利用 ATOS 扫描仪对加工后的工件进行扫描，经计算机处理后可获得三维 CAD 实体数模，与工件设计三维 CAD 数模进行整体对比，便能把工件上每一处的误差简单明确地显示出来，并可以用三维彩图显示和以数据表格等形式输出。

(3) 试件的变形分析。试件在工作状态下，用 ATOS 扫描仪实时扫描记录分析试件试验前、试验中和试验后的几何形状，以此可详细分析试件的变形过程。

(4) 工件或模具数据的存档。用 ATOS 扫描仪扫描工件或模具，获得三维 CAD 实体模型数据用以存档。当模具磨损或损坏时，用原始数据做参照可快速重修曲面或直接铣加工。

(5) 快速原型制造数据采集与编程。用 ATOS 扫描仪对产品模型或产品原件进行扫描，获得三维 CAD 数模，选择 STL 格式输出，就可生成快速原型制造所需的数据文件。

(6) 数控加工数据采集与编程。用 ATOS 扫描仪对产品模型或产品原件扫描，生成三维 CAD 数模，利用软件(如 Pro/Engineer，UG)，生成数控加工所需的数据文件。

图 3-36 为拟采用 ATOS 系统测量的泵闭式叶轮，其上粘贴着定位标志；该叶轮叶片为圆柱形叶片，采用线切割的方式将叶轮沿叶片出口宽度的中心切割成为两部分。图 3-37 为得到的叶轮靠前盖板部分的原始三维模型，可采用 STL 格式和 ASC 格式(点坐标)输出，被其他的三维软件读入。对该结果的另外一种处理方式是借助一些逆向工程软件(如 Geomagic，Imageware 等)进行点云处理与分析，获得曲面和完整的参数模型。

图 3-36　待测叶轮

(已沿轴向被分割成两部分)

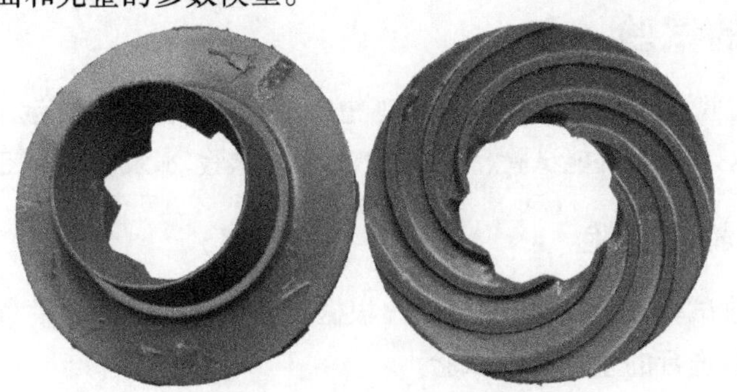

图 3-37　生成的三维叶轮实体图

(该图反映图 3-36 中的靠近前盖板部分)

第4章 流体机械测试技术

测量(measurement)是人们认识事物本质、获得事物内在规律的必要手段。测量技术对科学研究具有重要的意义,科学技术的发展又推动了测量技术的进步,两者相互促进,使科学技术不断发展和进步,人们对客观世界的认识不断深化。

流体机械是应用广泛的通用机械。流体机械性能的提高,设计方法的改进,都以对流体机械运行性能和内部流动的深入认识为基础。流体机械全工况范围内的运行特征和机械内部流动非常复杂,但这些对流体机械的发展有着极为重要的意义,是该领域内科技人员必须掌握的基本规律。

由于流体机械内部呈现出复杂的三元(three-dimensional)、黏性(viscous)和非定常(unsteady)流动状态,长期以来,人们并未能完全了解流体机械内部流动的真实情况。因此,采用的设计方法大多为在若干假定条件下的半经验、半理论的方法。近年来,随着科学技术的发展,先进的测试仪器不断问世,试验方法不断更新,流体机械内部的真实流动状态越来越多地为人们所认识。流体机械的试验工作得以能够从外特性和内特性两个方面同时开展,并相辅相成。

对于流体机械本身,其能量性能、汽蚀性能、振动和噪声等性能指标受到工程界的关注。从流体机械内部流动的角度看,技术人员所关心的流动参数主要有速度、压力和温度。在涉及多相流动时,各相的浓度往往也是需要进行测试的关键参数。本章首先对直观的流体机械外特性测量进行说明,进而对流体机械内流场测量的仪器及方法进行简述。

4.1 泵的试验

试验是检验泵性能的重要手段。试验按其性质可分为验收试验、出厂试验;按其内容可分为运行试验、性能试验、汽蚀试验、四象限试验、水泵模型及装置模型试验。

4.1.1 验收试验

所谓验收试验,是泵制造商与用户根据产品供货合同的有关条款,对制造商提供的泵产品进行的全面验收试验。

验收试验的方法应按供货合同要求进行。合同上没有另行规定的,可按现行的泵试验标准进行。供货产品的质量指标是否符合要求也需按供货合同上的

约定进行衡量。若合同上没有规定,可按现行的有关标准执行。

验收试验的地点一般选在:(1) 制造商的实验室(场);(2) 产品应用现场;(3) 第三方实验室(如国家、省、市各级质检中心或其他须经过法定计量部门计量认可的实验室)。

4.1.2 出厂试验

所谓出厂试验是指制造商对产品在出厂前进行的成品检查试验。出厂试验是否需要进行,由制造商的质量管理部门根据本单位产品质量稳定情况、产品是否是新产品及产品在用户使用场合的重要程度等决定。当产品是成批生产出厂时,其需要进行出厂试验的产品数量比率也由质量管理部门根据上述情况决定。

出厂试验的方法,一般按现行的国家标准和行业标准进行;若有特殊要求,需在产品试验大纲中另行说明。出厂试验的内容、精度及合格判据,均需在产品试验大纲中标明。

4.1.3 运行试验

泵的运行试验一般分为磨合性试验和可靠性试验。

(1) 磨合性试验是为了综合检查机械加工和装配质量是否达到基本要求。磨合试验过程中,应对振动、噪声、轴承温度、轴封处泄漏量以及停机后口环、轴承和平衡机构的磨损情况等进行检查。

磨合运行需要一定的时间,根据泵在额定工况下的输入功率,磨合试验时间从 30 min 到 120 min 不等。

(2) 可靠性试验是指参照产品的实际使用条件,在制造商的试验台上进行的较长时间的运行试验。需要进行此类试验的产品,一般是使用工况特殊、输送介质特殊的产品,如输送有毒高温介质的化工泵、核主泵等。

4.1.4 性能试验

通过性能试验测得泵的主要性能参数,如流量、扬程、泵的输入功率、转速,并通过计算得到泵的输出功率和泵的效率等参考值,以及它们之间的相互关系曲线。有关试验的介质、精度等,可参照现行的国家标准执行。

1. 泵性能曲线

离心泵在工作转速 n 一定时,其扬程 H、轴功率 P_e、效率及必需汽蚀余量 $NPSH_r$ 与泵的流量之间存在着一定的对应关系,表示这种对应关系的曲线称为泵的性能曲线,如图 4-1 所示。目前,由于理论分析尚无法获得泵内的定量损失,故只能通过测试的方法测得泵的性能曲线。一般产品样本上的性能曲线均为常温清水条件下测得的,当泵输送的介质的密度、黏度与常温清水不同时,需要进行性能换算，得出新的性能曲线。

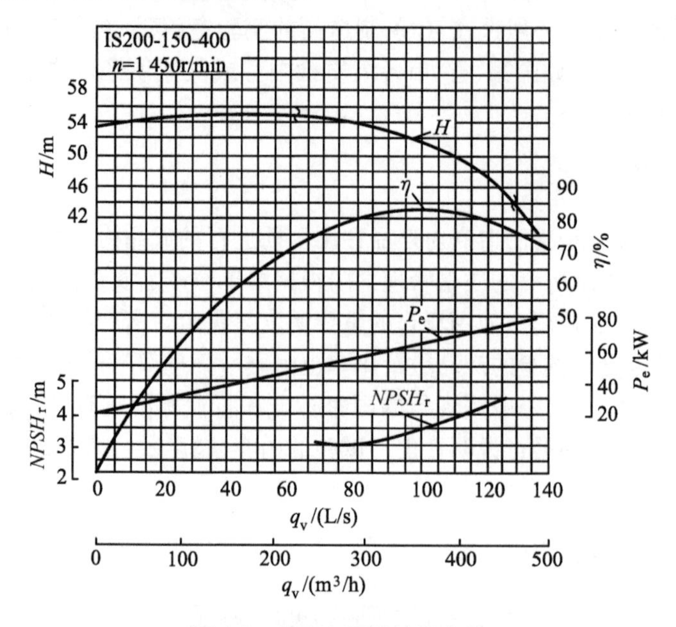

图 4-1　某离心泵的性能曲线

从图 4-1 所示的某离心泵性能曲线上可以看出，泵在定转速条件下运行时，一个流量值对应一个扬程、一个轴功率、一个效率，它们之间均为一一对应关系，而每条性能曲线都有各自的解释。

(1) H-q_v 曲线是离心泵的基本性能曲线，是选择和操作泵的主要依据。离心泵的曲线一般分为平坦型、陡降型和驼峰型 3 种，如图 4-2 所示。比转速小于 80 的离心泵具有上升和下降的特点（即中间凸起，两边下弯），称之为驼峰性能曲线。比转速在 80～150 之间的离心泵具有平坦的性能曲线。比转数在 150 以上的离心泵具有陡降的性能曲线。一般来说，当流量小时，扬程就大，随着流量的增加，扬程逐渐下降。对于具有平坦形状和陡降形状性能曲线的泵，流量增大，扬程降低；反之，流量减少，扬程增加。具有驼峰特性的泵，容易发生不稳定运行工况，选用此类泵应避开不稳定区。

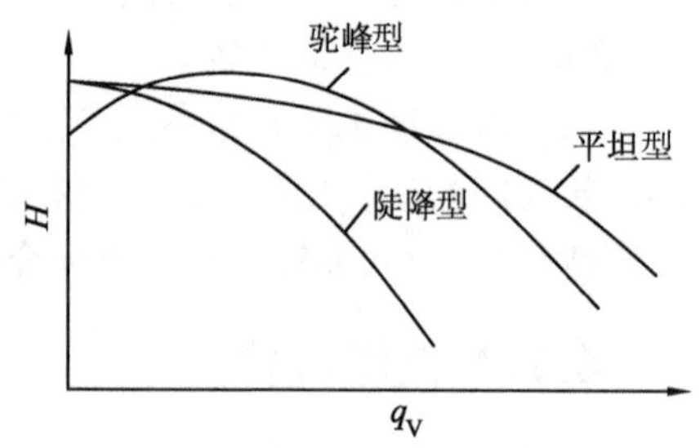

图 4-2　H-q_V 三种扬程曲线

(2) P_e-q_v 曲线是合理选择原动机功率和操作启动泵的依据。通常应按所需流量变化范围内的最大功率再加上一定的安全余量来确定原动机的输出功率。一般离心泵启动时，选在功率最小的工况下进行，以减小启动电流，保护原动机。

所以离心泵应在流量为零的工况下启动,即启动时关闭排出管上的调节阀。

轴功率是随着流量的增加而增加的。当流量为零时,相应的轴功率并不等于零,而为一个定值(约正常运行功率的60%左右),这个功率主要消耗于机械损失上。此时水泵里是充满水的,如果长时间运行,会导致泵内温度不断升高,泵壳和轴承会发热,严重时可能使泵体热力变形,称之为“闷水头”,此时扬程为最大值。当出水阀逐渐打开时,流量就会逐渐增加,轴功率亦缓慢增加。

(3) η-q_v 曲线是检查泵运行经济性的依据。当流量为零时,效率也等于零;随着流量的增大,效率也逐渐地增加,但增加到一定数值之后效率就会下降。效率有一个最高值,在最高效率点附近的效率都比较高,这个区域称为高效区。泵应尽可能在高效区工作,工程上将泵的最高效率点定为额定点,它一般作为泵的设计工况点。通常取对应于最高效率点以下7%的工况范围为高效工作区。

2. 泵通用性能曲线

当泵的转速改变后,其流量、扬程及所需功率也随之改变。设在转速为 n 时流量、扬程和所需功率分别为 q_v,H 及 P,在转速改变至 n'时对应的流量、扬程和所需功率分别为 q_v',H'及 P',它们之间存在下列换算关系(请读者参考2.2.6节泵相似理论):

$$\frac{q_v'}{q_v}=\frac{n'}{n} \tag{4-1}$$

$$\frac{H'}{H}=\left(\frac{n'}{n}\right)^2 \tag{4-2}$$

$$\frac{P'}{P}=\left(\frac{n'}{n}\right)^3 \tag{4-3}$$

上述关系被称为离心泵比例定律,其应用时的转速变化一般不超过原转速的20%。应用比例定律时假定效率不变,实际上在不同转速运行条件下,效率是不同的。若用实验的方法将同一台泵在不同转速下的性能曲线绘在同一张图上,并将 H-q_v 曲线上的等效率点连成曲线,便得到泵的通用性能曲线,如图4-3所示。在该曲线上,可以查得同一台泵在不同转速下的各性能参数之间的关系。

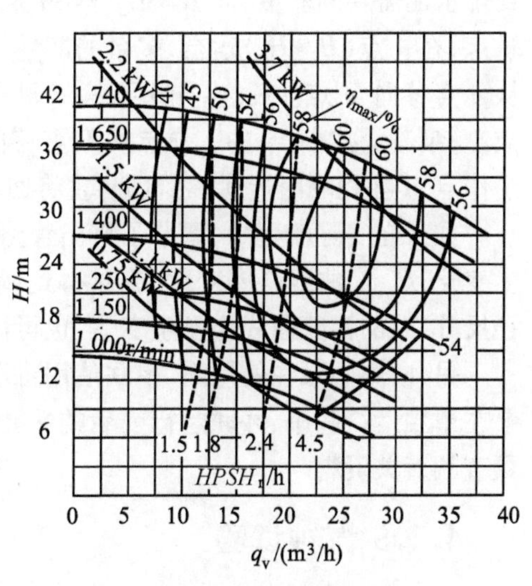

图4-3 某泵的通用特性曲线

3. 泵管路系统性能曲线

泵的性能曲线仅仅说明泵本身的

性能，但泵在管路系统中工作时，泵的运行工况受管路系统性能的影响。管路系统有其特性曲线，在管路一定时，即在管路进、出口液体压力、输液高度、管路几何尺寸、管路附件数目及几何尺寸和阀门开度等都已确定的情况下，单位质量的液体通过该管路时所必需的外加扬程 H_c 与单位时间内流过该管路的流体的量 q_v 之间的关系曲线，可由流体力学方法算出，它是一条二次抛物线，如图 4-4a 所示。

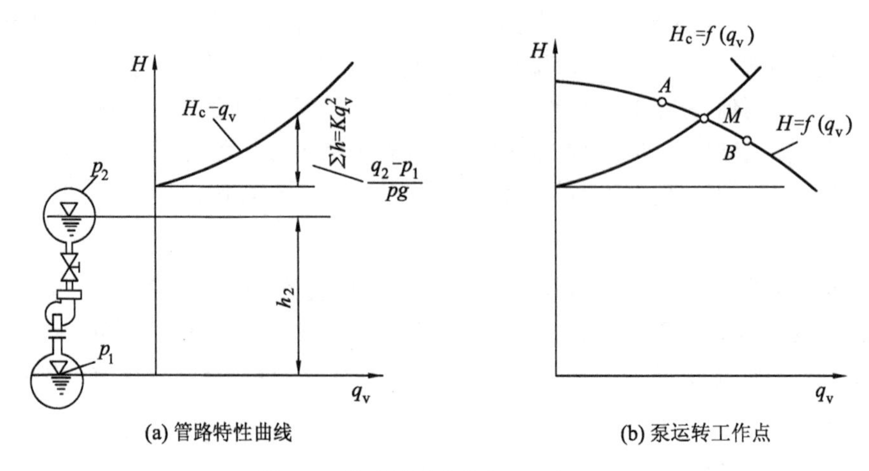

图 4-4　管路特性曲线与泵运行工况

将离心泵性能曲线 H-q_v 和管路特性曲线 H_c-q_v 按相同比例绘在同一张图上，则两条曲线相交于 M 点，M 点即离心泵在管路中的工况点，如图 4-4b 所示。在该点上单位重量液体通过泵增加的能量正好等于把单位重量液体从吸水池送到排水池需要的能量，即 $H=H_c$，故 M 点是泵运行的稳定工况点。如果泵偏离 M 点，在 A 点（$H>H_c$）运行，多余的能量使管内流速增加，泵的流量增加，工作点从 A 点移向 M 点。反之，如果泵偏离 M 工况点在 B 点（$H<H_c$）运行，管内流速减慢，泵流量减小，泵的工作点从 B 点移向 M 点。但对于具有驼峰性能的泵，当工作点 M 在驼峰附近时，一旦偏离，将回不到 M 点。

如果在实际流程中，调节了排出管路上的阀门开度，则管路的局部阻力会发生变化，H_c-q_v 曲线斜率变化，流量得到调节。通过改变离心泵的转速和叶轮外径尺寸，泵的性能曲线会发生变化，也可以改变工作点的流量。

另外，离心泵在使用时，串联使用可以增加扬程，并联使用可以增加流量，而泵在单独运行和串、并联运行前后的性能变化受管路系统性能的制约，相关内容可查阅有关资料。

4.1.5 汽蚀试验

泵的汽蚀试验是指通过试验的方法，得到试验泵将要发生汽蚀现象时的汽

蚀余量 *NPSH* 值,此汽蚀余量又称为临界汽蚀余量。

根据泵的试验条件,可采取诱发汽蚀发生的方法进行试验,如改变吸入水面与泵基准面间的距离(开式试验台)、改变吸入水面上的压强(闭式试验台)、调节入口阀门、改变吸入管路系统阻力(开式试验台)等方法。而各种方法对于试验精度的影响是不同的,在设计试验方案的时候要综合考虑试验的可行性与试验要求。将不同 *NPSH* 值与泵的扬程的对应关系绘制在一张图上,也可以表达泵能量特征随汽蚀程度的变化情况,如图 4-5 所示。

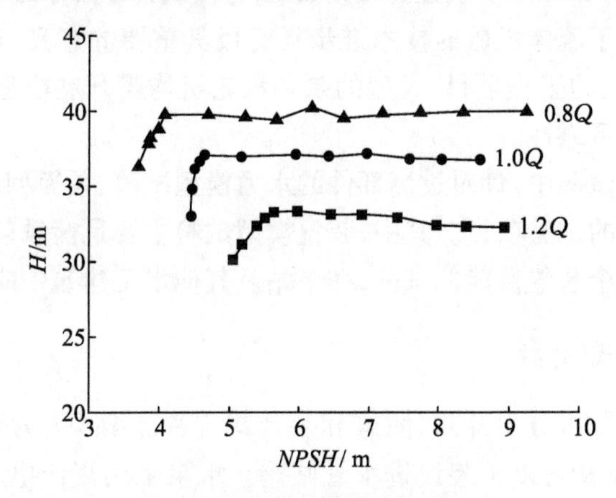

图 4-5　某泵的汽蚀性能曲线

4.1.6 四象限试验

在泵正常运行工况下,流量值、扬程值、转速值及功率值均为正。其特性曲线位于第 I 象限内。如果出现流量值为负、扬程值为负、转速值为负、功率值为负时,泵的特性曲线将超出第 I 象限的范围,这种泵运行工况称为泵的非正常运行工况。泵的正常运行工况和非正常运行工况的全特性曲线称为泵的四象限特性曲线,如图 4-6 所示。泵的四象限试验的目的就是获得泵的四象限特性曲线。

在几台泵联合使用(串联或并联)时,由于匹配问题或单台泵的故障,其中某台泵可能在非正常状态下运行。另外,出于回收能量的目的,希望将泵当水轮机使用,因此需要知道泵在非正常运行工况下的性能曲线。为此,都需进行泵的四象限试验。

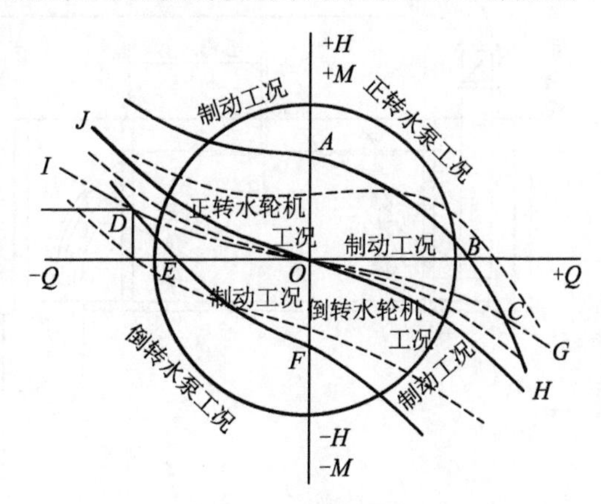

图 4-6　水泵四象限图

进行泵的四象限试验,需要加辅助泵和阀门,以改变液体在回路中的流动方向,达到泵运行工况、水轮机运行工况、制动运行工况和特殊运行工况的运行条件。

4.1.7 模型试验

对于大型泵及泵装置,无法开展原型试验,只有将原型泵或装置按一定比例缩小成模型泵或模型装置,才能进行试验,而后将模型泵和模型装置的试验数据,通过公式换算成原型泵或原型装置的相关数据,这种试验方法称为模型试验。

模型试验对于流体机械的技术进步具有极其重要的意义,从实际应用的角度来看,一些重大的工程项目、大型的泵和水轮机均需开展模型试验,以保证研究对象的性能及可靠性。

目前的模型试验中,针对过流部件的水力模型试验、泵模型试验和装置模型试验是3类主要的试验项目。其中,装置模型试验主要是衡量包括进水段、泵和出水段在内的整个装置性能的试验,在泵站及其他水工建筑中应用较多。

4.1.8 泵试验台

水泵试验装置可分为开式、闭式和半开式3种。图4-7为开式试验装置示意图,基本性能试验可以不装设进水管闸阀。水泵采用直流电动机或异步电动机直接传动。水泵启动后,从进水建筑物吸水,经压水管路流入量水槽,并通过三角堰流回进水建筑物。量水槽中的稳流栅起平稳水流的作用。试验时通过改变出水管上的闸阀开启度来控制流量和扬程。水泵的扬程用装在水泵进出口处的真空表和压力表测量,水泵的流量用三角堰测量,其过堰水头用游标测针测定,水泵转速用转速表测定,轴功率用转速转矩仪或电测法测定。

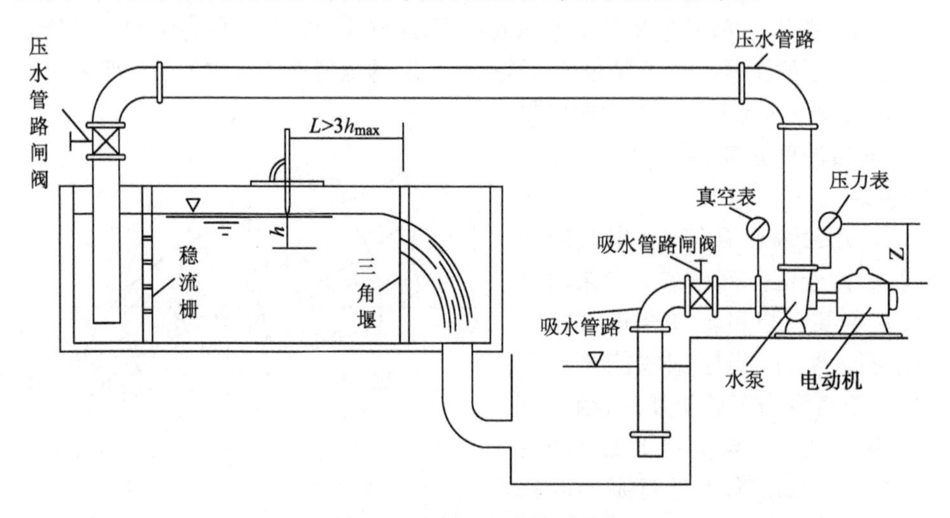

图4-7 离心泵开式试验装置

水泵闭式试验台如图 4-8 所示。需要注意的是,泵的闭式试验台首先是一个循环系统,可以在试验管路中形成一定的流速。在该试验台上不但可以进行泵性能的试验,还可以利用局部的试验段开展流动测量。

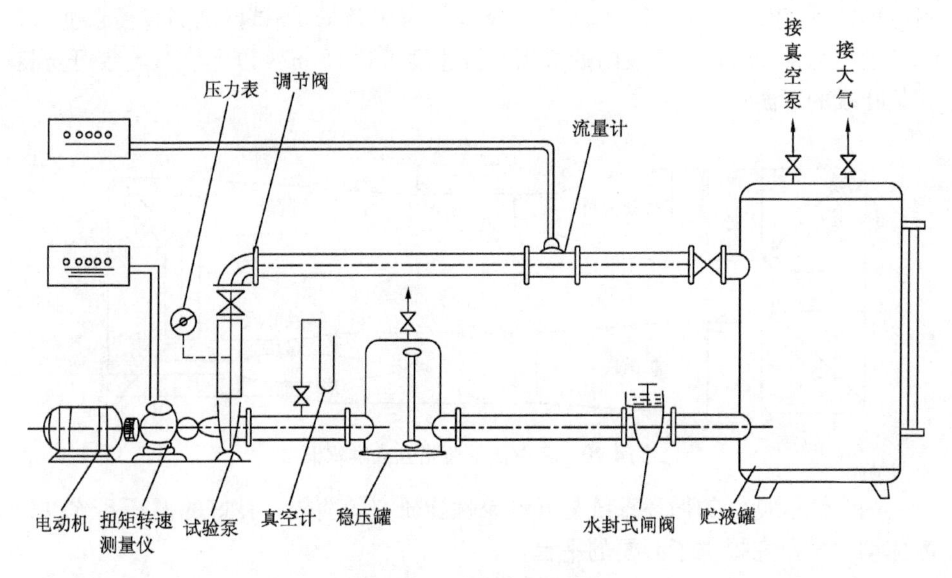

图 4-8 水泵闭式试验台

在瑞士洛桑联邦理工学院(NPFL)的实验室内有一个水洞(water tunnel),该水洞同样是一个循环系统,但其中的一段管路可更换为透明测试段,在该测试段内固定翼型,可以开展翼型绕流实验。由于测试段为透明的,可以开展光学无扰动流场测量,如图 4-9 所示。测试段内的最高流速可达 50 m/s。

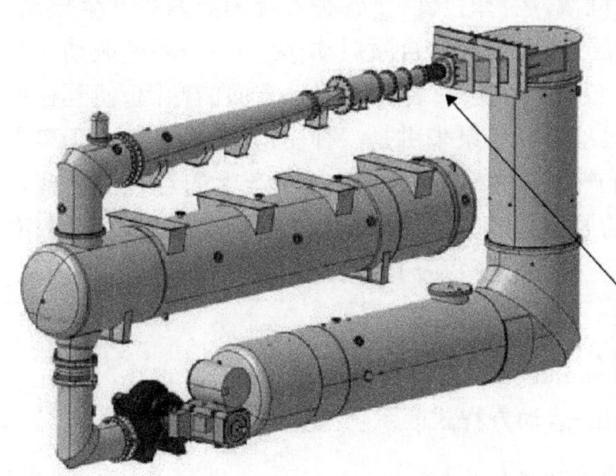

图 4-9 瑞士洛桑联邦理工学院(EPFL)水洞

在宾夕法尼亚州立大学(The Pennsylvania State University),建有 Garfield Thomas 水洞,该水洞的名字意在纪念在战争中牺牲的海军军官 Garfield Thomas。该水洞建于第二次世界大战后,其很重要的应用之一为水下武器的研究。如图 4-10所示,该水洞的长度约 29.7 m,宽度约为 9.45 m,测试段断面直径超过 1.2 m,长度约为 4.26 m,测试段内的最高水流速度可达 18 m/s 以上。试验泵可安装在桨叶段的下游。

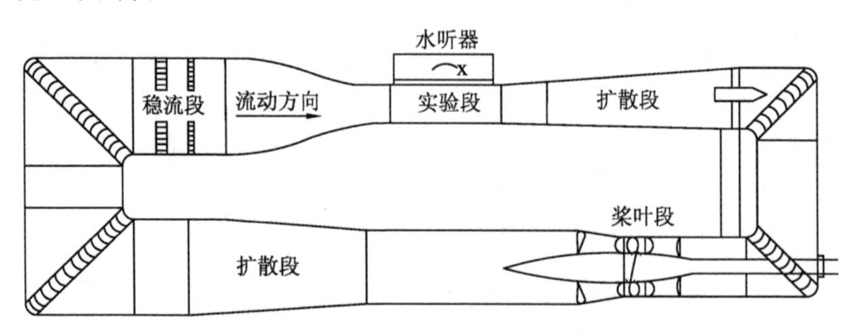

图 4-10　宾夕法尼亚州立大学水洞

一个性能良好的循环系统是开展泵性能研究的前提。良好的循环系统也为流体动力学研究提供了必要的平台。

4.1.9 振动试验

振动的简单定义为物体的往复运动,振动是广泛存在的现象。机械振动测试主要用来研究机械或结构的位移、速度、加速度和应力等物理量的变化规律。

流体机械的振动研究是深入认识流动规律和结构规律的一种手段。

离心泵是一种旋转式流体机械,运行时会由于各种各样的原因而产生振动。离心泵运行时会受到两种振动的影响,一种是自激振动,另一种是环境振动。自激振动是指由于离心泵本身的设计、制造、安装和使用等方面的原因,使其在做旋转运动时产生的振动;环境振动对离心泵来讲是一种受迫振动,是指由于离心泵以外的装置和设备运行时所产生的振动对泵的运行所产生的影响。由此可见,导致离心泵产生运行振动的原因是多方面的,有主动原因,也有被动原因;有机械原因,也有结构原因;还有流体动力学以及其他方面的原因。

1. 衡量振动的参数

(1) 振动幅值(vibration magnitude)

① 位移幅值可用简谐振动的运动方程式表示:

$$S=\hat{S}\cos\,(\omega t+\varphi_S)\,, \tag{4-4}$$

式中,S 为位移瞬时值,单位为 mm;$\hat{S}$ 为位移幅值,单位为 mm;ω 为角速度,单位为 rad/s;t 为时间,单位为 s;φ_S 为初始角,单位为 rad。

② 速度幅值可用简谐振动的运动方程式表示：

$$v = v\cos\ (\omega t + \varphi_v) \tag{4-5}$$

式中，v 为速度瞬时值，单位为 mm/s；$\bar{v}$ 为速度幅值，单位为 mm/s；φ_v 为初始角，单位为 rad。

③ 加速度幅值可用简谐振动的运动方程式表示：

$$a = \hat{a}\cos\ (\omega t + \varphi_a) \tag{4-6}$$

式中，a 为加速度瞬时值，单位为 mm/s^2；$\hat{a}$ 为加速度幅值，单位为 mm/s^2；φ_a 初始角，单位为 rad。

(2) 振动烈度(vibration intensity)

规定振动速度的均方根值(root mean square，RMS)为表征振动烈度的参数。泵的振动不是单一的简谐振动，而是由一些不同频率的简谐振动复合而成的周期振动或准周期振动。设振动周期为 T，振动速度的时域函数为

$$V = v(t) \tag{4-7}$$

则它的振动速度的均方根值由下式计算：

$$V_{\mathrm{rms}} = \sqrt{\frac{1}{T}\int_0^T v^2(t)\,\mathrm{d}t} \tag{4-8}$$

设泵的振动是 n 个不同频率的简谐振动复合成的，由加速度幅值 $\hat{a}$、位移幅值 $\hat{S}$ 和角速度 ω 之间的关系，可计算振动速度的均方根值

$$\begin{aligned} V_{\mathrm{rms}} &= \sqrt{\frac{1}{2}\left[\left(\frac{\hat{a}_1}{\omega_1}\right)^2 + \left(\frac{\hat{a}_2}{\omega_2}\right)^2 + \cdots + \left(\frac{\hat{a}_n}{\omega_n}\right)^2\right]} \\ &= \sqrt{\frac{1}{2}[(\hat{S}_1\omega_1)^2 + (\hat{S}_2\omega_2)^2 + \cdots + (\hat{S}_n\omega_n)^2]} \\ &= \sqrt{\frac{1}{2}(\hat{v}_1{}^2 + \hat{v}_2{}^2 + \cdots + \hat{v}_n{}^2)} \end{aligned} \tag{4-9}$$

2. 试验测点的布置

泵安装固定的好坏对所测得的振动值有很大影响，安装固定泵机组的基础(如安装固定用导轨、混凝土)必须具有很大的阻尼，才能对泵运转的振动烈度作出正确的评价。

振动测点通常选在振动能量向弹性基础或向系统其他部件传递的地方，如轴承座、底座和出口法兰处。工程上通常将轴承座处及靠近轴承处的测点称为主要测点，把底座和出口法兰处的测点称为辅助测点。

(1) 单级或两级悬臂泵的主要测点选在悬架(或托架)轴承座部位，如图 4-11 所示的 1 和 2 位置，辅助测点为标识为 3 的泵脚处，没有泵脚的泵选在底座处。

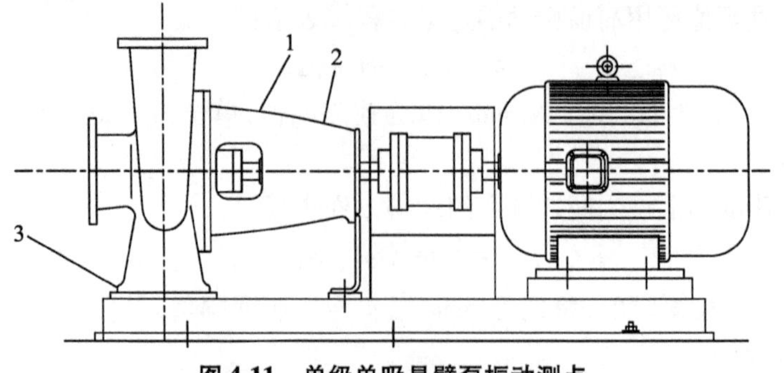

图 4-11　单级单吸悬臂泵振动测点

（2）双吸离心泵（包括各种单级、两级两端支承式离心泵）主要测点选在两端轴承座处，如图 4-12 所示的位置 1 和 2，辅助测点在靠近联轴器侧面的底座处，即位置 3。

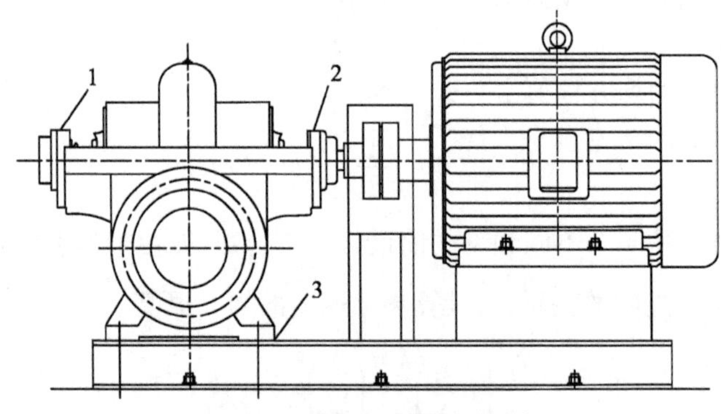

图 4-12　卧式双吸泵振动测点

（3）卧式多级离心泵（包括双壳体多级泵）两个主要测点选在两端轴承座处，即图 4-13 中的位置 1 和 2，辅助测点在靠近进出口法兰及泵脚处，即位置 3。没有泵脚的泵，辅助测点选在底座处。

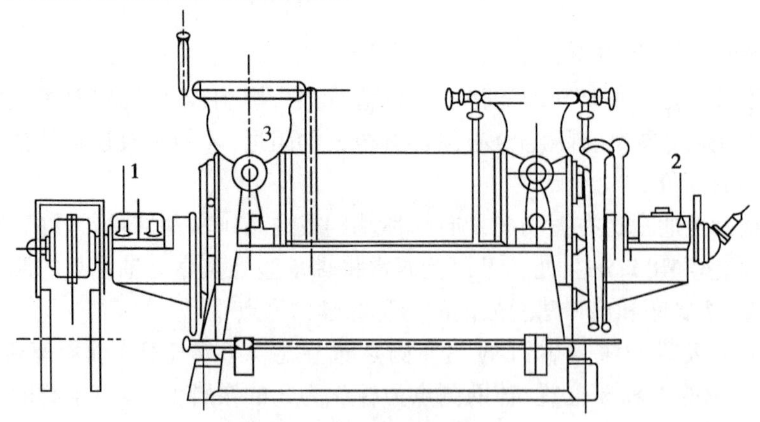

图 4-13　卧式多级泵振动测点

(4) 立式离心泵分 3 种情况：

① 立式多级离心泵如图 4-14a 所示，主要测点选在泵与支架连接处(位置 1)，辅助测点选在出口法兰与地脚处(位置 2 和 3)。

② 立式船用离心泵如图 4-14b 所示，主要测点选在泵与支架连接处(位置 1)，辅助测点选在出口法兰处与支承地脚处(位置 2 和 3)。

③ 立式离心吊泵如图 4-14c 所示，主要测点在泵与安装电动机的连接支架的连接处(位置 1)，辅助测点选在泵出口法兰处和固定吊杆的横梁上。

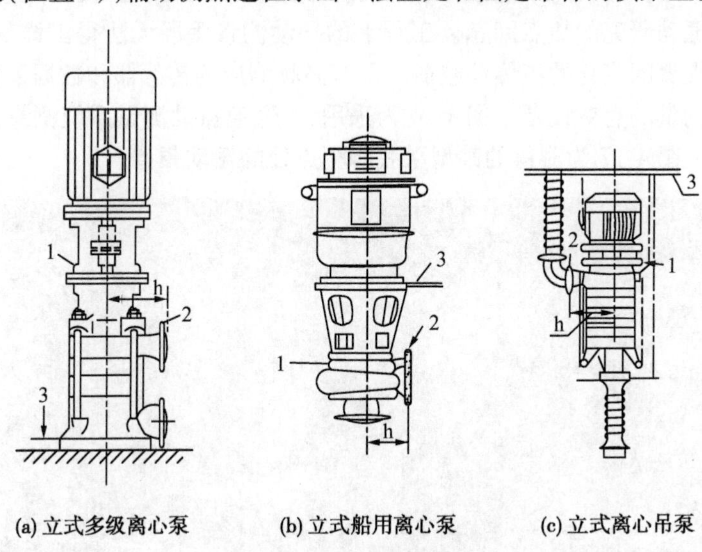

(a) 立式多级离心泵　(b) 立式船用离心泵　(c) 立式离心吊泵

图 4-14　立式离心泵振动测点

(5) 立式双吸泵主要测点选在两端轴承座处，如图 4-15 所示位置 1 和 2，辅助测点为位置 3。

对于其他结构的泵，测点位置的选取可参照以上几种方法进行。

3. 振动评价与分析

(1) 测试中每个测点都需在 3 个互相垂直的测量方向上进行振动测量。对于主要测点，在 3 个方向上需测量 3 种工况(小流量点、设计点和大流量点)条件下的振动速度均方根值，其中的最大值定为该泵的振动烈度。

辅助测点的振动烈度值不可作为评价泵振动的依据。辅助测点中，泵的底座(靠近轴承体)上测得的振动烈度若超过在主要测点相同方向测得的振动烈度的 50%时，说明泵的固定或装配有问题。

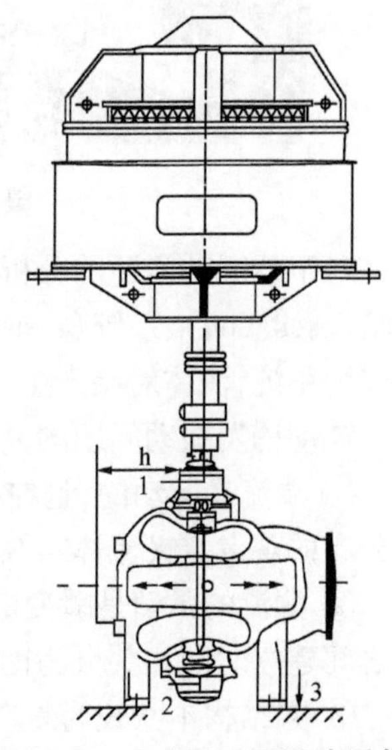

图 4-15　立式双吸泵振动测点

在获得泵的振动烈度值后,可以对泵的振动性能进行评价,根据一定范围内的振动烈度划分振动烈度级。结合泵的中心高度和转速(两个对泵振动有明显影响的因素),将测得的振动烈度划分等级,其可作为制造商与用户制定泵产品振动指标的参照。

(2) 引起泵振动的因素有很多,如机械因素、系统因素和流体因素等。其中,流体诱发振动的机理目前尚未被解释清楚。诱发泵振动的流体激励源在哪里,以什么样的形式存在,遵循什么样的规律,以什么样的方式对泵发生作用等,均是目前振动研究的热点问题。工程上的振动测量手段无法得出详尽的数据,更无法捕捉瞬间变化的流体动载荷。具有高频响应的传感器和数据采集分析系统是振动测量的有效设备。图 4-16 为采用 24 通道振动测试系统测量离心泵的振动特征。图 4-17 为测得的某型泵底脚测点处的振动频谱。

图 4-16　离心泵振动多通道测试

对于泵振动问题的分析与一般机械振动问题的分析思路是一致的,即确定激励(excitation)、系统(system)和响应(response)三者的关系。此时,所研究的泵即为系统,流体对泵产生的力为激励,泵在这种激励下产生的动态行为即是响应。流动诱发振动问题的复杂性在于:

① 湍流是脉动的,且在泵内流道中的不同位置脉动的规律差异较大,无法用分布的观点定义流体对泵的载荷;

② 湍流的脉动是瞬变的,该瞬变与泵结构动态行为的瞬变频率不同,在两者之间建立时间相关极为困难;

③ 泵结构本身较为复杂,描述部件形状的难度大,即使是同一系列的产品,也很难在振动方面建立相似关系,因此很难获得普适性的规律。

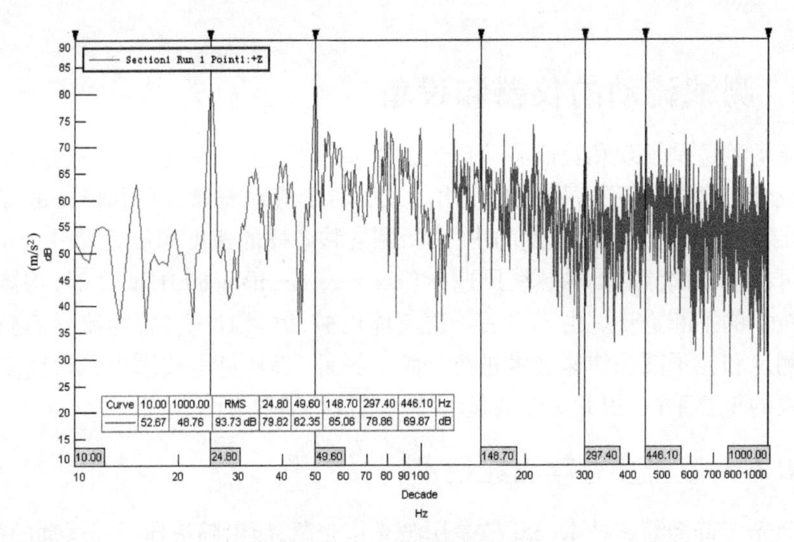

图 4-17　典型泵振动频谱

4.1.10 噪声(noise)试验

流体机械的工作会产生噪声,其噪声水平和频谱可用来检测流体机械结构的合理性和流体机械的制造水平,同时,噪声还是流体机械偏工况运行和出现运行故障的信号。

对于噪声的测量,目前泵行业有相关的标准来指导测量方案的实施、测点的布置、测量仪器的使用及测量数据的处理。从泵噪声测量与评价的水平来看,目前仍处于较为近似的阶段。若想获得更为精确的测量数据,需要理想的测量环境(消声室或半消声室)和高精度、高频响应的测量仪器,以尽量排除原动机噪声、水流声等其他声源的影响。目前国内很少有这种水平的泵噪声测试台,所以获得的结果多为定性的结果,无法定量地去判断某个特征频率及其影响规律。国外的格兰富(Grundfos)公司在已测得的数据中进行探索,将测得的环境噪声信号进行识别,为泵的噪声测试提供了很好的方法。另外,国内的许多学者将泵的噪声与流场进行关联,借助一些商用软件(如 Sysnoise, Actran 等),利用边界元法(boundary element method, BEM)或有限元法(finite element method, FEM)进行流动噪声预测,这也是一种避开难题、寻找规律的一种方法。

无论是振动还是噪声,对其进行深入的研究,找到振动和噪声的激励源、控制其传播,采取对应的减振降噪措施并改进流体机械的设计是非常有意义的工作。

4.2 测试流动的仪器和设备

流动测量是发现和验证流动理论的重要手段之一,在流体机械的发展过程中,流动测量发挥了不可替代的作用。人们对于流动测量仪器和设备的探索从未停止,从最初用于测量速度的皮托管,到各种各样的速度和压力探针(probe),再到可以测量湍流脉动的热线风速计(hot wire anemometer,HWA)等,均体现了测量技术的不断进步。由于本书侧重流体机械,故只对现在较为流行的激光多普勒测速和粒子图像测速技术进行介绍。另外,流动显示技术也是研究复杂流动现象的重要手段,因此对流动显示技术也进行简单介绍。

4.2.1 激光多普勒测速技术

激光多普勒测速技术(LDV)是用激光作光源,照射随流体一同运动的微粒,利用微粒散射光的多普勒效应来测量流体速度的光学测量技术。这项技术自20世纪60年代首次应用以来得到了迅速发展。

任何形式波的传播过程中,由于波源、接收器、传播介质、中间反射器或散射体的相对运动,都会使其频率发生变化。1892年奥地利的物理学家多普勒首先研究了这种物理现象,因此把这种现象称为多普勒效应,把频率的变化称为多普勒频移。利用多普勒效应做成的测速计称为多普勒测速计,它已经得到了广泛应用。

1. 激光(laser)多普勒(Doppler)测速原理

光是一种波动,激光是单色性很好的光源,其频率单一,能量集中,是作为多普勒测速计理想的波源,用激光作波源的多普勒测速计称为激光多普勒测速计。

设静止的激光光源O,运动微粒P,静止的光接收器S的相对位置如图4-18所示。

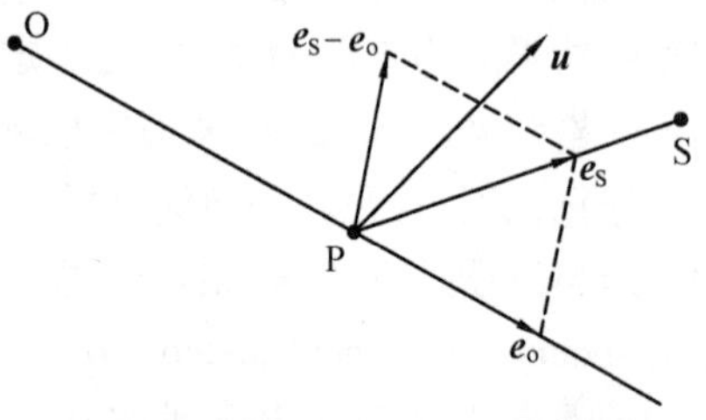

O
e_S-e_O
u
S
e_S
P
e_O

图 4-18 激光多普勒测速计原理

粒子P的运动速度为$\boldsymbol{u}$,当频率为f_O的激光照射到随流体一起以速度$\boldsymbol{u}$运动的微粒P上时,按多普勒效应,微粒P接收到的光波频率f_P为

$$f_P = f_O\left(1 - \frac{\boldsymbol{u}\cdot\boldsymbol{e}_O}{c}\right) \qquad (4\text{-}10)$$

式中,$\boldsymbol{e}_O$为入射光方向的单位矢量;c为流体介质中的光速。

这时,运动的粒子P又向四周散射频率为f_P的激光,当静止的接收器接收这些散射光时,由于它们之间有相对运动,所以静止的接收器收集的散射光频率为

$$f_S = f_P\left(1 + \frac{\boldsymbol{u} \cdot \boldsymbol{e}_S}{c}\right) \tag{4-11}$$

式中，$\boldsymbol{e}_S$ 为散射光方向的单位向量。

在 $u \ll c$ 的条件下，将式(4-10)代入式(4-11)得到

$$f_S = f_o\left[1 + \frac{\boldsymbol{u} \cdot \boldsymbol{e}_S - \boldsymbol{e}_o}{c}\right] \tag{4-12}$$

即经过两次多普勒效应，接收器所感受到的频率和光源反射光的频率差为

$$f_D = f_S - f_o = \frac{\boldsymbol{u} \cdot \boldsymbol{e}_S - \boldsymbol{e}_o}{\lambda} = \frac{1}{\lambda}|\boldsymbol{u} \cdot (\boldsymbol{e}_S - \boldsymbol{e}_o)|\cos\varphi \tag{4-13}$$

式中，λ 为激光的波长。

根据三角函数关系有

$$|\boldsymbol{e}_S - \boldsymbol{e}_o| = 2\sin\frac{\theta}{2} \tag{4-14}$$

$$\begin{aligned} f_D &= \frac{1}{\lambda}|\boldsymbol{u} \cdot (\boldsymbol{e}_S - \boldsymbol{e}_o)|\cos\varphi = \frac{2}{\lambda}\boldsymbol{u}\sin\frac{\theta}{2}\cos\varphi \\ &= \frac{2}{\lambda}\boldsymbol{u}_n\sin\frac{\theta}{2} \end{aligned} \tag{4-15}$$

式(4-15)是激光多普勒测速原理的基本公式，只要激光器发射的入射光的波长 λ 以及入射光方向与散射光接受方向的夹角 θ 一定，则粒子运动速度在 $|\boldsymbol{e}_S - \boldsymbol{e}_o|$ 方向上的分量大小 $\boldsymbol{u}_n$ 与多普勒频移 f_D 呈简单的线性关系。所以当光源的波长已知，光源和接收器的位置确定后，测出 f_D 即可以得到 $\boldsymbol{u}_n$。通过改变光源与监测器的相对位置，就可以测量出粒子速度在任意方向上的分量大小。由此可见，激光多普勒测速计测得的是悬浮在流体中随流体一同运动的散射粒子的速度，并不是流体本身的速度。

4.2.2 相位多普勒粒子分析仪 (phase doppler particle analyzer, PDPA)

20 世纪 70 年代，Van de Dust 在激光多普勒测速技术基础上提出了球形粒子相位测量方法。1982 年，在此理论指导下，Van de Dust 在激光多普勒测速技术基础上开发出了相位多普勒粒子分析仪（phase doppler particle analyzer, PDPA），同时测量粒子的速度和直径。经过 20 多年的发展和完善，该技术日臻成熟，已成为公认的同时测量球形粒子尺寸和速度的标准方法。

PDPA 系统主要由两大部分组成：硬件系统和软件系统。硬件系统包括激光器、光学系统、三维坐标架和信号处理器，其中光学系统包括发射单元和接收单元。软件系统即为数据处理系统。PDPA 系统的基本结构如图 4-19 所示。

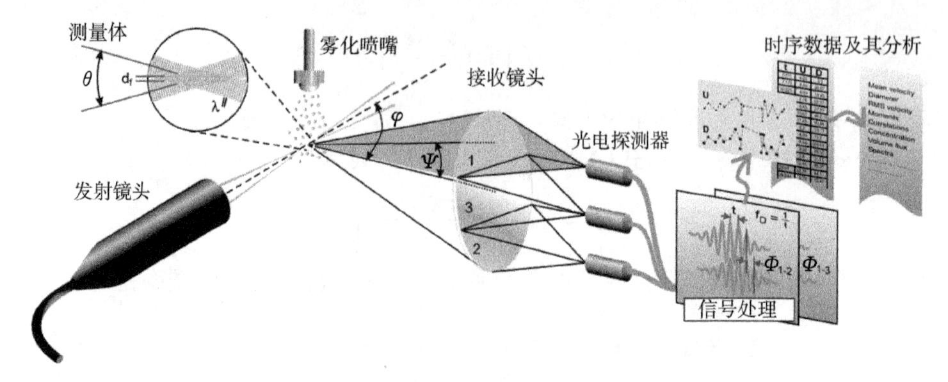

图 4-19　PDPA 系统的基本构成

粒子尺寸测量是建立在光散射测量技术之上的，其精度很高，对流动无干扰，无需进行经常的标定，还能应用于一些高难度的测量工作中，如汽轮机和火箭发动机的高密度喷雾、高湍流度燃烧测量等。

1. 光的散射模式

当激光照射流体中球形透明的散射粒子时，散射光主要有 3 种散射模式：平行入射光相对球面入射角不同，部分反射回流体介质；另一部分折射后进入球形粒子内，在粒子内以不同角度到达内球面，其中，部分折射后进入流体介质，形成一阶折射光，还有部分经球形粒子内表面再次反射到内表面另一点，又部分折射后进入流体介质，形成二阶折射光；其余更高阶折射光很微弱，忽略不计。所以，散射光主要由反射光和一阶及二阶折射光组成，如图 4-20 所示。由于入射光相对球面入射角不同，导致进入流体的方式不同，散射光到达流体中某点的光程不

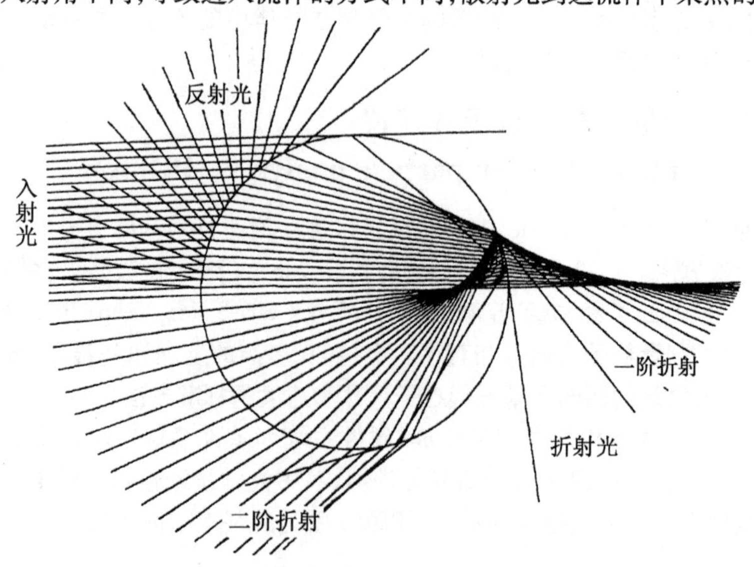

图 4-20　光的散射模式

同，其相位和偏振方向也不相同。相位的变化与散射粒子直径、粒子折射率、光散射模式、接收点位置及光的波长有关。而散射光的频率只与粒子移动的速度有关。激光多普勒粒子分析仪正是利用这一特性工作的。

2. 相位差与光接收器位置的关系

在相对粒子的两个不同方向设置两个光接收器，由于光散射模式不同，光频不同，散射光抵达光接收器的光程不同，因而相位和强度不同，如图 4-21 所示。

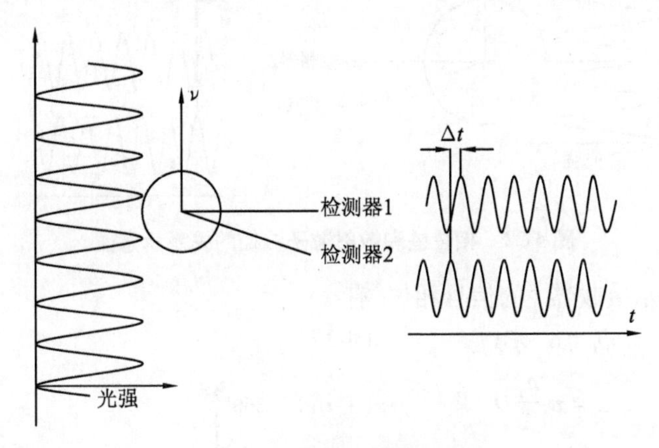

图 4-21　光接收器的相位差

设散射光抵达两个接收器表面的时间差为 Δt，则两个接收器接收的散射光对应的相位差 ϕ_{12} 为

$$\phi_{12} = 2\pi f \Delta t \tag{4-16}$$

式中，f 为散射光频率。

3. 相位差与散射粒子直径的关系

当所有光学系统几何参数保持不变时，则两个接收器接收的多普勒信号的相位差与散射粒子直径有关，大散射粒子的相位差比小散射粒子的相位差大，如图 4-22 所示。

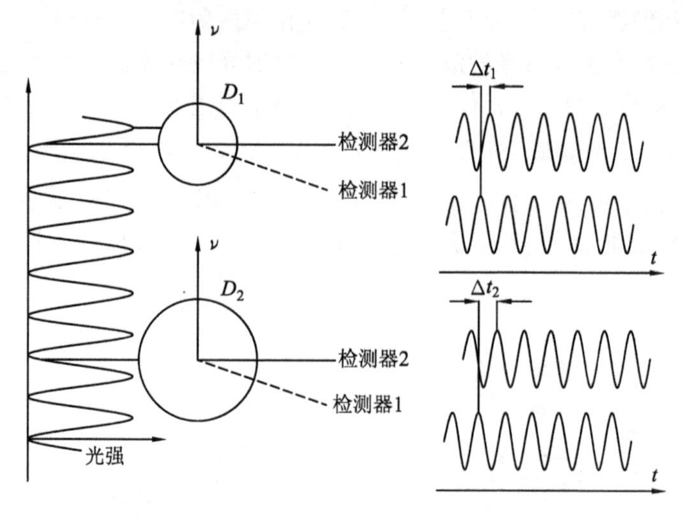

图 4-22　相位差和散射粒子粒径的关系示意图

用 ϕ_i 表示接收器 i 的信号相位,有

$$\phi_i = \alpha \cdot \beta_i \tag{4-17}$$

$$\alpha = \pi \frac{n_1}{\lambda} D \tag{4-18}$$

式中,n_1 为散射介质的折射率;λ 为真空中的激光波长;D 为散射粒子直径;β_i 为与散射模式及光学系统几何参数有关的参数。

当系统设置好后,散射粒子的直径和两个接收器接收信号的相位差呈线性关系,如图 4-23 所示。

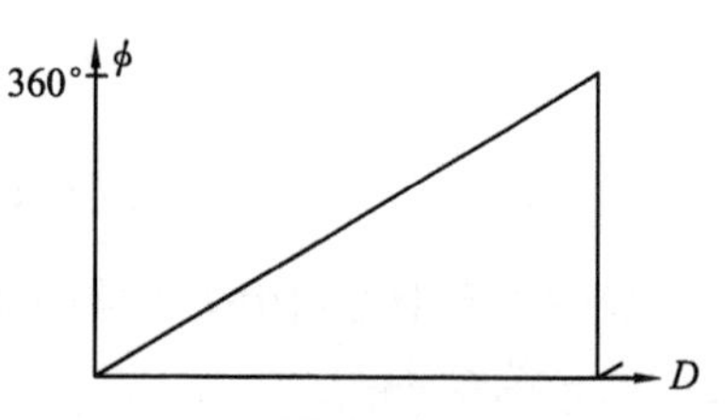

图 4-23　理想的散射粒子直径和相位差的关系

4.2.3 粒子图像测速技术

粒子图像测速技术(particle image velocimetry,PIV)是光学测速技术的一种,它以图像处理技术和阵列式计算机技术的突破进展为基础,是实现全流场流动显示和粒子浓度分布测量的新一代流动参数测量技术。它综合了单点测量技术和显示测量技术的优点,能对二维、三维全场的瞬态速度进行测量,除对流场无干涉外,还具有较高的精度和分辨率,能获得流场的整体结构和流动的瞬态图像。

它能获得视场内某一瞬时整个流动的信息,而其他方法只能测量某一点的速度(如 LDA 等),其精确度及分辨率与利用其他测量方法得到的测量结果相近。而对于高不稳定和随机流动,PIV 得到的信息是其他方法无法得到的。PIV 的出现是 20 世纪流体流动测量的重大进展,也是流动显示技术的重大突破,它把传统的模拟流动显示技术推进到数字式流动显示技术。因此,PIV 出现后便得到迅速发展和推广。

PIV 测速的原理是通过测量示踪粒子在某时间间隔内移动的距离来测量粒子的平均速度。图 4-24 是 PIV 系统的结构示意图,PIV 测速包括 3 个过程,分别为图像的拍摄、分析并从中获得速度信息、速度场的显示。因此,PIV 的组成也是围绕这 3 个过程构成的。PIV 系统由 3 个子系统组成:成像子系统、分析显示子系统和同步控制系统。

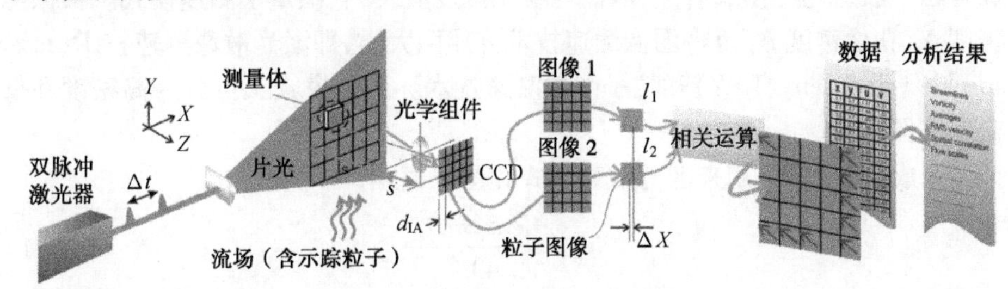

图 4-24 PIV 系统的构成示意图

1. 基本原理

PIV 测速的原理既直观又简单,它通过测量某时间间隔内示踪粒子移动的距离来测量粒子的平均速度。

脉冲激光束经柱面镜和球面镜组成的光学系统形成很薄的片光源(约 2 mm 厚)。在时刻 t_1 用它照射流动的流体形成很薄的明亮的流动平面,该流面内随流体一同运动的粒子散射光线,用垂直于该流面放置的照相机记录视场内流面上粒子的图像,如图 4-24 所示。经过一段时间间隔 Δt 的时刻 t_2 重复上述过程,得到该流面上第二张粒子图像。对比两张照片,识别出同一粒子在两张照片上的位置,测量出在该流面上粒子移动的距离,如图 4-25 所示,则在时间 Δt 内粒子移动的平均速度为

$$u_x = \frac{x_2 - x_1}{t_2 - t_1} \tag{4-19}$$

$$u_y = \frac{y_2 - y_1}{t_2 - t_1} \tag{4-20}$$

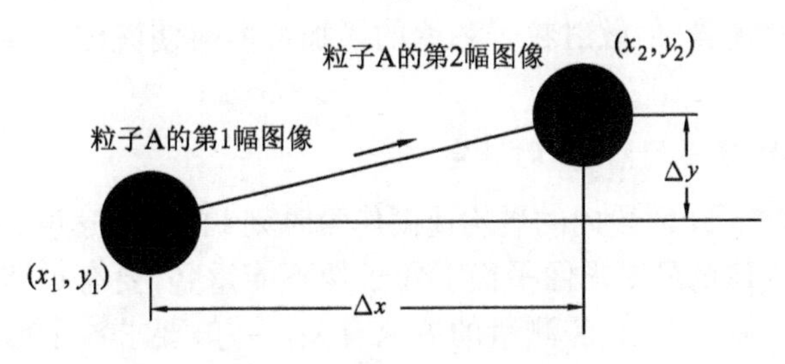

图 4-25 PIV 测速基本原理

对流面所有粒子进行识别、测量和计算,就得到整个流面上的速度分布。这就是 PIV 的基本工作原理。像平面上用来进行计算和分析的区域称为查问区或诊断区。

2. 示踪粒子浓度对测量的影响

PIV 是利用示踪粒子在像平面上记录的图像进行测速的,像平面上粒子的像与粒子散射光的模式有关,因而与粒子浓度有关,它决定了测速模式。根据源密度 N_S 和像密度 N_I 可将图像测速技术分成两大类,即激光散斑测速技术(laser speckle velocimetry,LSV)和粒子图像测速技术。图像模式又可分为高密度和低密度成像模式。

源成像密度 N_S 用来区分散斑模式和图像模式,

$$N_S = \frac{C\Delta Z_0 \pi D_e^2}{4M^2} \tag{4-21}$$

式中,C 为粒子浓度;ΔZ_0 为片光源厚度;M 为相机的放大率;D_e 为底片上粒子图像的直径。

源密度 N_S 表示像平面上的粒子像斑返回到物理平面和片光源相交的一个圆柱体体积内所包含的粒子数。$N_S=1$ 表示这个像是由一个粒子产生的像,如果 $N_S \gg 1$,表示它们的像重叠,像平面就形成散斑形式。若 $N_S \ll 1$,就是粒子成像模式。

像密度 N_I 用于区分粒子迹线法和粒子图像测速法,定义为

$$N_I = \frac{C\Delta Z_0 \pi d_f}{4M^2} \tag{4-22}$$

式中,d_f 为诊断点的直径。

像密度表示在一个诊断面内粒子像的个数。当 $N_I \gg 1$ 时,粒子像较多,因为不可能跟随每个粒子来求它的位移,只能采用统计方法处理。当 $N_I \ll 1$ 时,由于成像密度极低,采用跟随每个粒子的方式求它的位移。对整个流场而言,速度测量是随机的。

PIV 和 LSV 技术的关键区别在于散射粒子浓度的大小。当源密度太小时,不可能产生散斑模式。尽管 LSV 比 PIV 的数据率高、空间分辨率高,对于湍流结构的研究更有优势,但散射粒子浓度的增加可能会使流体不透明甚至改变了流体的性质。

3. 激光脉冲时间间隔 Δt 的设定

PIV 技术是将 Δt 时段内的平均速度作为时刻 t 的瞬时速度,所以 Δt 应尽可能小。而测量位移量又要求像平面上粒子像不能重叠,要有足够的位移和分辨率,因此 Δt 又不能太小,它和测量的流速有关。一般要求粒子像间距离要大于二倍的粒子像直径。另外,位移最大不能超过查问区尺寸的 1/4,偏离像平面不

得超出片光源厚度的1/4。因此,脉冲激光时间间隔必须根据测量对象的流速合理选定。

4. 成像子系统

成像子系统能够在流体流动中产生双曝光粒子图像或者两个单粒子图像场,该系统由光源、片光光学元件、记录媒介和图像漂移部件组成。

PIV系统可使用YAG激光、Ar-ion激光和Ruby激光等激光光源。若使用连续激光源则必须用光斩波器将连续光源变为脉冲光源,但能量损失很大,所以之后开始采用扫描光屏,可以使能量增加。但该方法对多面镜的旋转平稳性和镜面平行度要求比较严格,工艺加工难度较大,近年来很少采用。红宝石激光器产生的脉冲光,每一个脉冲宽度为25 ns,脉冲能量在1~10 J,脉冲间隔为1 μs~1 ms,其优点是脉冲能量大,但脉冲间隔调整范围有限,不适于测量低速流动。目前,PIV中使用较多的是脉冲Yag激光器。Nd-Yag激光器又名钕钇铝石榴石激光器,波长为532 nm,每个脉冲能量可达到0.2 J。一般在PIV系统中使用两台Yag激光器,用外同步装置来分别触发激光器以产生脉冲,然后再用光学系统将这两路光脉冲合并到一处。光学元件包括柱面镜和球面镜,准直的激光束通过柱面镜后在一个方向内发散,同时球面镜用于控制片光的厚度。记录媒介有电子照相机和普通照相机两类。电子相机包括传统的电视摄像机、固态充电耦合装置和固态光敏二极管阵列相机;普通相机和所用感光胶片具有较高的分辨率,适合于需要高分辨率和宽动态响应的流场测量。图像漂移部件用于解决方向模糊问题,当观察PIV图像时,若存在反向流动,会存在方向不确定性。解决这个问题的方案有旋转镜法、光学晶体法等。近年来发展了互相关跨帧技术,这一技术是利用数字摄像机拍摄的两组图像进行相关处理,每一帧用一个激光脉冲捕捉,由于两帧之间的时间秩序是已知的,速度方向模糊的问题可以得到解决。

5. 分析显示子系统

分析显示子系统用于图像信息的处理和速度场的显示。PIV属于高成像密度图像处理,即$N_S \gg 1$,因此粒子图像较多,不能采用跟踪单个粒子轨迹的方法来获得速度信息,只能采用统计方法。对于查问区内图像密度$N_I > 10$,采用光学方法和数字图像技术分析。光学方法是杨氏干涉条纹法;数字图像法包括快速傅里叶变换法、直接空间相关法、粒子像间距概率统计法。目前,一般采用互相关分析法。互相关分析法要进行三次二维的FFT变换。查问区内的图像$F(x,y)$被认为是第一个脉冲光所形成的图像$f_1(x,y)$和第二个脉冲光形成的图像$f_2(x,y)$相叠加的结果,当查问区足够小时,就可以认为其中粒子速度都是一样的,那么第二个脉冲光形成的图像可以认为是第一个脉冲光形成的图像平移后得到的。

6. 同步控制系统

同步控制系统是整个 PIV 系统的控制中心，用于图像的捕捉和激光脉冲的时序控制，实现脉冲间隔帧数量和外部触发等。

4.3 PIV 测试实例

本章示例采用粒子成像测速仪（PIV）对偏心搅拌槽内的速度场进行测量；利用固体激光发生器和数码相机对高浓度浆液中颗粒的悬浮特性进行研究；利用粒子图像分析系统控制处理软件 Micro Vec V 2.3 对采集到的图像进行分析，从而得到不同时刻测量平面内流体的速度，重点说明不同偏心率下的速度场和固体颗粒悬浮特性。

4.3.1 实验装置与测量系统

1. 搅拌槽实验装置

搅拌槽为平底圆柱形槽，槽内无挡板，搅拌桨采用 PBT 桨，槽内工作介质为常温清水。偏心率 e 等于搅拌轴偏离搅拌槽中心线的距离 E 与搅拌槽的半径 R 之比，即 $e = E/R$。图 4-26 和 4-27 分别为实验装置示意图和实物图。

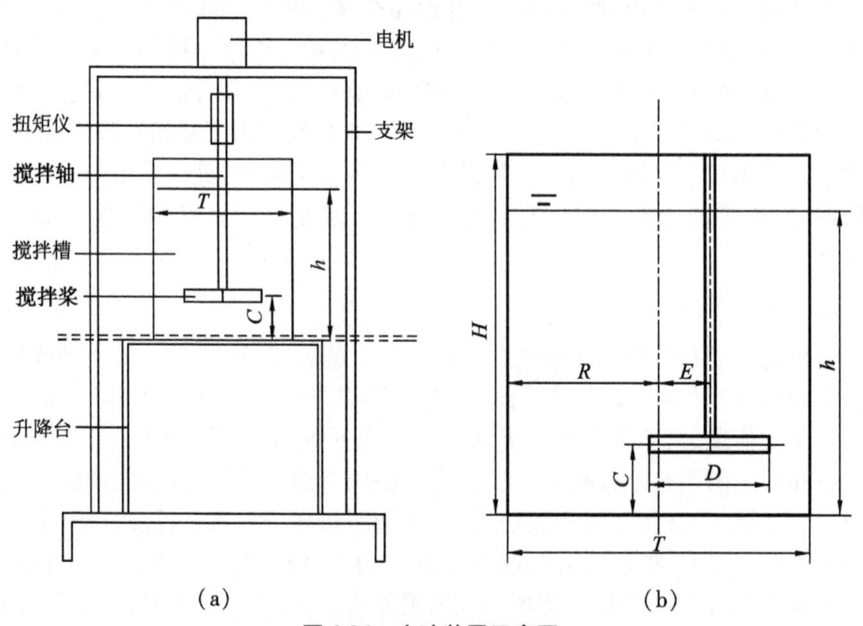

图 4-26　实验装置示意图

实验装置由电机、支架、数字式扭矩转速测量仪、搅拌轴、搅拌槽、搅拌桨、升降台等组成。下面对其中比较重要的部分进行说明。

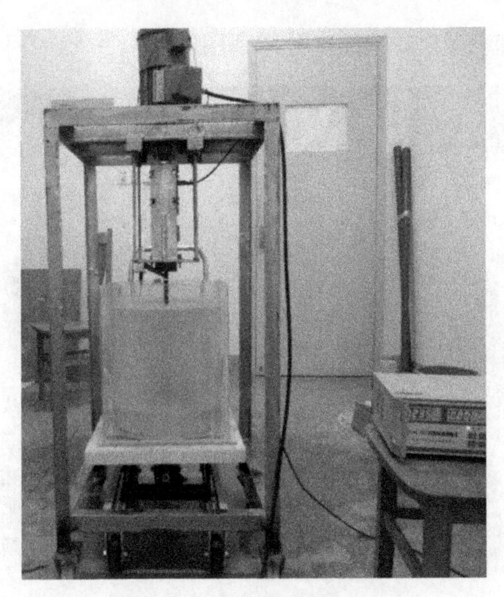

图 4-27　实验装置实物图

(1) 搅拌槽采用直径为 340 mm 的有机玻璃平底圆筒形搅拌槽,槽体高度为 400 mm。试验介质为自来水,温度为室温,搅拌槽内径为 T,槽内液面高度为 $h = T$, 利用 2WAJ 型阿贝折光仪测得 20 ℃下自来水的折射率为 1.332 5。为了尽可能消除搅拌槽圆柱面对激光聚焦的影响,搅拌槽置于一个方形透明有机玻璃槽内。为保证激光束进入流场后具有良好的聚焦性和一定的光强,同时考虑到介质温度的变化,实验选用光学性能优良、内部结构均匀、物理特性较稳定的优质有机玻璃,厚度为 3 mm。

(2) 实验采用的搅拌桨材质为不锈钢,搅拌桨直径为 150 mm,实物如图 4-28 所示。桨叶离底间隙 C 由搅拌槽下方的升降装置调节,偏心率 e 通过改变搅拌槽与搅拌轴之间的相对位置来确定。搅拌桨由变频调速三相异步电动机带动,转速通过变频器调节,由扭矩转速测量仪二次仪表进行显示。

图 4-28　搅拌桨

2. 测量系统及其附件

实验中采用的 PIV 系统(见图 4-29 及图 4-30)为美国 TSI 公司 2000 年的产品,包括双 YAG 型脉冲激光器(工作频率为 15 Hz,单脉冲最大功率为 120 mJ,脉冲间隔为 200 ns ~0.5 s)、快速充放电互相关 CCD 相机(型号为 PIVCAM13 -8,分辨率为 1 280 ×1 024,图像采集速度为 8 帧/秒)、610015 -NW 型光臂、片光源光学组件(由 FL1 000 mm 球面镜和 FL 25 mm 柱面镜组成)、轴编码器、分频器、同步控制器及 Insight 5.0 后处理软件(最高可连续捕获 1 000 帧的高分辨率图像)等。

图 4-29 PIV 测量系统实物图

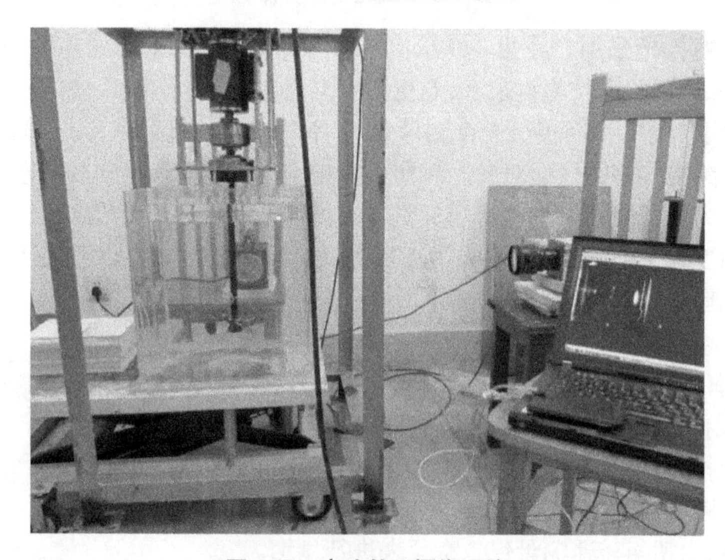

图 4-30 高速数码摄像系统

测量搅拌槽内部流场,关键在于保证每次拍摄的都是搅拌桨转过的同一位置,且激光触发和相机捕获图像同步,只有这样才能获得搅拌槽内部真实的流动结构,轴编码器和分频器在其中起着关键性的作用。

分频器用以记录桨叶的位置,保证当桨叶旋转到所记录位置时,轴编码器发出脉冲信号并传给 PIV 同步控制器。同步控制器受计算机中的 Insight 图像采集处理软件指令控制。通过分析桨叶旋转速度计算出激光发射频率,从而控制激光器以合适的跨帧时间间隔发射一个脉冲激光对。激光对经过由柱面镜和球面镜组成的光学组件后形成两次片光,以照亮搅拌槽内部流场。与此同时,同步控制器又触发 CCD 相机,捕捉被照亮的预定测量区域,然后向计算机发送信号以启动图像采集卡,将这两帧图像信号采集到计算机内。CCD 相机机身内有一个用作快速缓存的存储器,第一帧粒子图像先缓存在相机内,待两帧图像捕捉完成后一起发送。根据流速范围不同,采集两帧图像的跨帧时间 Δt 通常设在 10 ~60 μs。每个待测工况连续测量若干对粒子图像,从而为计算搅拌槽内部流场粒子速度矢量及粒子分布做好准备。

4.3.2 测量结果

图 4-31 是用 PIV 得到的不同偏心率下轴向纵截面内的速度矢量图。从图中可以看出,整个流场比较对称,在桨叶端部形成对称的、尺度较大的环状尾涡,流体经过高速旋转的叶轮,一部分沿槽壁向下流动,到达槽底后,向搅拌槽底部中心流动;一部分流体沿槽壁向液面处流动,最终沿搅拌轴流回叶轮。整个槽内流体的轴向速度很小,局部最大速度出现在叶轮区域。

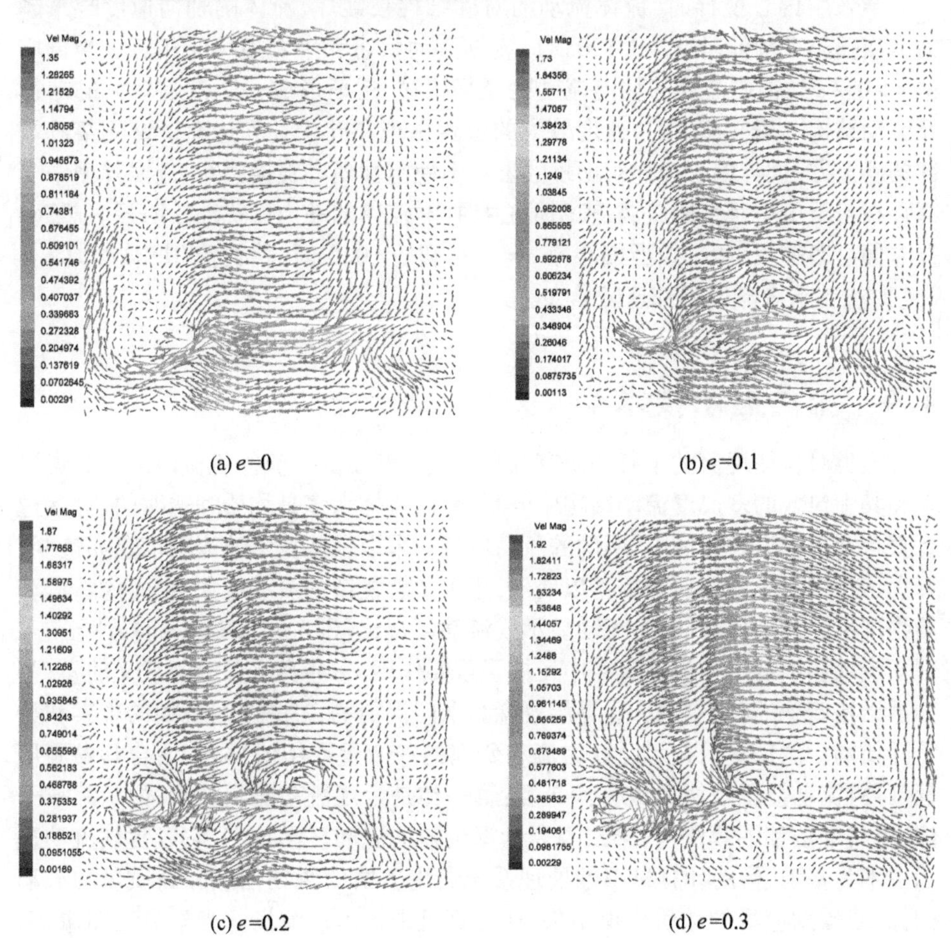

(a) e=0

(b) e=0.1

(c) e=0.2

(d) e=0.3

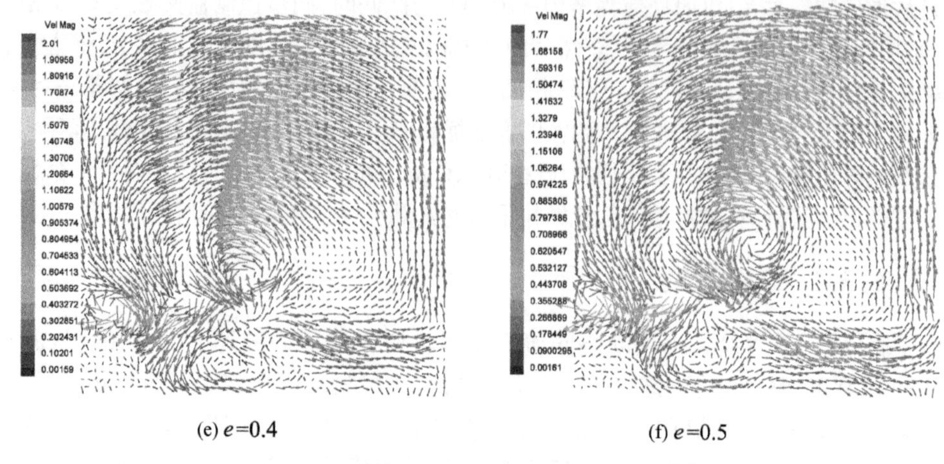

(e) e=0.4　　　　(f) e=0.5

图 4-31　不同偏心率下轴向纵截面内时均速度

当采用偏心搅拌时,流体流动的对称结构被破坏,流体的轴向速度越来越大。当偏心率较低时(e=0.1,0.2),流体流动状态和中心搅拌时相近。当偏心率 e>0.2 时,槽内流体的轴向流动已经很明显,逐渐形成一个范围较大的单循环流动结构。偏心搅拌时,速度较大的位置出现在叶轮处和远离槽壁侧桨叶端部的斜上方,这与偏心搅拌时出现的宏观不稳定性涡有直接关系,且搅拌槽中下部存在若干个小尺度的旋涡,表明偏心搅拌时流体的动力学扰动较明显。然而,并非偏心率越大越好,如当偏心率 e=0.4 和 e=0.5 时,槽内流型相近,但 e=0.4 时搅拌槽内流体局部速度最大。

4.4　流动显示技术

人类对自然现象的了解和研究都是从观察开始的。流体机械内部的湍流流动和其中包含的多尺度流动结构十分复杂,而流体大多是均质和透明的,对其进行直接观察难以获得清晰、明确的流动信息。采取一些技术使流动信息如迹线、旋涡、浓度、相界面和压强等得以展现,用于了解复杂的流动现象,进而探索流动的物理机制,这些技术称为流动显示或流动可视化(flow visualization)技术。

流动显示技术在流动研究中发挥了重要作用,一些具有里程碑意义的发现,如雷诺实验中的转捩现象、边界层概念和卡门涡街等,都是从对流动的观察和显示开始的。流动显示技术已成为流动研究的一个重要组成部分,结合其发展历程,可将流动显示技术大致分为 3 类:第一类是常规流动显示技术,如示踪粒子法、氢气泡法和油膜法等;第二类为计算机辅助流动显示技术,它以常规流动显示技术为基础,借助计算机图像处理系统给出丰富的流场信息和高质量的流动图像,或借助流场的数值模拟结果,在计算机中显示出流场的光学流动图像;第三类是现代流动显示技术，它是现代光学、激光技术、电子技术和信息处理技术相结合的成果，如粒子图像测速（PIV）技术、激光诱导荧光（laser-induced flourescence，LIF）流动显示技术和高速数码摄像技术等，其中某些技术兼有定性显示和定量测量的功能。

向流体中投入可见的固体、气体和染色流体等可见的物质，使其随主流体一起运动从而显示流体运动的技术，称为示踪流动显示技术。如在河流表面投入浮标，向流体中引入塑料球、染色流体，在风洞中引入烟气等显示流动的方法均属于示踪流动显示技术，这是一种虽然古老却直观、简单且行之有效的显示技术。投入流体中的示踪物是否能反映流动的真实信息，其关键在于示踪粒子的跟随性，即示踪粒子的运动是否与主流体的运动同步。

4.4.1 氢气泡法（hydrogen-bubble flow visualization method）

氢气泡显示技术常借助于水洞、水槽、水池等以水为流动介质的设备进行流动显示。该技术可用作对流动的定性观察，也可作某些定量测量，并且可用于非定常流动和湍流脉动信息的显示，适用的水流速度范围从 1 cm/s 到 1 m/s。若干年前，已经有学者将该技术应用到流速为 7 m/s 的高速流动中。氢气泡显示技术具有容易操作、无污染、对流场影响小、可定量测量的优点。

在水中通电，使水电解为氢气与氧气。因为生成的氢气泡的尺寸比氧气泡的小得多，所以只利用氢气泡。用细金属导线作为阴极放在需要观察的水流运动的上游，阳极可做成任意形状放在下游远处的水中，在两极间施加直流电压，则在阴极丝上就会产生大量细小的氢气泡随水流动，这些细小的氢气泡便可以清晰地显示流动状态。图 4-32 为氢气泡显示的圆柱绕流流动图谱。

图 4-32　氢气泡显示圆柱绕流

4.4.2 油膜法（oil film method）

油膜法是在过流部件表面上涂上油性涂料，进而观察流体流过涂料时所留下的痕迹，以此来研究固壁表面附近流动状态的一种显示研究方法。

油膜法的优点：适用的流速范围广，不干扰流动，并可获得物体表面的全部情况，特别对于三元拐角区的流动形态研究具有独特的优势，因为在这些区域内几乎无法采用其他的无扰动方法。当流场内存在物体表面的分离区时，利用该方法还能观察到分离线和二次附着线。

油膜法的局限性在于其只能进行定常流动的显示与观察，对于不稳定流动的图形不能正确显示，并且该方法只能显示沿固体壁面方向的流动，不能显示空间流动情况。

油膜法是研究流体流动状态比较简单的方法，在叶片式流体机械过流部件内应用时，必须注意以下几点：

（1）油性涂料

油膜法对油膜涂料的要求不是很高，除了润滑油和氧化钛、氧化铅或铬酸铅等的组合物外，还可采用二硫化钼、印刷油墨、油画颜料、白色或其他颜色的磁漆，甚至可以采用润滑脂调上石墨粉或红丹粉，但不能使用水溶性或透明的涂料。为了获得较高质量的影像，所用涂料应能留下清晰的条纹图形。

（2）物体表面要求

涂油膜的物体表面必须有较低的表面粗糙度。如果要进行照相记录，其表面最好先用与涂料颜色成鲜明对比的油漆光滑地刷一遍，待油漆完全干结后，再涂上不溶化上层油漆的油性涂料。

（3）油膜涂刷方法

在经过上述处理后的物体表面，仅需涂上一薄层的稠度适宜的油性涂料，但必须注意涂层表面不允许有纹状痕迹，否则会与液体流动冲出的痕迹混淆不清，从而干扰显示结果，所以最好用喷涂的方法。无喷涂条件的，可通过尼龙纱等一类细网在壁面上涂抹涂料，涂完后，揭下纱布，壁面所留下的是没有方向的点状涂层。

（4）实验时间

为使油膜上留下清晰的流动痕迹，掌握适当的实验时间较为重要。时间太长，会把涂料冲掉；时间太短，涂料上还未冲出痕迹。为此，往往要做几次预备试验，再确定适当的实验时间。实验时间的长短，与物体表面的粗糙度有关，表面粗糙度较小时，实验时间要长些，反之要短些。实验时间还与流经油膜的液流速度有关，流速大时，时间可稍短，反之时间要长些。

图 4-33 为用油膜法显示的某压缩机叶片表面的流动图谱。

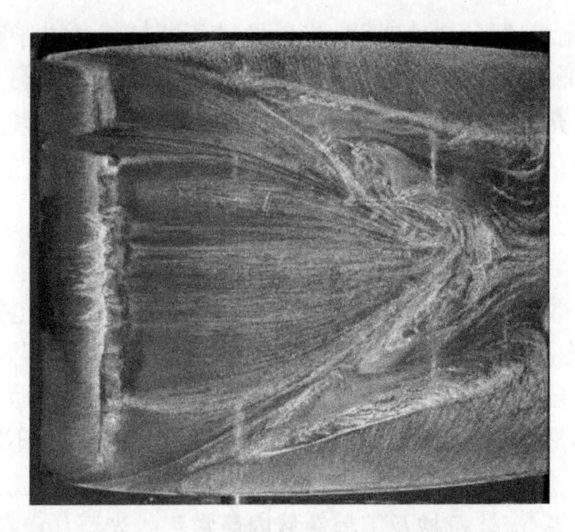

图 4-33　压缩机表面油膜法流动显示

4.4.3 高速摄像（high-speed photography）技术

高速摄像技术是一种能够把高速运动过程和高速变化过程的空间、时间信息联系在一起进行图像记录的摄影方法。该技术通过“快摄慢放”将快速变化的流动过程慢放达到人眼的视觉可以分辨的程度，从而克服了人眼的缺陷。高速数码摄像技术可捕捉瞬态变化的流动过程，并将采集到的图像实时地存储在内存或硬盘等媒体介质上。目前捕捉频率在 10 万帧/秒数量级的高速数码摄像机已经在诸如空化的发生及发展、多相射流等流体机械及工程领域内的研究中得到成功应用。在极短的时间间隔内对流动的细微演变进行逐帧观测与分析，对研究瞬态流动的成因、伴有相变的流动的发展过程、流动失稳机理，甚至是对 CFD 模型和算法的有效性进行验证，均具有较强的指导意义。尤其是当流动速度较大时，人的肉眼难以对流场中的局部信息进行分辨，运用高速数码摄像技术可以在计算机上以不同的播放速度再现流动的过程。从目前高速数码摄像系统的组成来看，相机和光源是其两大关键组件，且两者必须达到最佳的匹配，才能得到理想的流动显示结果。当然，图像处理也是高速数码摄像系统中的重要环节，涉及计算机图像处理的内容请读者参考有关资料。

1. 相机

数码相机 CCD 是 20 世纪 70 年代初发展起来的新型半导体器件。近年来，随着微电子技术的进步，CCD 的研究取得了惊人的进展。目前，CCD 已成为流场测试技术中应用最广泛的设备之一。高速数码摄像技术的实施是将瞬态图像“冻结”在具有暂存特性的 CCD 上，从而实现高速运动图像的实时采集。目前，也有部分高速数码摄像机采用 CMOS 传感器。CCD 或 CMOS 都采用感光二极体进行光电转换，光线越强，电力越强，光影像被不断转换为电子数字信号。而在CCD和CMOS的结构中，放大兼类比数字信号器的位置和数量大不相同。CCD的特点在于其能充分保持信号在传输时不失真，将每一个像素集合到单一放大器上再统一处理，可以保持资料完整，而CMOS没有专属通道的设计，必须先进行放大再整合各个像素的资料。

2. 光源

光源是高速数码摄像技术实施的前提，没有足够强度的光源，拍摄的图像将无法被识别，故光源也是决定高速数码摄像技术应用的关键因素之一。

光源可分为自然光源和人工光源。自然过程产生的光源为自然光源，各种天体及大气等都是自然光源，人们只能对其进行研究和利用，不能改变其发光特性。为创造良好、稳定的观察和测量条件，人们制作了多种人工光源，如白炽灯、卤素灯和激光器等，流体机械及工程领域内最常用的光源是卤钨灯、LED光源和激光光源。

卤钨灯是一种改进的白炽灯。钨丝在高温下蒸发使灯泡变黑，如果限定白炽灯的灯丝温度，则使白炽灯的发光效率降低。在灯泡中充入碘、溴等卤族元素，使它们与蒸发在玻壳上的钨形成化合物。当这些化合物回到灯丝附近，遇高温而分解，钨又回到钨丝。这样灯丝的温度可大大提高，而玻壳并不发黑，因此灯丝亮度高，发光效率高，灯的形体小，成本低。目前常用的卤钨灯有碘钨灯和溴钨灯。

LED(light-emitting diode)俗称发光二极管，是一种能直接将电能转变成光能的发光显示器材。早期的LED都由砷化镓制成，随着技术的进步，现在大多采用磷化镓等半导体材料制造。LED最大的特点是发光效率高、响应速度快、耐震动，而且其体积小、重量轻，便于集成。同时LED还有耗电少、驱动简便、发光亮度高的优点。最初的LED光源发出光的颜色只有红色，到了20世纪90年代，LED已经能发出红、蓝、橙、黄等单色光。1998年以后，白色LED光源出现。最常见的与高速数码摄像机相匹配的LED光源中白色居多。

激光作为一种新型光源，与其他光源相比单色性好、方向性强、光亮度极高，氦氖激光器和半导体激光器是常用的两种激光器类型。半导体激光器中，砷化镓激光器的性能最好。

3. 应用实例

仍以4.3节中PIV测试的对象——搅拌槽内的流场为例进行说明，在实验时采用高速数码摄像机，整套摄像系统由计算机、高速数码摄像机、微距镜头和光源组成。高速数码摄像机采用美国Redlake MASD公司的MotionPro X4 Plus型高速CMOS数字摄像机，全幅时最高采集频率达到5 000 fps(帧/秒)，分幅时最高采集频率可达200 000 fps，因此非常适合于瞬变流场特征的捕捉。微距镜头采用尼康AF Micro 60 mm f/2.8 D，可有效抑制各种像差。光源采用专业高速数码 JPJQ 摄影灯及 LED 光源。由于实验时，搅拌转速较低($n \leqslant 300$ r/min)，所以图像采集频率设为 500 fps 已能够满足实验的拍摄要求。

为了比较中心搅拌和偏心搅拌时宏观不稳定性的差异，用高速数码摄像技术对不同偏心率和不同转速下的宏观不稳定性旋涡进行可视化实验研究。

(1) 图 4-34 是 $n=250$ r/min 时拍摄的中心搅拌和偏心搅拌时流场内的宏观不稳定性涡的形态。从图中可以看出，当采用中心搅拌时，搅拌槽中心形成一个形态较稳定的旋涡，旋涡的形状为倒锥形，液面处旋涡直径为 0.73 T，旋涡深度为 0.25 h，搅拌槽内流体的整体流动比较一致，桨叶上方的流体以周向流为主，上下层流体间混合效果较差；偏心搅拌时，虽然槽内也会有旋涡存在，但是旋涡的直径要比中心搅拌时小很多，液面处旋涡直径为 0.36 T。与中心搅拌不同的是，偏心搅拌时旋涡带的涡轴是倾斜的，且形态不稳定，涡心一直在较小范围内运动，这说明偏心搅拌时槽内流体流动的对称性已经被破坏，流体流动明显要比中心搅拌时“紊乱”，而且流速较大。

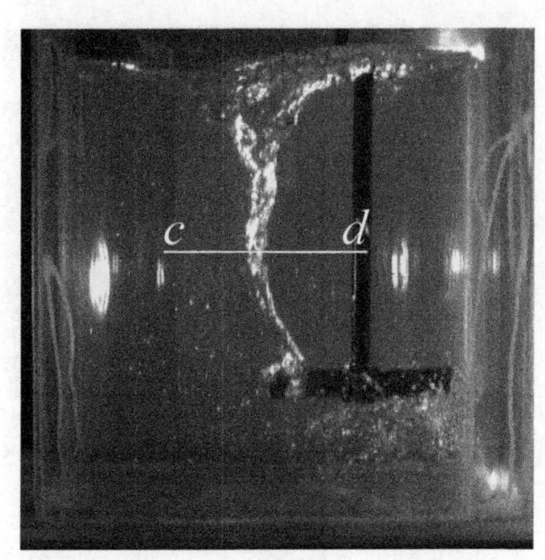

图 4-34　$n=250$ r/min 时中心搅拌和偏心搅拌流场

偏心搅拌时，旋涡呈螺旋扭曲状，起始端与液面处连接，终端与桨叶连接，涡轴不像中心搅拌时与搅拌轴平行，而是与垂直面有一定的倾斜。cd 线以上段涡轴倾斜角度较小，约为 8°；cd 线以下段涡轴倾斜角度较大，约为 45°。这是由于叶轮高速旋转引起旋转区域与其他区域之间存在压差。旋涡轴的倾斜与扭曲表明，偏心搅拌时搅拌槽内流体呈现非对称流动结构。

(2) 旋涡的形成过程如图 4-35 所示，旋涡最初产生于液面，位于搅拌轴的后方。随着搅拌过程的进行，旋涡逐渐向槽底方向延伸，最终到达桨叶处。由于流体动力学扰动的缘故。旋涡不像中心搅拌时那样稳定，而是在一定的空间和时间范围内发生周期性的运动。实验发现，其运动频率远远小于桨叶的转动频率。

流动测量技术的发展日新月异，从传统的接触式测量发展到先进的非接触式光学测量，从时均测量发展到先进的高频脉动测量，涉及多学科的知识，只要有流场，这些先进的仪器就有了发挥其功能的空间，其优越性就得以体现。

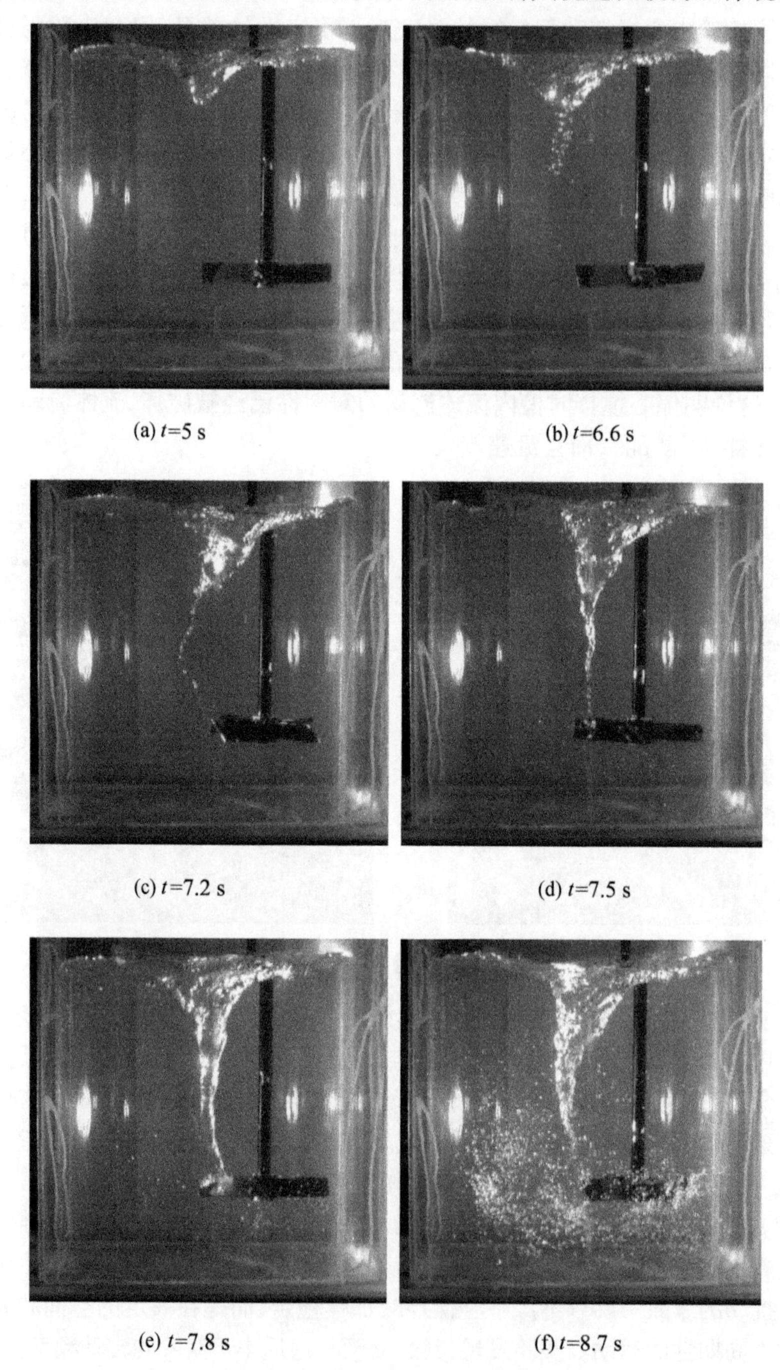
(a) t=5 s (b) t=6.6 s

(c) t=7.2 s (d) t=7.5 s

(e) t=7.8 s (f) t=8.7 s

图 4-35　偏心搅拌时旋涡的形成过程

第5章 数值模拟在流体机械中的应用

5.1 计算流体动力学概述

5.1.1 流动问题的研究方法

流体机械内部的复杂湍流(turbulence)流动现象是决定流体机械能量性能、汽蚀性能和振动性能的内因,所以对流体机械的研究常常聚焦于流场(flow field)。对复杂流动现象的研究和分析手段分为理论分析(analysis)、实验研究(experiment)和数值模拟(numerical simulation)3种。

理论分析是在了解流体运动规律的基础上,建立各种简化的流动模型,形成各类描述流体流动的控制方程;在一定假设和条件下,经过解析推导与运算,得到问题的解析解。由于流体力学的控制方程一般是非线性的,只有极少情况下才能得到解析解。目前,理论分析的方法多被用于定性分析。

通过实验研究可以获得速度、压强等流动参数,是直接而可靠的研究手段。实验研究常在模拟条件下进行,即利用等比例缩小的实验模型或满足相似条件的实验环境。但并非所有的实验相似定律都能得到满足。另外,一些高温、高压、高马赫数(Mach number)的环境并非一般的实验室能够实现,实验研究也受到实验时间和实验成本的限制。

流体运动服从质量守恒定律(the law of conservation of mass)、动量守恒定律(牛顿第二定律)(the law of conservation of momentum)和能量守恒定律(the law of conservation of energy)。通过这三大守恒定律以及相关的本构模型(constitutive model)和状态方程(equation of state),流体的运动一般可由偏微分方程(方程组)或积分形式的方程(方程组)来描述。这些控制方程绝大多数无解析解,只能采用各种数学手段求其近似解。在计算机上,可以通过数值方法求解各种简化的和非简化的流体力学控制方程,获得流动的数据和流体作用在固体上的力、力矩等。因此,计算流体力学从一开始就显现出了低周期、低成本的优势。

计算流体动力学(computational fluid dynamics,CFD)是流体力学中的重要分支之一。1946年第一台电子计算机问世后,计算机技术得到迅速发展。计算流体动力学作为流体动力学的分支,其发展直接得益于计算机技术的发展。计算机的数据处理速度、内存和外围设备不断升级,计算流体动力学也随之不断跨上新的台阶,目前已成为流体力学中最为活跃、最具生命力的分支。

1928 年,3 位应用数学家 R. Courant,K. O. Friedrichs 和 H. Lewy 发表了被称为 CFD 里程碑的著名论文,开创了稳定性问题研究的先河,但是当时并没有可编程的计算机。第二次世界大战爆发后,美国 Los Alamos 国家实验室的科学家不但发明了原子弹,而且还发明了描述原子弹所产生的包含激波的爆轰气流的方法。当时,在 Los Alamos 国家实验室研究核武器的 John von Neumann 提出了采用人工黏性方法捕捉激波。另外,John von Neumann 还提出了著名的 Von Neumann 稳定性分析方法。John von Neumann 因此被诸多 CFD 学者尊称为"CFD 之父"。1965 年,美国人 Harlow 在《科学的美国人》杂志上发表"流体力学的计算机实验",用计算机模拟出卡门涡列。而美国国家航空航天局(NASA)等重要机构的研究工作也推动了 CFD 技术的迅速发展。总体来看,军事领域的应用为 CFD 的发展提供了巨大的动力。

计算流体动力学是通过数值方法求解流体力学控制方程,得到流场的离散的定量描述,并以此预测流体运动规律的一种研究方法。在流体力学控制方程的微分和积分项中包含时间/空间变量(自变量)以及物理变量(因变量),这些变量分别对应着时间/空间求解域和定义在求解域上的流动问题的解。要把这些积分和微分项用离散的代数形式代替,就必须把求解域表示为离散形式。在不同的离散方法中,求解域或者被近似为一系列网格点的集合,或者被划分为一系列控制体或单元体。将因变量定义在网格点上或控制体的中心、顶点或其他特征点上,在每一个网格点或控制体上,流体运动方程中的积分或微分项被近似地表示为离散形式的因变量和自变量的代数函数,并由此得到作为微分或积分型控制方程近似的一组代数方程,该过程称为控制方程的离散化。这组代数方程的解给出了离散点上流动的定量描述。显然,为了得到流场结构的比较精确的刻画,网格点或单元体的数量必须足够多。对于叶片泵内部流动的整场求解,常需要 200 万个左右的网格。借助于计算机,采用各种程序设计语言(如 Fortran,C ++ 等),将求解代数方程组的过程编制成程序,再根据问题的具体情况,设定边界条件和初始条件封闭方程组,在计算机上运行这些程序,就得到描述该流场场变量的某些运动参数的数值解。

20 世纪 70 年代后期,美国国家航空航天局设计了一种飞行器,当其速度接近声速时将会产生超乎想象的空气阻力,若进一步通过风洞实验重新设计飞行器将会耗费大量资金,并且还会拖延工期,而若使用计算机重新设计机翼,则会大大节约费用。之前由于计算机和算法的发展水平的限制,此工作只能局限在二维流动范围,随着研究工作的不断深入,到了 1990 年,已经可以进入三维流场世界了,其实用价值也得到了不断提高。近10年来,经过不断改进,几乎所有涉及流体流动、热交换、分子输运的问题,都可以运用CFD进行模拟和分析。CFD不仅成为一种研究工具,而且还作为设计工具在水利工程、土木工程、环境工程、食品工程、海洋工程和工业制造等诸多领域发挥着重要的作用。

流体机械内部流动的数值模拟方法已成为目前应用较为普遍的方法。数值模拟技术的加入将流体机械的设计过程带入一个全新的阶段,“设计+数值模拟校核+优化”已成为现代流体机械设计的主导思路。同时,通过对流体机械内部流动数值模拟方法的研究,不断发现流体机械内部流动现象与流动规律,也是突破流体机械设计理论的重要手段。

5.1.2 数值模拟的步骤

(1) 界定问题——建立反映问题本质的数学模型。明确要解决的问题中流场的几何形状、流动条件和对数值模拟的要求。建立反映要解决的问题的各参量之间的微分方程及相应的定解条件,是数值计算的出发点。流体动力学中常用的数学模型是Navier-Stokes方程及相应的定解条件。在更多的场合,还要选择合理的湍流模型以封闭控制方程组。

(2) 数学模型建立后需解决的问题是寻找高效率、高准确度的计算方法。计算方法不仅包括数学方程的离散化及求解方法,还包括计算网格的建立和边界条件的处理。网格划分可以有结构网格、非结构网格、组合网格和重叠网格等,也可以有静网格和动网格。离散方法有有限差分法、有限元法、有限体积法和谱方法等。离散方法和网格划分是相互关联的。

(3) 确定了计算方法和坐标系统之后,编制程序和进行计算是整个计算工作的主体。对于编制的程序还应通过经典实验结果或典型计算结果进行验证和确认,以确保程序的准确度、预测能力和适用范围。

(4) 当计算工作完成后,流动的图像显示是不可缺少的部分。只有将数值计算的结果以各种图像和曲线形式输出才能判断计算结果的正确性,进而得出结论和获取需要的数据。

5.1.3 CFD软件

目前市场上有多种CFD商用软件,如ANSYS-Fluent,Star-CD,Flow-3D等。这些软件是CFD理论和方法的产物,大大方便了工程问题的解决。

对CFD软件的一般要求是:

(1) 精度高、可靠性强。软件中应包含各种先进可靠的离散格式、边界条件处理方法等,对于一些关键问题所需的参数具有修正能力,如求解空化问题时对于气核含量的设定。(2) 可开发性。CFD软件应该具有可开发性,即用户可以

采用第三方编译器编写可植入的功能模块,比如 ANSYS-Fluent 软件就提供了用户自定义函数(user defined function,UDF),使用者可进行一定程度的功能扩充。

(3) 与后处理软件的接口丰富。CFD 软件的计算结果应该能够被读入后处理软件,如 Tecplot,Ensight 等,这样提取计算结果的方式会多样化,计算数据的表达方式也会多样化。

图 5-1 为商用软件的流动问题求解流程。无论是流动问题还是传热问题,无论是单相问题还是多相物的流体运移问题,无论是稳态问题还是瞬态问题,其求解过程都可以用该流程进行说明。

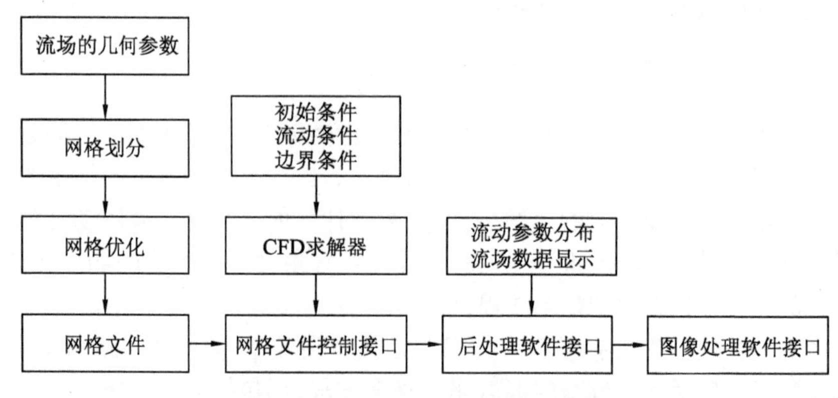

图 5-1 商用软件的流动问题求解流程

所有的 CFD 软件都包括前处理(pre-processing)、运算和后处理(post-processing)3 个主要部分。对所求解问题的界定和网格划分等,称为前处理;对数值解进行显示和分析的环节称为后处理。

1. 前处理器

前处理器包括流动问题的数据输入。这可以通过便于操作的用户界面来实现,随后将这些输入数据转化为适于求解器求解的形式。前处理阶段需要做的工作包括:设定区域的几何定义(计算域);网格生成,即将计算域划分为多个更小的不重叠子区域(计算单元或控制容积的网格);选择需要模拟的物理和化学现象的模型;定义流体的性质;在计算域的边界上确定合适的边界条件。

在 CFD 模拟过程中,流动问题的变量(速度、压力、温度等)被施加到每一单元内的结点上。CFD 解的精度受控于网格系统中的单元数量。通常,网格数越多,解的精度越高。解的精度和以必要的计算机硬件及计算所需的时间来表示的求解成本均依赖于网格的精细度。最优网格往往是非均匀网格:在流动参量变化快的区域采用精细网格,在变化慢的区域采用较粗的网格。人们也做了大量的工作来实现自适应网格能力,这种方法能够在变化快的区域自动加密网格,以求在计算精度和求解成本两方面达到平衡。

2. 求解器

目前存在3类各具特色的主流数值求解技术：有限差分法、有限元法和谱方法(spectral method)。总体而言，求解器的数值方法均按如下步骤进行：采用简单函数来近似表示未知的流动变量；将近似函数代入流动控制方程并对所得到的数学式进行简化；求解代数方程。这3类主流解法的差别在于流动变量的近似方法和离散化过程不同。

(1) 有限差分法

在有限差分法中，流动问题的未知变量 Φ 由沿坐标线的网格结点上的值表示。通常采用截断泰勒级数表示未知变量 Φ 的导数，导数由各个网格结点和其相邻结点的 Φ 值表示。控制方程中的 Φ 的导数由有限差分代替后得到各个结点上的 Φ 的代数方程。

(2) 有限元法

有限元法采用各单元有效的、简单的分段函数(如线性和二次函数)来描述未知变量 Φ 的局部变化，控制方程精确地为 Φ 的精确解所满足。若将 Φ 的分段函数代入方程，很难得到精确解，因此定义一个余量来表示误差。其后，通过将余量与一组权函数相乘并积分，使余量(即误差)达到最小，由此得到描述近似函数的未知系数的一组代数方程。有限元法最初用来进行结构应力分析。

(3) 谱方法

谱方法采用截断傅立叶级数或切比雪夫正交多项式级数来描述未知变量 Φ。与有限差分或有限元法不同，这种近似方法不是局部的而是适用于整个计算域。同样地，将控制方程中的未知量以截断级数表示，得到傅立叶级数或切比雪夫级数，截断的代数方程的约束条件由类似于有限元方法的权余方法确定，或由使近似函数与多个结点上的精确解一致获得。

(4) 有限体积法

有限体积法最初被作为一种特殊的有限差分公式。这一方法是目前4种主要商业CFD软件(Phoenics，ANSYS-Fluent，Flow3D和Star-CD)所采用的核心技术。有限体积法包括以下步骤：流动控制方程在计算域内的所有控制容积内进行积分；离散化，将积分方程中表示对流、扩散和源项的各项以有限差分类型的近似方法进行表达，将积分方程转变为一组代数方程组；迭代求解代数方程组。

第一步中的控制容积内的积分是有限体积法与其他CFD技术的不同之处，所得到的表达式表示对各个有限尺寸控制容积有关量的守恒。这种数值方法与物理过程守恒原理的明确关系形成了有限体积法的主要特点，也使得它比有限元法和谱方法更容易为工程人员所接受。

3. 后处理器

随着计算机技术的进步，目前的商业CFD软件均提供数据可视化技术工具，

包括计算域和网格显示;速度矢量图;列线图和等值线图(云图);二维和三维表面图形;颗粒追踪;视角调整(平移、旋转、缩放等);彩色图像输出;动画生成与输出。

5.1.4 CFD技术的局限性

计算流体动力学不只是探求流体力学微分方程初值问题和边值问题的各种数值解法,其实质是要在物理直观和力学实验的基础上建立各种流体运动的数值模型。当流动问题本身遵循的规律比较清楚时,所建立的数学模型比较准确,此时数值模拟的优越性明显,计算结果的重复性好。但数值模拟也具有一定的局限性。

(1) 流动现象复杂时,其数学模型的准确性差。非线性偏微分方程数值解的现有理论不充分,没有严格的稳定性分析、误差估计和收敛性证明。计算流体力学依赖于数学分析,所以计算结果的准确程度不能保证。

(2) 数值实验不能代替物理实验。尽管两者都不能代替理论,但数值实验的结果对边界条件依赖性强。以叶片泵的内部流动模拟为例,进口断面边界条件准确给定的最合理方法是采用实验手段测量出进口断面的流动参数,以此为边界条件作为数值实验的前提。

(3) 计算方法的稳定性和收敛性问题。目前,对数学方程进行离散化时,需对稳定性和收敛性进行分析,这些分析方法大部分对线性方程有效,对非线性偏微分方程只有启发性,没有完整的理论。对于边界条件影响的分析,困难就更大。

(4) 目前的数值模拟很大程度上受计算机硬件水平的限制。描述湍流的Navier-Stokes方程可以直接进行离散求解,即直接数值模拟(DNS)方法。但湍流中的各种涡(vortex)的尺度范围宽,模拟这种流动需要足够密的网格节点分布。由于计算机运算能力的限制,这种方法在较复杂的流动问题中还未得到应用。

一个具有较好的工程实用价值,通用性好,并且用户界面良好的流场计算软件的编写和调试非常耗费人力。因此,在流动问题的研究中,一方面要根据自身条件进行程序编写,另一方面可采用商用CFD软件。但只有具备计算流体力学的理论基础和计算经验并且能准确理解数值方法,才能提高商用软件的应用能力。所以,不同的人应用同一CFD软件计算同一个问题,得到的结果也可能是不同的。

5.2 初始边界条件

流场的边界可分为物理边界(physical boundary)和人工边界(artificial boundary)。物理边界由流动问题的性质决定,因此是固定不变的。而人工边界是针对无限和半无限区域,以及人们所感兴趣的、永远小于实际区域而人为引入的。流场的求解一般都针对有限区域,因此在区域的边界上需要给定边界条件。边界条件的给定不是随意的,要求在数学上满足适定性(well-posedness),在物理上保证合理性,并且尽量不影响内点数值解的精度和稳定性。对边界条件的处理是否恰当是决定数值计算成败的关键因素之一。

初始条件与边界条件是使控制方程有确定解的前提,控制方程与相应的初始条件、边界条件的组合,才能构成对一个物理过程的完整数学描述。对于初始条件和边界条件的处理,直接影响 CFD 计算的结果与精度。

5.2.1 初始条件

初始条件是指所研究的对象及各个求解变量在过程开始时刻的空间分布情况。对于瞬态问题,必须给定初始条件。对于稳态问题,不需要初始条件,因为在一般意义上,初始值对后续计算结果的统计平均量的影响并不显著。对于非定常流动计算,常取具有相应流动条件的定常计算结果作为非定常流动计算的初始条件。

5.2.2 边界条件

边界条件是所求解的变量或其导数在所求解的区域边界上随时间和位置的不同而变化的规律。对于任何流场问题,都需要给定边界条件。本节以 ANSYS-Fluent 商用软件为例进行介绍。Gambit 是一个通用前处理模块,ANSYS-Fluent 中的计算域网格划分和边界条件设置一般都在 Gambit 中进行,在 ANSYS-Fluent 求解器中可以对边界的类型进行重新设定。

ANSYS-Fluent 软件提供了十余种类型的进、出口边界条件,这里分别对其介绍。

1. 速度入口(velocity-inlet)

该边界条件即给定入口边界处的速度,是给定入口边界上的速度及其相关的标量值。该边界条件仅适用于不可压缩流动问题,对于可压缩问题,该入口边界条件会使入口处的总温或总压产生一定的波动。

2. 压力入口(pressure-inlet)

该边界条件就是给出入口边界上的总压强。压力入口边界条件通常用于流体在入口处的压力为已知的情形,对于计算可压缩与不可压缩的问题都适用。压力进口边界条件通常用于进口流量或流动速度未知的流动,还可以用来处理自由边界问题。

3. 质量入口(mass-flow-inlet)

该边界条件需要给出入口边界上的质量流量。质量入口边界条件主要用于可压缩流动;对于不可压缩流动,由于密度是常数,可以用速度入口条件代替。

4. 压力出口(pressure-outlet)

该边界条件给定流动出口边界上的静压强,仅能用于模拟亚音速流动。如

果当地速度大于音速,流动出口边界上的静压强需根据内部流动计算的结果确定。该边界条件可以处理出口有回流的问题,合理给定出口回流条件,有利于解决计算有回流出口问题的收敛困难。

5. 无穷远处压力边界(pressure-far-field boundary)

该边界条件用于可压缩流动。如果已知来流的静压和马赫数,ANSYS-Fluent 提供了无穷远压力边界条件模拟该类问题。该边界条件适用于用理想气体定律计算密度的问题。为了满足无穷远压力边界条件,需要把边界放到我们关心区域外足够远的地方。若给定边界静压和温度及马赫数的边界条件,其流动可以是亚音速、跨音速或者超音速的,并且需要给定流动的方向。如果有需要,还必须给定流量等参数。

6. 自由出流(outflow)

这种边界条件适用于出流边界上的压力或速度均为未知的情形。这类边界条件的特点是不需要给定出口条件(除非是计算分离质量流、辐射换热或者包括颗粒稀疏相问题),出口条件都是通过 ANSYS-Fluent 内部计算得到的。

采用自由出流边界条件时,所有变量在出口处的扩散通量为零,即出口平面从前面的结果计算得到,并且对上游没有影响。计算时,如果出口截面通道大小没有变化,则采用完全发展流动假设。当然,在径向上允许有梯度存在,只是假定在垂直出口面方向上扩散通量为零。

7. 对称边界(symmetry boundary)

对称边界条件适用于流动及传热场对称的情形。在对称轴或者对称平面(见图 5-2)上,既无质量的交换,也无热量等其他物理量的交换。因此,垂直于对称轴或者对称平面的速度分量为零。在对称轴或者对称平面上,所有物理量在其垂直方向上的梯度均为零。因此在对称边界上,垂直于边界的速度分量为零,任何量的梯度也为零。

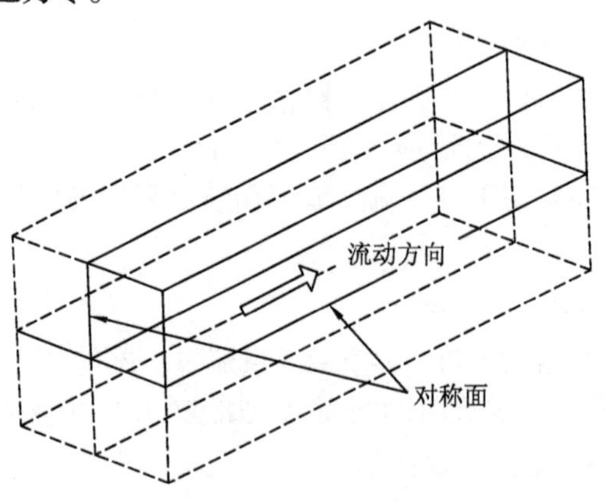

图 5-2　对称面示意图

8. 周期性边界(periodic boundary)

这种边界条件适用于如图5-3所示的流动几何边界及流动或传热本身是周期性重复的流动情况。图中为一压缩机转子,由于叶片的分布是轴对称的,故在求解时可以取两相邻叶片间的中间截面为周期性边界。这样求解时可求解一个或两个过流通道,对求解的结果进行轴对称分布处理,即得到整个转子通道内的流动情况。该方法在叶片式流体机械内部流动求解时经常被使用。

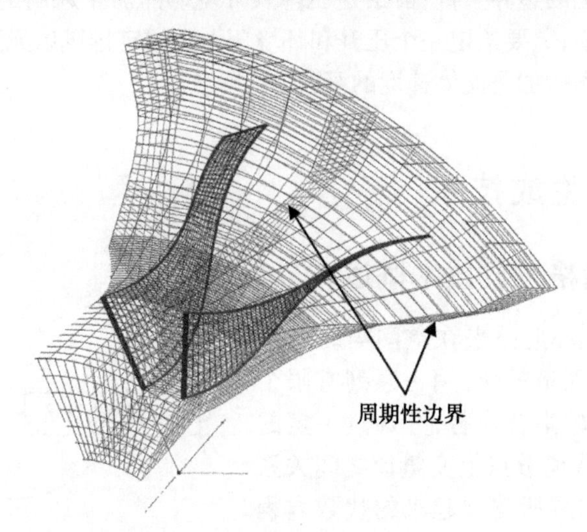

图5-3 周期性边界

9. 固壁边界(wall boundary)

对于黏性流动问题,ANSYS-Fluent默认设置是壁面无滑移条件。对于壁面有平移运动或者旋转运动时,可以指定壁面切向速度分量,也可以给出壁面切应力,由此模拟壁面滑移。根据流动情况,可以计算壁面切应力和与流体换热情况。壁面热边界条件包括固定热通量、固定温度、对流换热系数、外部辐射换热与对流换热等。

10. 进口通风(inlet vent)

进口通风需要给定入口损失系数、流动方向、进口环境总压强及总温度。对于进口通风模型,假定进口风扇无限薄,通风压降正比于流体动压头和用户提供的损失系数。

11. 进口风扇(inlet fan)

进口风扇边界条件需要给定压降、流动方向、环境总压及总温。假定进口风扇无限薄,并且有不连续的压力增加,则压力的增量是气流通过风扇速度的函数。这里的压力阶跃可以是常数,也可以是与流动相垂直的方向上速度分量的函数。如果是反向流动,则风扇可以被看成是通风出口,并且损失系数为1。

12. 出口通风(outlet vent)

出口通风边界条件用于模拟出口通风情况,并给定一个损失系数以及环境(出口)压力和温度。

13. 排风扇(exhaust fan)

排风扇情况的边界条件,需给定压降及环境静压。排风扇的边界条件用于模拟外部排风扇,需要给定一个压升和环境压力。假定排风扇无限薄,则流体通过排风扇的压强增加是流体速度的函数。

5.3 网格生成技术

5.3.1 网格生成技术概述

在求解器中,把原来在空间与时间坐标中连续的物理量的场,用一系列有限个离散点上的值的集合代替,并通过一定的规则建立起这些离散点上变量值之间关系的代数方程,求解所建立起来的代数方程可以获得所求解变量的近似值。网格与其他计算环节之间的关系可由图5-4表示。

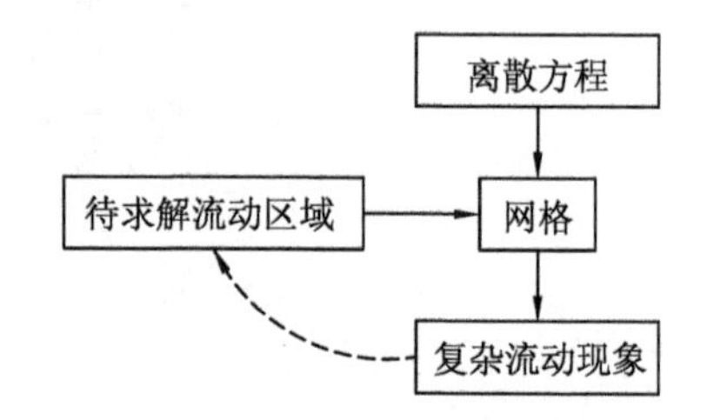

图5-4 网格与其他计算环节的关系

对流动问题进行数值计算的第一步是生成网格(grid generation),即要对空间上连续的计算区域进行剖分,把它划分成多个子区域,并确定每个区域中的节点。有了网格后,支配流体运动的控制方程、湍流模型及多相流动模型才得以实现离散化,即将方程与几何域联系在一起。而有了网格,有了局部加密及适应性网格,一些复杂流动现象,如叶轮与导叶间的动静干涉、叶轮出口的回流等,才能够被捕捉。而在一些场合,流动与固体边界相互作用,固体边界形状的改变将待求解的流动区域改变,这一改变又必须被实时地反映到网格的变化中,如流体导致大型水平轴风力机叶片的振动问题的求解等。

实际上,网格的生成决定了物理求解区域和计算求解区域之间的转换关系。流动问题数值计算结果的最终精度及计算过程的效率主要取决于所生成的网格与所采用的算法。即使在CFD运用水平较高的国家,网格生成仍占整个CFD计算任务耗费人力时间的60%~80%。

在实际问题的求解中,有许多复杂区域的边界不可能与现有的各种坐标系完全相符,于是常常采用计算的方法构造一种其各坐标轴与计算物体的边界相适应的坐标系,即贴体坐标系(body-fitted coordinates,BFC),从而形成贴体的计算网格。常用的生成贴体坐标系的方法有代数法、椭圆型微分方程法和双曲型微分方程法,其中微分方程法是一种处理各种不规则边界的有效方法,能够较准确地满足边界条件,求解效率较高,因此被多数网格生成软件广泛采用。Winslow 最早提出了通过求解椭圆型偏微分方程组生成贴体坐标系的思想。1974年,Thompson 等人系统地完成了这方面的研究工作。此后,流场数值计算研究中就逐渐形成了一个分支领域——网格生成技术。由于工程上所遇到的流动问题大多发生在复杂区域内,因而不规则区域内网格的生成是计算流体动力学中一个十分重要的研究领域。随着外形复杂程度的提高,形成单域贴体的计算网格非常困难。为此,近十多年发展了新的分区结构化网格和非结构化网格方法。

5.3.2 网格生成方法

计算网格按网格点之间的邻接关系可分为结构化网格(structured grid)、非结构网格(unstructured grid)和混合网格(hybrid grid)3 类。结构网格的网格点之间的邻接是有序而规则的,除边界点外,内部网格点都有相同的邻接网格数(一维为 2 个、二维为 4 个,三维为 6 个)。非结构化网格点之间的邻接是无序的、不规则的,每一个网格点可以有不同的邻接网格数。混合网格是结构化网格和非结构化网格的混合。

网格生成是数值计算的基础,网络生成技术的关键指标是对几何外形的适应性和生成网格的时间及费用。由结构化网格和非结构化网格衍生出了多种网格生成技术。在流动问题数值计算中所采用的网格生成技术主要有 5 类:结构化网格(structured grid)、块结构化网格(block-structured grid)、非结构化网格(unstructured grid)、结构化/非结构化混合网格(unstructured/structured mixing grid)和自适应网格(adaptive grid)。

1. 结构化网格

一般数值计算中正交与非正交曲线坐标系中生成的网格都是结构化网格,如图 5-5 所示。在结构化网格中,每个节点及控制容积的几何信息必须加以储存,但该节点的邻点关系则可以根据网格编号的规律自动得出,不必专门储存这一类信息,这是结构化网格的一大优点。

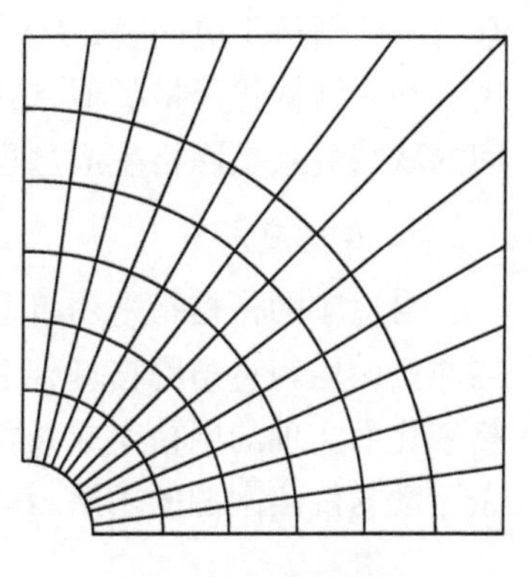

图 5-5 结构化网格

2. 块结构化网格

块结构化网格又称组合网格,是求解不规则区域中的流动和传热问题的一个重要的网格划分方法。采用这种方法是指把一个复杂的计算区域分为若干个小块，每一块内均采用常见的结构化网格来离散，并且每一块中都可以采用贴体坐标法生成网格，一般各个块中的离散方程也各自分别求解，块与块之间的耦合通过交界区域中信息的传递来实现。

块结构化网格的优点：① 可以大大地减小网格生成的难度，因为在每一块中都可以方便地生成结构化网格；② 可以在不同块内采用不同的网格疏密度，从而可以有效地照顾到不同区域需要不同空间尺度的情形，块与块之间不要求网格线完全贯穿，便于网格的局部加密；③ 便于采用并行算法来求解代数方程组。

3. 非结构化网格

非结构化网格是处理计算区域的一种有效的方法。所谓非结构化，就是在这种网格系统中节点的编号命名并无一定规则，甚至是完全随意的，而且每一个节点的邻点个数也不是固定不变的，如图 5-6 所示。总之，与结构化网格相比，非结构化网格表现出一种不规则、无固定结构的特点，因此对不规则区域具有十分灵活的适应能力。非结构网格中由于一个节点与其相邻点的关系不是固定不变的，因此这种联结信息必须对每一个节点显式地确定下来并加以存储。这对计算机存储要求较高，离散方程的求解速度也比较慢。由于非结构化网格对不规则区域的适应性强，自 20 世纪 80 年代以来得到了迅速发展。

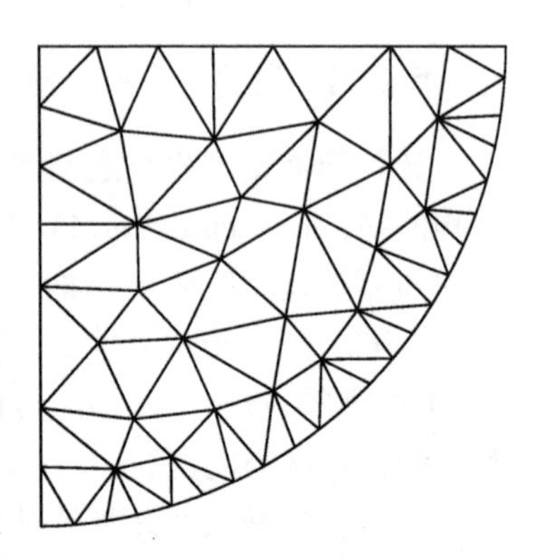

图 5-6　非结构化网格

4. 结构化/非结构化混合网格

结构化/非结构化混合网格充分利用两种网格互补的优点，能有效地解决复杂流场的网格生成问题，在流场计算特别是在外部流场的计算中得到了广泛应用。和块结构化网格类似，结构化/非结构化网格在不同区域交界面上计算结点间的联结关系是网格生成过程中必须建立起来的信息。

5. 自适应网格

自适应网格是指采用自适应网格技术生成的与流场相适应的网格，也就是在原始的均匀直角网格基础上根据几何特征或流场特点在局部区域不断进行网格细化而实现的网格生成技术。自适应网格技术是一种更复杂的技术，对于复杂流动与传热问题的求解，其优势十分明显。

5.3.3 网格无关性(grid independence)

数值计算与实验值之间的误差来源主要有物理模型近似误差(无黏性或有

黏性，定常与非定常，二维或三维等）、差分方程的截断误差及求解区域的离散误差（这两种误差通常统称为离散误差）、迭代误差（离散后的代数方程组的求解方法以及迭代次数所产生的误差）和舍入误差（计算机只能用有限位存储计算物理量所产生的误差）等。在通常的计算中，离散误差随网格变细而减小，但由于网格变细时，离散点数增多，舍入误差将随之加大。由此可见，网格数量并不是越多越好。

当几何模型比较复杂时，计算易于发散和不稳定，这对网格质量要求更高，此时网格划分的工作量更大。如何在保证计算结果准确性的同时，最大限度地降低整个网格划分的工作量，是数值计算研究的关键问题。解决此问题，学术界一般采用考核网格无关性的方法。所谓网格无关性是指在一定的网格划分前提下，再加密网格或是提高网格的质量，求解结果的变化可以忽略不计。对网格独立性的考核是保证数值计算结果可靠性的前提。网格的独立性问题直接影响计算结果的误差，甚至影响计算结果是否合理。在考虑网格的独立性问题时，原则上需将网格划分得很小才能解决网格的独立性问题，但是在实际计算中考虑到计算机的存储量和运算时间，在网格的划分上需要折中。

在划分网格时首先依据已有的经验大致划分一个网格进行计算，将计算结果（当然这个计算结果必须是收敛的）与实验值进行比较（如果没有实验值，则不需要比较），再酌情加密或减少网格；然后进行计算，与实验值进行比较，并与前一次计算结果比较。如果两次的计算结果相差较小（例如小于2%），说明这一范围的网格的计算结果是可信的，即说明计算结果是网格无关的，再加密网格已经没有什么意义（除非要求的计算精度较高）。但是，如果用粗网格也能得到相差很小的计算结果，从计算效率上讲，就可以完全使用粗网格去完成计算。

5.3.4 网格质量评估

网格的正交性、光滑性等质量问题对流场解的影响很大。对于结构化网格，网格的光滑性、正交性和对流动参数梯度的适应性是描述网格质量的3个主要方面。光滑性是指网格间距在任何方向都要光滑变化、过渡均匀。正交性是指不同方向的网格线间的夹角应尽可能接近90°，不要有大的扭曲。流动参数梯度大的区域，网格应更密一些，如壁面附近的区域、叶轮叶片和导叶之间的区域等。一般通过统计数据和网格显示对网格质量进行检查。统计分析的参数包括网格点的Jacobi值、网格扭角（skew angle）、纵横比（aspect ratio）和网格单元的体积分布等，可以对局部网格进行显示，以便于观察局部网格的质量。

网格的质量不符合计算要求时，要及时进行网格优化和光顺处理，或调整局部网格点的分布，不能将网格质量问题带入求解环节。

5.3.5 轴流式模型泵内部流道网格的生成

轴流泵叶轮内部流道的结构较复杂,既有旋转流场,又有非旋转流场,所以把整个计算区域分为进口区、叶轮区、导叶区和出口区 4 个部分。在 Pro/Engineer 中对 4 个部分分别造型,将生成的内部流道区域实体以 STEP 文件格式导入网格划分软件 GAMBIT 中进行网格划分。叶轮叶片表面和导叶叶片表面为不规则的空间曲面结构,要生成三维贴体结构化网格相当困难,因此采用非结构化网格进行划分。由于计算区域内叶轮区流动情况复杂程度最高,进口区最低,因此在叶轮区内网格划分最密,导叶区次之,进口区最疏,除出口区外的 3 个区的网格划分结果如图 5-7 所示,其中,进口区网格数,281 271 个,叶轮区网格数 795 231 个,导叶区网格数 258 633 个(本网格数方案尚未进行网格无关性验证)。

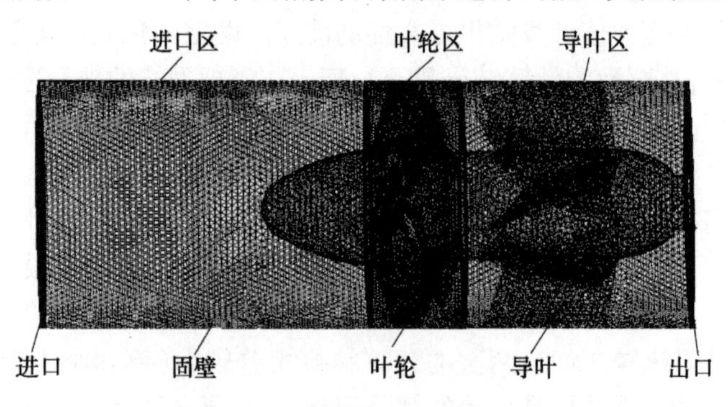

图 5-7　计算区域及网格划分图

5.4　流动问题求解实例

本节将给出 4 个与流场数值计算相关的数值求解算例,求解算例中注重表达求解的过程和所求解流动问题的特点。对于数值求解过程中所涉及的湍流模型、计算术语等,请读者参照相关资料,进行深入的阅读。

5.4.1 算例 1——搅拌桨周围的流场

在 4.3 节中已进行了搅拌桨周围流场的测量。实际的搅拌过程中,涉及搅拌桨周围的流场是决定混合效果的重要因素。由于流场中的多相流动因素,开展流场的光学测量具有较大的难度,而 CFD 技术为搅拌槽内流场的研究提供了良好的平台,在一定程度上弥补了测量技术的局限性。本节列举搅拌桨周围流场的求解过程。

1. 搅拌槽结构

搅拌槽主体结构与 4.3 节中相同,模拟所采用的偏心搅拌槽俯视图如图 5-8 所示。

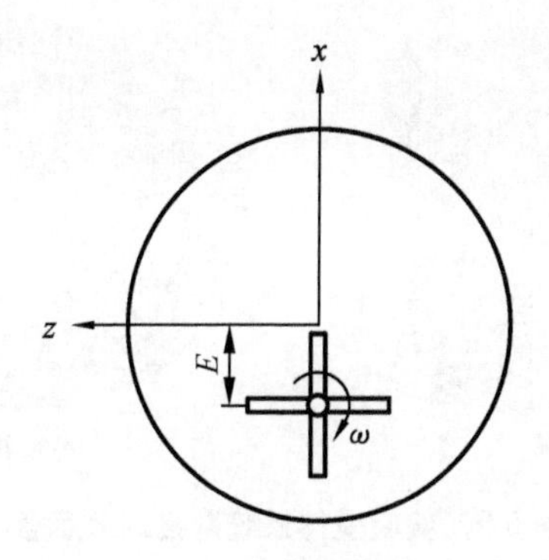

图 5-8　搅拌槽结构俯视图

2. 桨叶区处理策略

为了解决桨叶旋转区域和周围静止区域之间的相互作用,许多学者提出了各自不同的解决办法,目前应用最广泛的是多重参考系法和滑移网格法。

(1) 多重参考系(multiple reference frames,MRF)方法是将计算区域分成静止区域和旋转区域两部分,两个区域的计算分别采用两个参考坐标系,静止区域采用静止坐标系,旋转区域采用旋转坐标系,两个不同参考系下速度的匹配通过交界面上的速度转换来实现,转换式为

$$u = u_r + \omega r \tag{5-1}$$

$$\nabla u = \nabla u_r + \nabla(\omega r) \tag{5-2}$$

式中,u 为静止参考系下的圆周速度,单位为 m/s;u_r 为旋转坐标系下的圆周速度,单位为 m/s;ω 为旋转角速度,单位为 rad/s。

多重参考系法是稳态算法,常用于旋转区域和静止区域相互作用比较弱的场合,对于非定常流动,应该使用滑移网格法。

(2) 滑移网格(sliding mesh)法是一种完全非稳态模拟方法,与 MRF 法一样,滑移网格法也是将计算区域分成旋转区域和静止区域两部分。但与 MRF 法不同的是,该方法在计算时只有一个静止坐标系,旋转区域的网格随搅拌桨一起转动,静止区域的网格则保持静止。旋转区域采用经过修正的守恒方程,静止区域采用标准的质量和动量守恒方程,两部分网格之间通过滑移界面进行插值处理。滑移网格法计算的是各个时刻的瞬时值,适用于非稳态问题的求解。本节在求解流场时使用的就是滑移网格法。

此处应用前处理器 Gambit 进行网格划分,由于计算区域比较复杂,所以采用非结构化网格进行划分。偏心搅拌时流体的流动具有非对称性,故选取整个槽体进行建模。以偏心率 $e = 0.20$ 为例,网格划分情况如图 5-9 所示,静止区域网格数为 351 591,旋转区域网格数为 223 958。

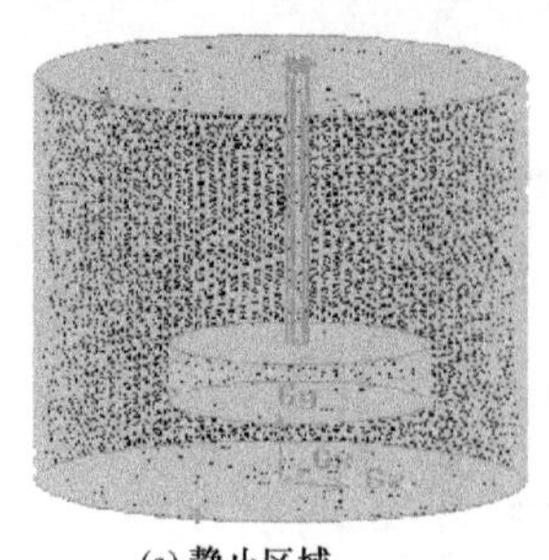
(a) 静止区域

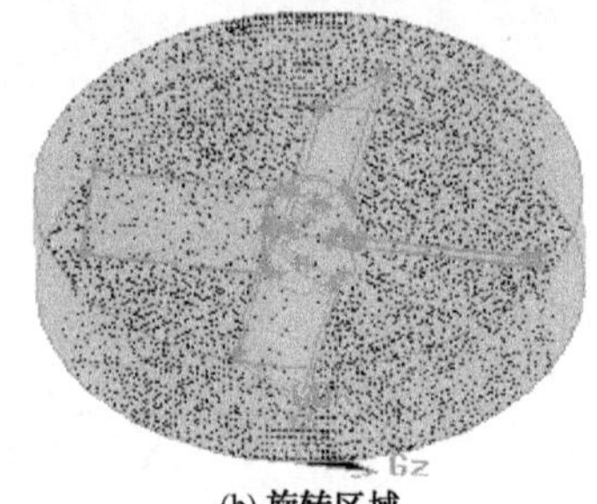
(b) 旋转区域

图 5-9　偏心搅拌系统网格划分示意图

3. 控制方程与边界条件

(1) 对高浓度悬浮体系进行数值模拟时涉及两相流动问题,此处两相流模型选择 Eulerian 模型。该模型适用于分散相的体积分数不小于 10% 的多相体系,将多相流视为互相渗透的连续性介质,分别求解每一相的动量方程和连续性方程。

(2) 设置边界条件:

① 液面设为自由液面;

② 搅拌槽壁面及槽底定义为壁面边界条件,近壁区采用标准壁面函数(standard wall functions);

③ 旋转区域和静止区域的交界面定义为界面边界条件(interface);

④ 搅拌轴定义为固体壁面,旋转方向根据右手法则确定,转速为绝对速度;

⑤ 轮毂和叶片等定义为固体壁面,相对于搅拌轴的速度为零;

⑥ 旋转区和静止区为流体区域,其中旋转区域和搅拌轴一起旋转,静止区域保持静止。

进行液相流场数值模拟时,为了加快收敛速度,先用标准 k-ε 模型进行稳态计算,待计算收敛后将计算结果作为初始值,时间步长为 0.005 s,共计算 50 个桨叶旋转周期。对液固两相体系进行数值模拟时,在用标准 k-ε 模型模拟液相流场的计算结果基础上,以颗粒堆积在槽底为初始状态,用 Eulerian 两相流模型对固体悬浮过程进行数值模拟。

4. 数值模拟结果与分析

(1) 搅拌槽内流体的三维流型图

图 5-10 为数值计算得到的搅拌槽内流体的流型图,从图中可以看出,中心搅拌时($e=0$),桨叶上方存在一个旋涡带,涡带的涡轴与搅拌槽中线平行,桨叶上方、靠近壁面处的流体轴向循环减弱,以周向流动为主。当采用偏心搅拌时($e=0.4$),流体的轴向流动能力增强,流动的无序度增大;桨叶上方仍存在一条旋涡带,旋涡的轴线不再是竖直的,而是与垂直面倾斜。偏心搅拌时,搅拌槽内的流动结构呈现非对称性,流场受到的扰动增强。这也与 4.4.3 节中的流动显示结果吻合。

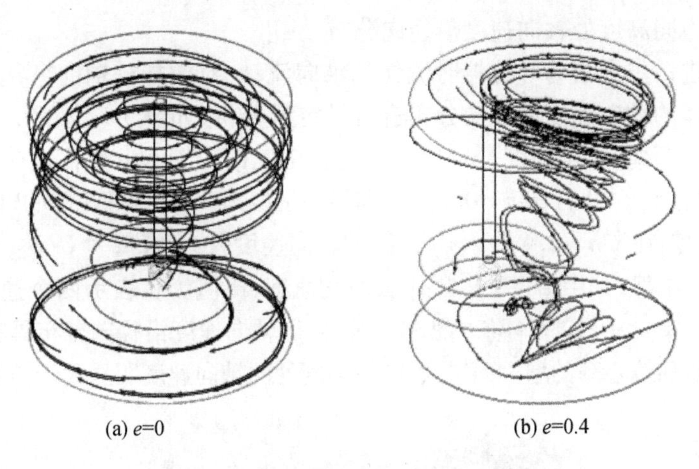

(a) e=0　　(b) e=0.4

图 5-10　中心搅拌和偏心搅拌的流型

（2）速度矢量图

不同偏心率下轴向纵截面内速度矢量图如图 5-11 所示，轴向纵截面选取为 $z = -10$ mm（见图 5-8）的位置。从图中可以看出，中心搅拌时（见图 5-11a），槽内的流型分布基本对称，旋转桨叶周围的流体呈八字形向槽底方向流动，一部分沿槽壁向上流动，到达自由液面后沿搅拌轴流回叶轮，在桨叶端部外侧形成一个对称的环状旋涡；另一部分流体沿槽壁向下，与槽底发生碰撞后向槽底中心流动，在搅拌轴正下方形成一个弱混合区，该区域液流速度非常小，很容易造成固体颗粒的堆积。

当采用偏心搅拌时（见图 5-11b），搅拌槽内流体的对称结构被破坏，流体的轴向速度增大，桨叶外端的环状旋涡逐渐消失，槽内流体的混合区域扩大，流体的轴向流动特征变得明显，在槽内形成一个范围较大的单循环流动结构，并在局部形成若干个小尺度的旋涡，增强了流体的湍动动能，加速了混合过程。

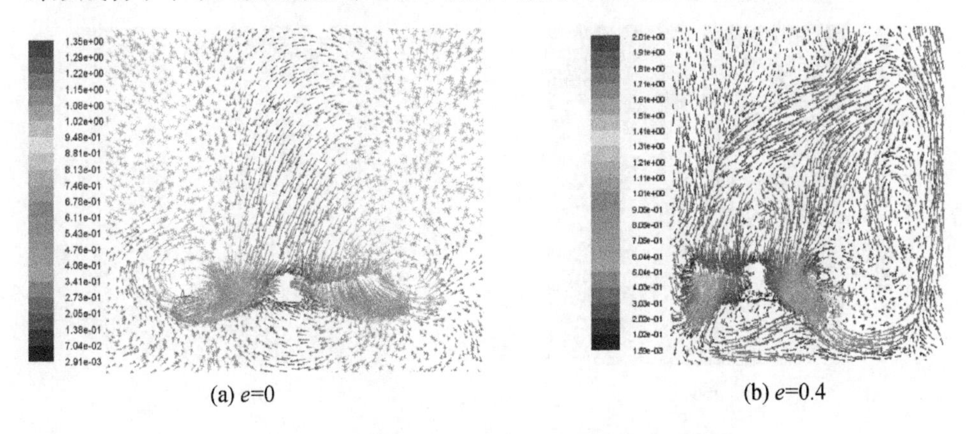

(a) e=0　　(b) e=0.4

图 5-11　不同偏心率下轴向纵截面内速度矢量图

(3) 不同高度处轴向速度沿径向分布

为了进一步考察偏心搅拌时流体的轴向流动,对搅拌槽轴向纵截面内不同高度处流体的轴向速度沿径向分布进行了定量分析,如图 5-12 所示。其中 z 表示距槽底的距离,两个高度分别代表了搅拌槽底部位置和叶轮高度位置。由图可见,当偏心率 $e=0$ 时,$z/h=0.1$ 处的曲线很平缓,表明搅拌槽底部的轴向速度很小,几乎为零;在 $z/h=0.4$ 处 $e=0$ 曲线的轴向速度较大,峰值为 $U/U_{tip}=-0.17$,出现在桨叶中部,其中 U_{tip} 为桨叶外缘的线速度,比值为负表示两个速度方向相反。当偏心率 $e\geqslant0.1$ 时,各条曲线形状相似,即轴向速度沿径向分布具有相似性,但曲线峰值随偏心率的增大而增大,叶轮高度处的轴向速度明显大于槽底的速度。

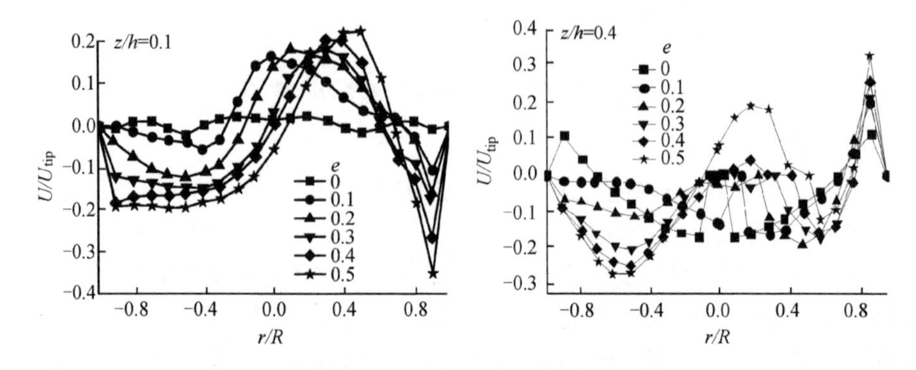

图 5-12　不同高度处轴向速度沿径向分布

(4) 不同偏心率时固体颗粒的浓度分布

对搅拌桨周围的液固两相流场进行了模拟,不同偏心率下搅拌槽内的颗粒分布情况如图 5-13 所示。从图中可以看出,当转速达到完全离底临界悬浮转速(衡量标准)以后,偏心搅拌比中心搅拌时的颗粒悬浮效果好,且不同偏心率时,颗粒的悬浮效果不同。

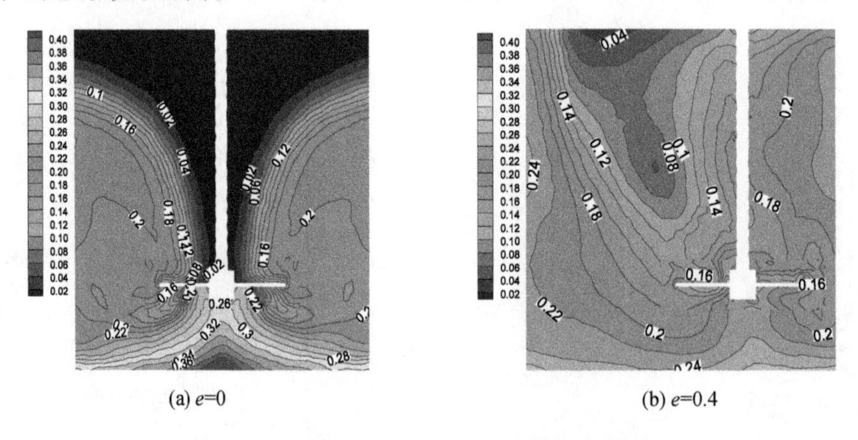

(a) e=0　　(b) e=0.4

图 5-13　不同偏心率下轴面内固体颗粒浓度分布

中心搅拌时槽内颗粒分布很不均匀，槽底部中心处局部颗粒浓度高达40%，颗粒的局部浓度分布不均匀，此时颗粒的悬浮高度为 $H_q/H=0.83$；当偏心率 $e=0.4$ 时，颗粒的悬浮高度 $H_q/H=1.0$，自由液面处悬浮的颗粒明显增多，整个槽内的颗粒分布效果最好。但由于颗粒受到离心力和重力的作用，无论何种偏心情况，远离搅拌桨一侧液面以下、桨叶以上区域的颗粒分布相对较少。当 $e=0.4$ 时，液面附近处和整个大尺度旋涡区域的颗粒分布也较均匀。

5.4.2 算例2——轴流泵内气液两相流动模拟

泵在运行时由于应用场合和工况条件的原因，吸入口的液体内可能会含有一定体积比的气泡，此时泵内输送的介质呈气液两相流状态。研究叶轮中气泡的运动情况对掌握泵在输送气液两相混合物时的性能变化十分必要。本节针对轴流泵内部气液两相三维不可压湍流运动进行数值模拟。

1. 叶轮模型基本参数

计算模型为采用升力法设计的叶轮。设计中假设液体质点在以泵轴线为中心线的圆柱面上流动，且相邻各圆柱面上的液体质点的运动互不干扰，即不存在径向分速度。

叶轮的主要设计参数为：流量 $Q=360\ m^3/h$，扬程 $H=3.2\ m$。设计的模型泵叶轮和导叶的三维造型如图 5-14 所示。

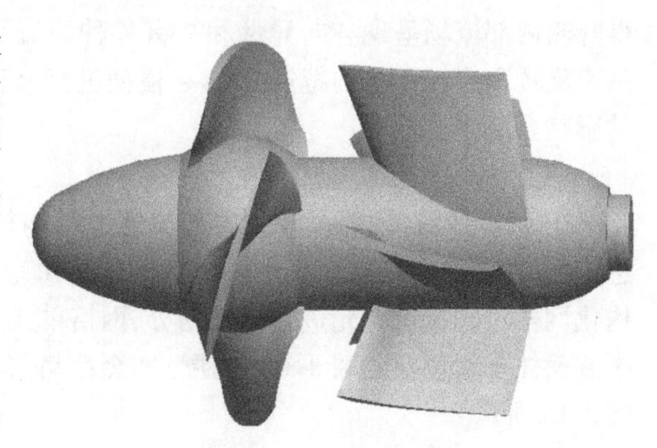

图 5-14 叶轮三维造型

2. 流动模型与求解条件

研究气液两相流动特性，不管是流道内流动还是绕流流动，都需要从建立流场特性方程开始，用场特性方程关联必要的参数，由此求解所需参数，进而揭示其流动特性。由于气液两相流存在相间界面，介质参数存在急剧变化，于是在界面上便存在参数或特性的传递，因此基本方程比单相流基本方程数量要多，而且内涵复杂。在气液两相流情况下，相间变形和分散使界面本身成为不稳定的，由此造成各种流型的变化，反过来这些变化又影响特性函数及基本方程的变化。但是，为了实际工程的求解，我们更注重大量分子运动产生的效果，即宏观量，如压强、密度、温度和流速等，为此工程中大都采用连续介质理论来分析求解气液两相流动问题。根据两相流动的多样性和复杂性，以及流动的特征和精度要求，采用了不同的数学模型和分析方法。

(1) 选择计算模型

双流体模型(two-fluid model),又称颗粒拟流体模型,可以较完整而严格地考虑弥散颗粒相的各种湍流输运过程,能通过颗粒压力和颗粒黏性来考虑颗粒间的相互作用。颗粒相的计算方法同流体相一样,可用统一的形式和求解方法,使计算程序既适用于流体相,也适用于颗粒相。其模拟结果可以给出颗粒相空间分布的详尽信息。本节采用双流体模型对轴流泵叶轮内部气液两相流场进行分析。

(2) 建立控制方程

采用双流体模型建立两相流方程的观点和基本方法是,先建立每一相的瞬时的、局部的守恒方程,然后采用某种平均的方法得到两相流方程和各相间作用的表达式。

(3) 两相湍流模型

两相湍流模型采用标准 k-ε 模型。k-ε 模型假定流场是完全湍流的,分子间的黏性可以忽略。由于轴流泵内部流道的旋转、弯曲和可能出现的流动分离,使得叶轮内部流场呈现各向异性和具有各种湍流尺度。因此,要根据叶轮内流场高速旋转和流线弯曲的特点,对 k-ε 模型进行修正,考虑流线曲率的影响和旋转的影响。

(4) 计算区域和边界条件

① 计算区域:轴流泵叶轮内部流道的结构较复杂,本节中的计算区域选择进口区、叶轮区和导叶区 3 个区域。在 Gambit 软件中进行网格划分。采用非结构化网格对轴流泵叶轮进行网格划分,网格单元有四面体单元和五面体单元,其中五面体单元包括菱锥形(或楔形)和金字塔形单元。轴流泵叶轮局部网格如图 5-15 所示。

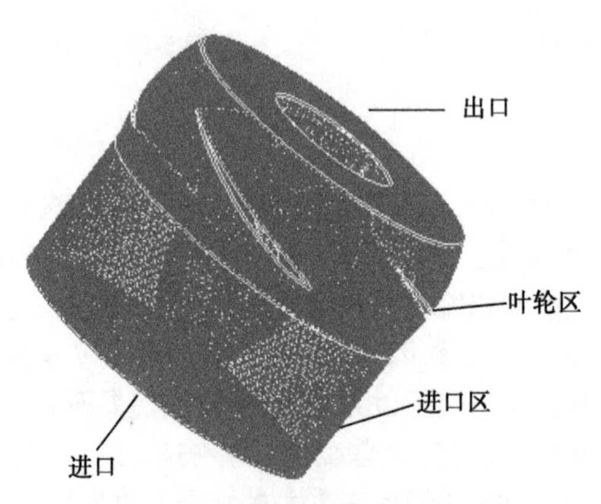

图 5-15 局部计算区域及网格划分图

② 边界条件:

a. 进口边界条件。

根据轴流泵叶轮进口的特点,由质量守恒定律和进口无旋的假设确定轴向速度,并假设切向速度和径向速度为零。对两相流计算,分别给出液相、气相的进口轴向速度、气相的含气率及气泡的尺寸。

入口处为圆管的充分发展的湍流,进口截面上的湍动能 k_{in} 值取为来流平均动能的1%,湍动能耗散率

$$\varepsilon_{\text{in}}=\frac{c_{\mu}{}^{3/4}k_{\text{in}}{}^{3/2}}{l} \tag{5-3}$$

式中,l 为进口处的特征尺度;c_{μ} 为常数,一般取0.09。

b. 出口边界条件。

出口边界的速度有切向和法向分量,在一般情况下,要具体确定出口边界的法向流速是很困难的。虽然就动量方程本身的求解而言,不需要知道出口截面上的法向流速大小,但在计算过程中,对于出口边界相邻的控制容积,其压力修正方程中的常数项中含有出口截面上的法向流量。只有得到出口截面上各节点处的法向流速,才能判断整个计算区域的质量守恒是否能够满足。

假定出口边界处流动已充分发展,出口区域离开回流区较远,则有

$$\frac{\partial\phi}{\partial z}=0 \tag{5-4}$$

即

$$\phi_i=\phi_{i-1} \tag{5-5}$$

其中,ϕ_i 为出口边界上的值(u,v,w 和 p),ϕ_{i-1} 为上游方向的邻点值,一般可用上一层次迭代得到的结果代入。

c. 固壁边界条件。

固壁上使用无滑移条件,即 $u=0,v=0,w=0$。在近壁区,由于雷诺数较小,壁面迫使流动产生剧烈的速度梯度。因为 k-ε 湍流模型仅对充分发展的湍流才成立,故这里不能使用在湍流区推得的标准 k-ε 模型。在计算时常采用两种修正方法:壁面函数法和低雷诺数模拟法。这里采用壁面函数法,设定近壁点 P 到壁面的距离为 y_P,则 P 点处的速度 u_P、湍动能 k_P 和湍动能耗散率 ε_P 的值分别由下列壁面函数所确定:

$$\frac{u_p}{u_\tau}=\frac{1}{\kappa}\ln(Ey_p^+) \tag{5-6}$$

$$k_p=\frac{u_\tau^2}{\sqrt{C_\mu}} \tag{5-7}$$

$$\varepsilon_p=\frac{u_\tau^3}{\kappa y_p} \tag{5-8}$$

式中,$y_p^+=\dfrac{\rho u_\tau y_p}{\mu}=\dfrac{\rho c_\mu^{\frac{1}{4}}k_p^{\frac{1}{4}}y_p}{\mu}$;壁面摩擦系数 $u_\tau=\sqrt{\dfrac{\tau_w}{\rho}}$;常数 E 和 κ 分别取值为

9.011 和 0.419。

固壁压力取第二类压力边界条件：

$$\frac{\partial p}{\partial n}=0 \tag{5-9}$$

d. 内部界面边界条件。

计算区域中有随叶轮旋转的叶轮区和不随叶轮旋转的进口区，不同的旋转区域之间的交界面采用内部界面（interior）边界条件，将不同的流动区域分开。

3. 计算结果及分析

针对含气率为0.05，不同工况下轴流泵内气液两相流场进行数值模拟。由于篇幅有限，这里仅给出叶轮部分的计算结果。为充分描述泵内部流场的特性，通过划分轴截面的方法，对各测点精确定位后获得静压强、含气率以及相对速度分布。轴截面的划分从叶轮进口向出口按顺序排列，如图5-16所示，轴截面1靠近叶轮叶片进口位置；轴截面2为中间轴截面；轴截面3靠近叶轮叶片出口位置。其中大流量工况、小流量工况分别为1.2倍设计流量工况和0.8倍设计流量工况。

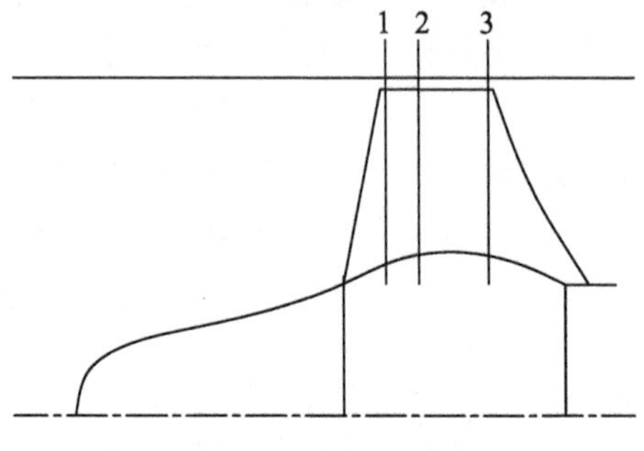

图5-16　轴截面分布图

(1) 静压强分布

图5-17为含气率为0.05，不同工况下叶片表面的静压强等值线分布图。由图可知，从叶轮进口到出口，压强逐渐增加；工作面的压强明显大于背面的压强，且工作面的压强增加平缓，背面的压强增加较快，工作面与背面的压差逐渐减少。

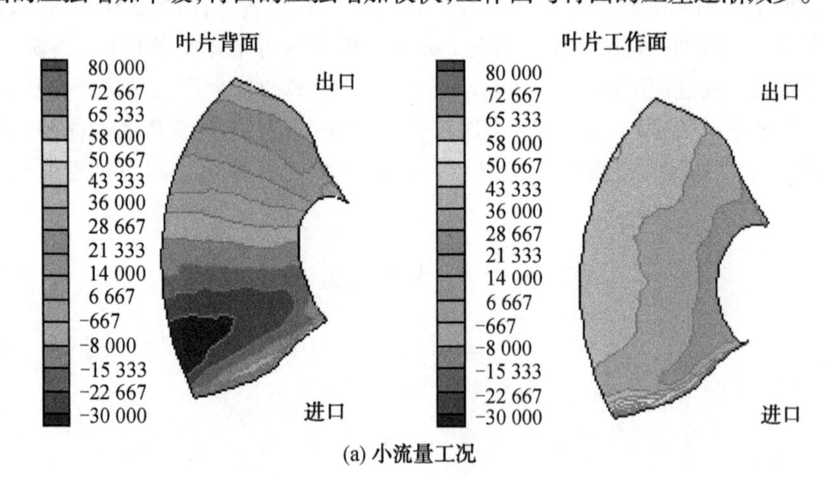

(a) 小流量工况

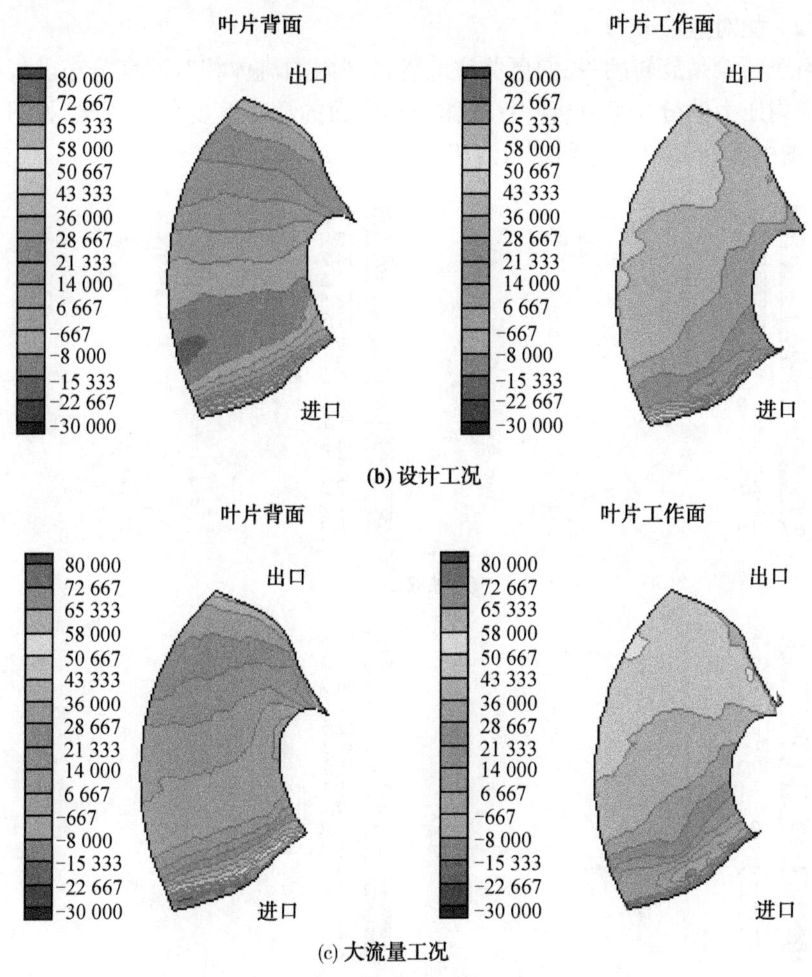

图 5-17　叶片表面的静压强等值线分布(Pa)

在叶片头部区域,由于叶片几何形状、冲角及绕流情况的不同而存在一个狭窄的高压区。小流量时冲角为正;反之,大流量时,冲角为负。随着冲角的变化,压强曲线的形状也不同。大流量时,高压区的压强明显大于小流量时的压强。

除叶片头部外,叶片背面静压强等值线呈径向方向,与流量变化无关。在小流量时,叶片背面压强最低点位于靠近进水边的叶片背面轮缘处。随着流量的增大,压强最低点向叶片出口和内侧偏移,且整体压强逐渐增大。

叶片工作面静压强等值线较疏,在小流量工况下,等值线与径向方向大体垂直,随着流量的增大,逐渐向径向倾斜。随着流量的增大,叶片进口处的静压强逐渐降低,出口处的静压强逐渐增加。大流量工况下,叶片进口稍后的工作面上的静压强出现负值。

(2) 相对速度分布

由于叶轮是旋转的,我们更关注叶轮区域内的流体相对速度分布。根据叶轮流道内压力的分布可分析叶片工作面和背面的相对速度分布情况,如图 5-18 所示,图中标示 L 和 G 分别表示液相和气相。

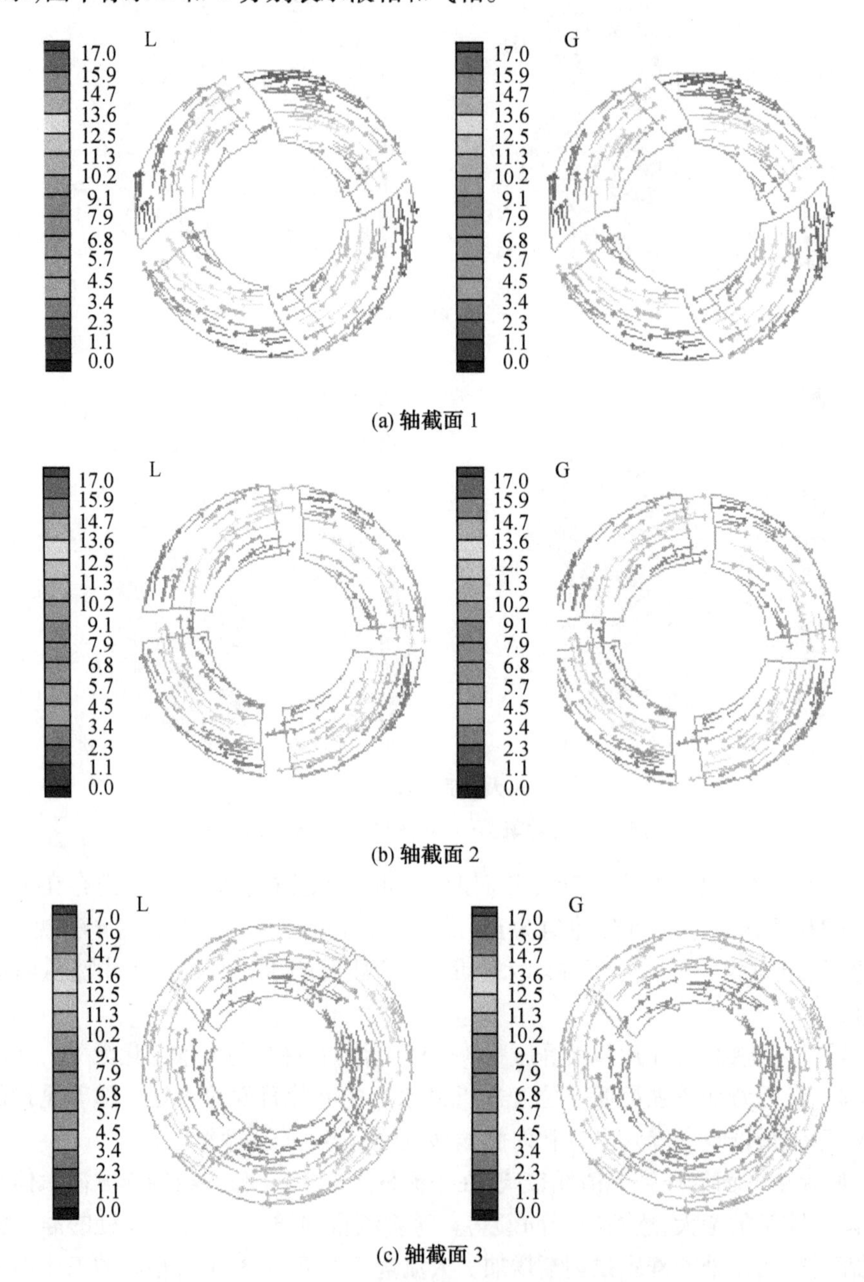

(a) 轴截面 1

(b) 轴截面 2

(c) 轴截面 3

图 5-18　设计工况下各轴截面的相对速度分布/(m/s)

在流体力学中有这样一个定理：在流体为不可压缩的条件下（密度为常数），单位质量流体的能量

$$\frac{p}{\rho g}+z+\frac{v^2}{2g}=C \tag{5-10}$$

式中，C 为常数；p 为流体的静压强；z 为以高度单位表示的流体的位置势能；v 为流体的速度。此式沿流线成立，即为伯努利定理（Bernoulli's theorem），用以纪念瑞士物理学家丹尼尔·伯努利（1700—1782），是他在 1738 年首先提出这项定理的。

在叶片式流体机械中经常用到的是相对运动的伯努利方程，即沿叶片工作面和背面在同一圆柱面上的相对运动伯努利定理：

$$\frac{p}{\rho g}+\frac{\omega^2}{2g}=C \tag{5-11}$$

于是，在叶轮叶片间流道内，叶片工作面和背面压差越大，ω 相差越大；压差越小，ω 也相差越小。从图 5-17 中可以看到在靠近进水边的叶片背面存在明显的低压区以及压力极值，根据伯努利方程可知此处相对速度最大。当液体进入叶轮后，叶片的作用使得叶片工作面的整体压力明显高于背面。根据伯努利方程可知，叶片工作面上的相对速度小于叶片背面的相对速度，轮缘处的流体相对速度高于轮毂处的流体相对速度。

(3) 叶片表面处的相对速度分布

小流量工况下（见图 5-19a）叶片根部在出口位置出现回流现象，主要是由于叶片背面产生边界层分离，形成脱流现象（flow separation）造成的，回流使得轴流泵在此工况下运行效率下降。在设计工况下（见图 5-19b），出口处的叶片根部附加的回流现象得到改善。在大流量工况下（见图 5-19c），叶片根部的流态稳定。

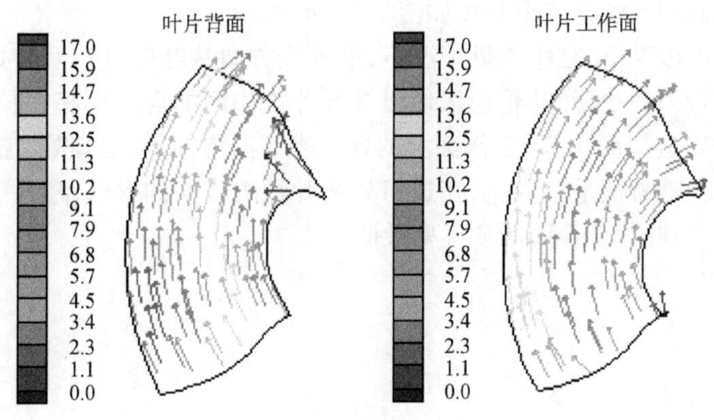

(a) 小流量工况

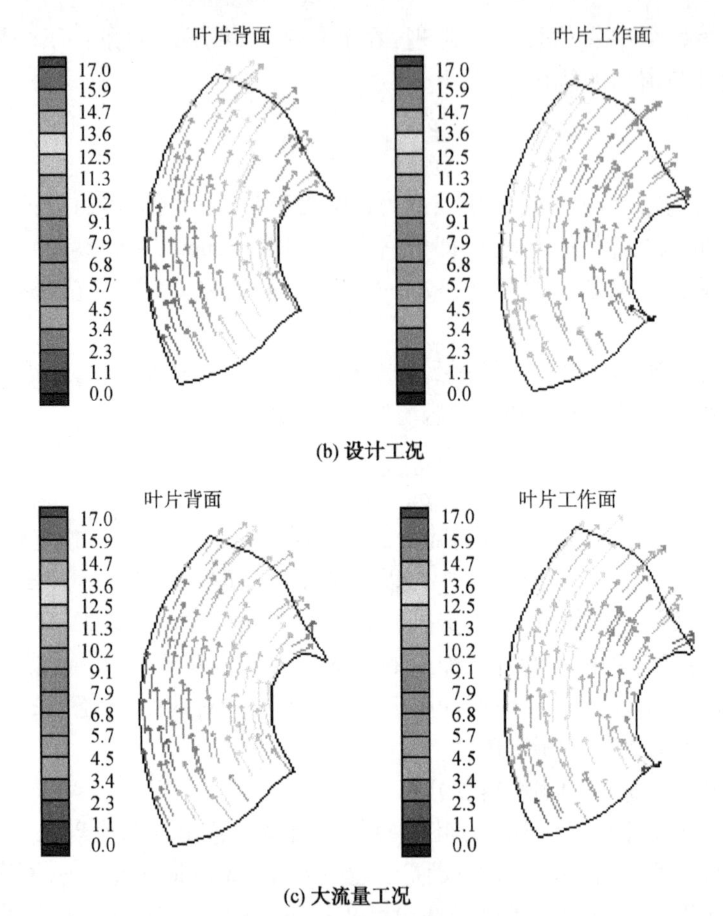

(b) 设计工况

(c) 大流量工况

图 5-19　叶片表面处的相对速度分布/(m/s)

（4）含气率分布

不同轴截面上的含气率分布如图 5-20 所示。

从图中可以看出，在小流量工况下，沿轴线方向从叶轮进口到出口，气泡叶片背面一侧较为集中；而叶轮轮缘侧以及叶片工作面的含气率相对较低。沿轴线方向从叶轮进口到出口，工作面上的含气率逐渐增加；在出口处，流动的含气率趋于均匀。随着流量的变化，在进口处的叶片工作面的含气率有所不同。在小流量工况下，叶片工作面的含气率最低。

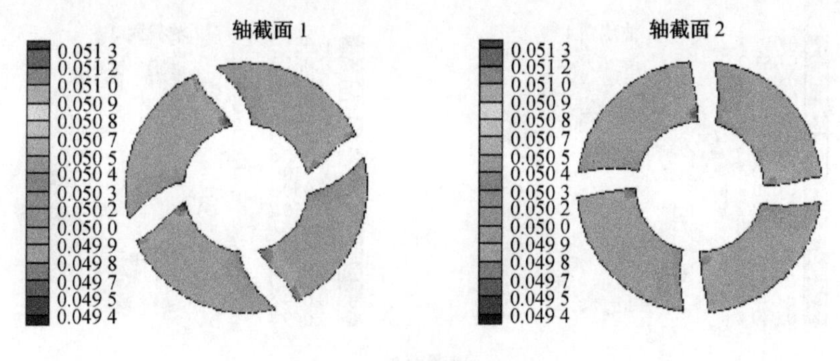

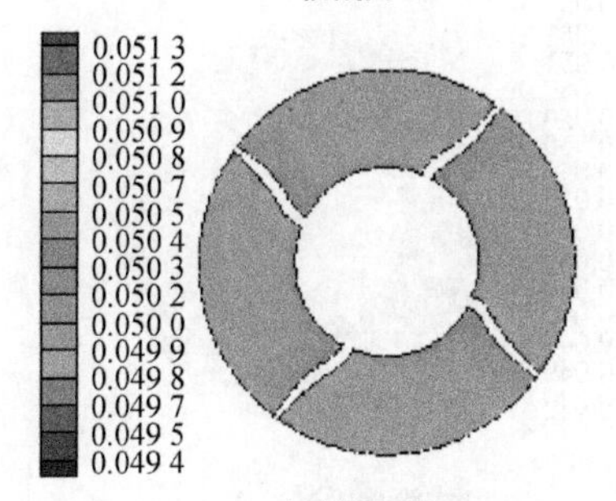

(a) 小流量工况

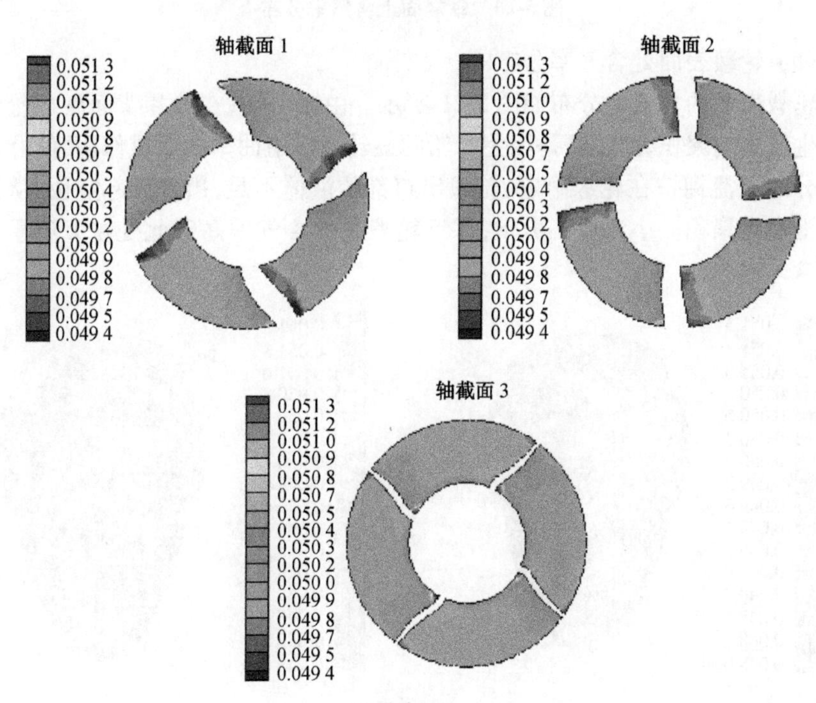

(b) 设计工况

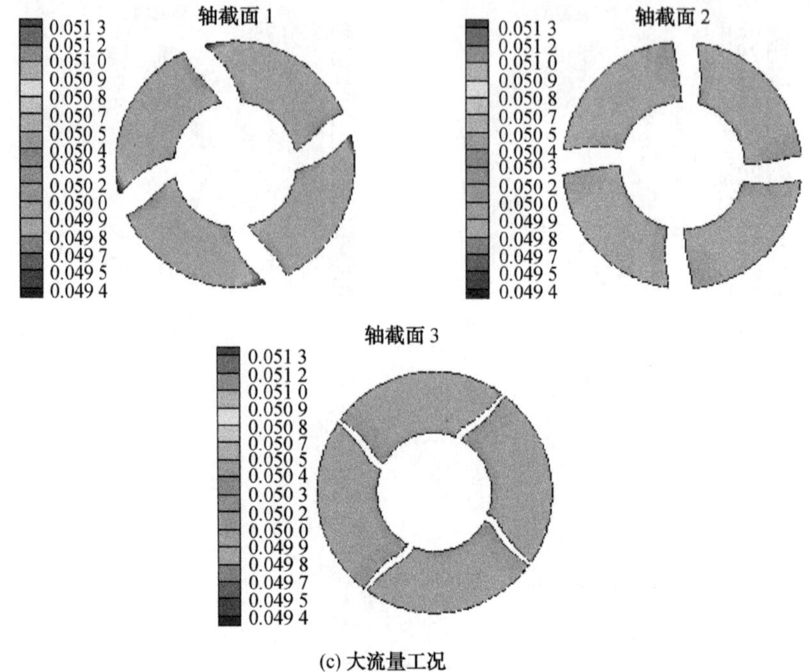

(c) 大流量工况

图 5-20　轴截面上含气率分布

(5) 轮毂表面处含气率分布

轮毂表面的含气率分布如图 5-21 所示。由图可知,在叶片背面靠近轮毂处易发生气泡的聚积,这主要是因为叶轮的旋转及流道曲率的双重作用,使叶轮出口部分的液流拥挤在轮缘附近,轮毂出口部位液体不足,出现局部空位,从而导致气泡在此聚积。小流量工况下,靠近轮毂处的含气率高于此处在大流量工况下的含气率。

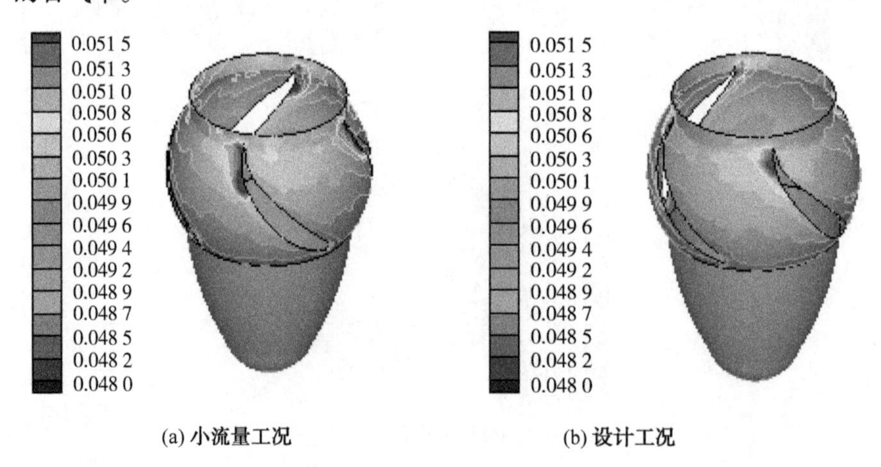

(a) 小流量工况　　(b) 设计工况

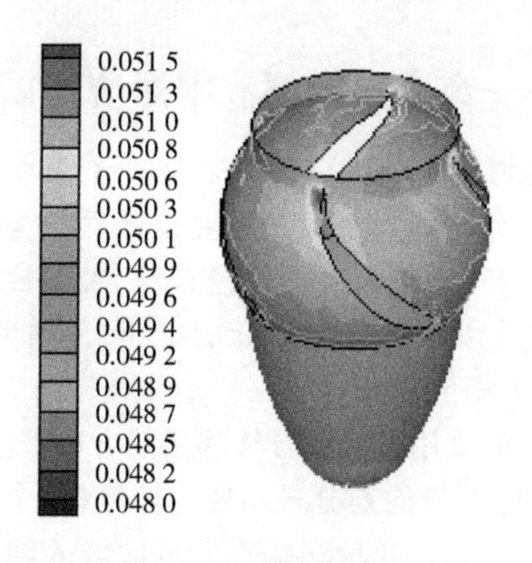

(c) 大流量工况

图 5-21　轮毂表面的含气率分布

(6) 轮缘处含气率分布

轮缘轴截面上的含气率分布如图 5-22 所示。在轮缘上,气相区主要集中在靠近进水边的叶片背面处,这主要是因为该处为低压区。随着流量的变化,轮缘上的含气率也发生明显变化,引起气泡聚积现象从叶片的背面移到叶片工作面,这主要是因为在不改变叶片安放角的情况下,随着流量的增加,冲角发生了变化。

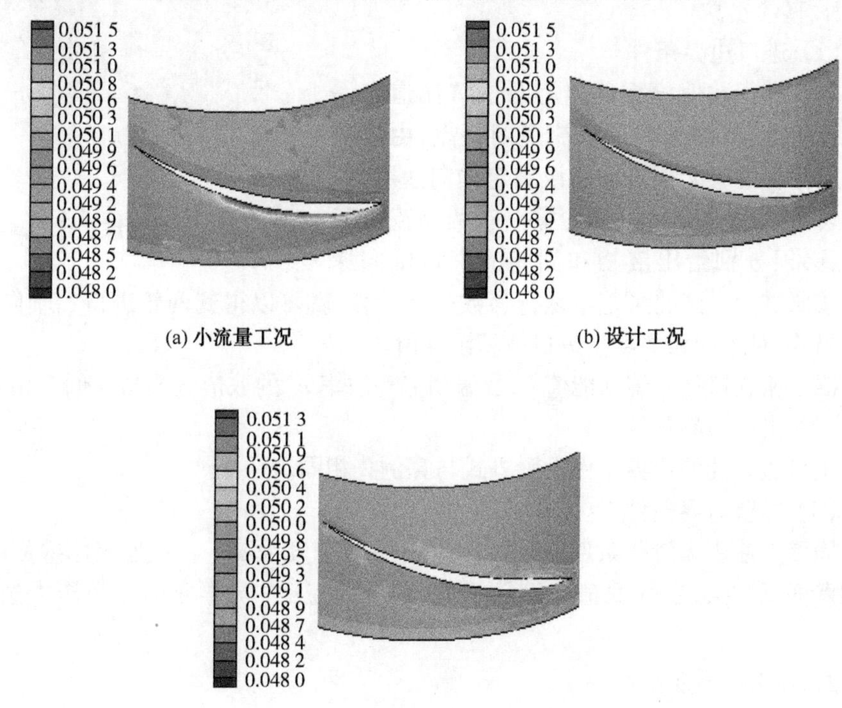

(a) 小流量工况　　(b) 设计工况

(c) 大流量工况

图 5-22　轮缘轴截面上含气率分布

5.4.3 算例3——离心泵内部液固湍流流动数值模拟

本算例为泵内输送液固两相流介质的流动求解,其中包含3个离心泵叶轮,叶轮设计为5片单圆弧圆柱形叶片。其主要设计参数为:流量 $Q=20\ m^3/h$,扬程 $H=10$ m,转速 $n=1\ 450$ r/min,叶轮外径 $D_2=185$ mm,出口宽度 $b_2=10$ mm,3个叶轮的叶片出口安放角分别为30°,40°,50°,包角均为120°。螺旋形压出室采用等速度矩法,设计为矩形断面。

离心泵内的网格划分采用直接划分体网格的方法。由于叶轮和蜗壳内流道的结构是不规则的,因此网格的划分采用四面体网格,个别位置可以有六面体、锥体或者楔形体的网格单元。叶轮和蜗壳计算区域的网格数量分别为215 631和185 373,整个网格的生成满足网格的正交性要求。

本节为离心泵内叶轮与压出室耦合的非定常流动数值计算,为了获得更好的网格质量从而使整个计算精度得到提高,网格采用局部加密的方式进行划分,压出室内部流动区域、计算区域及网格划分结果如图5-23所示。

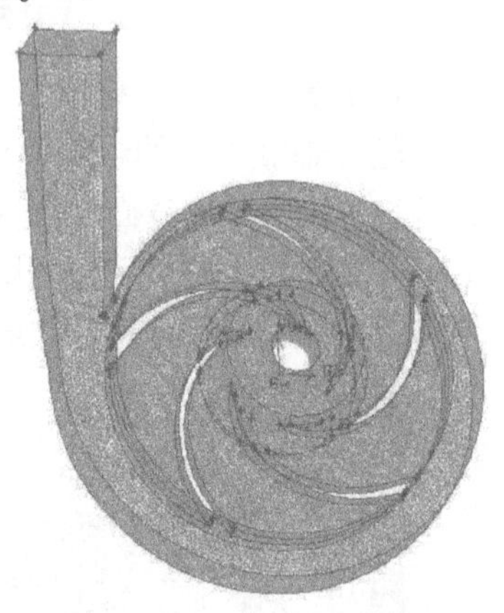

图5-23 计算区域及计算网格

1. 边界条件

(1) 进口边界条件

本例进行数值模拟的离心泵进口流道是一个直管流道,根据这种进口流道的特点,由质量守恒定律和进口无预旋的假设确定轴向速度,并假设切向速度与径向速度为零。对两相流进行计算,必须分别给出液相和固相的进口轴向速度。按照试验得到的泵基本运行参数进行计算,就可以得到两相进口的轴向速度。另外,对于固相要给出进口体积浓度值。

混合相进口处的湍动能值 k_{in} 及湍动能耗散率 ε_{in} 的取值方式与算例2相同。

(2) 出口边界条件

出口边界处的边界条件设置方式与算例2相同。

(3) 固壁边界条件

固壁上使用无滑移条件,即压出室内壁面处速度为零。在接近固体壁面区,采用壁面函数法,常数取值与算例2相同。固壁压力同样取第二类压力边界条件。

2. 计算结果及分析

结合研究对象,对同一工况下不同出口角离心泵叶轮的内部两相流场进行数值模拟。以下为设计工况点的流场,计算采用硫酸钠溶液作为液相,体积浓度为 10% 的硫酸钠晶体作为固相。图 5-24 为部分计算结果,显示图形是从叶轮背面方向观察的结果。

(1) 速度场分布

图 5-24 为两相流体在叶轮流道内的相对速度分布图,图中同一点的两个矢量,分别表示液相和固相颗粒在该点的相对速度,其中偏向压力面的速度矢量为固相的相对速度。

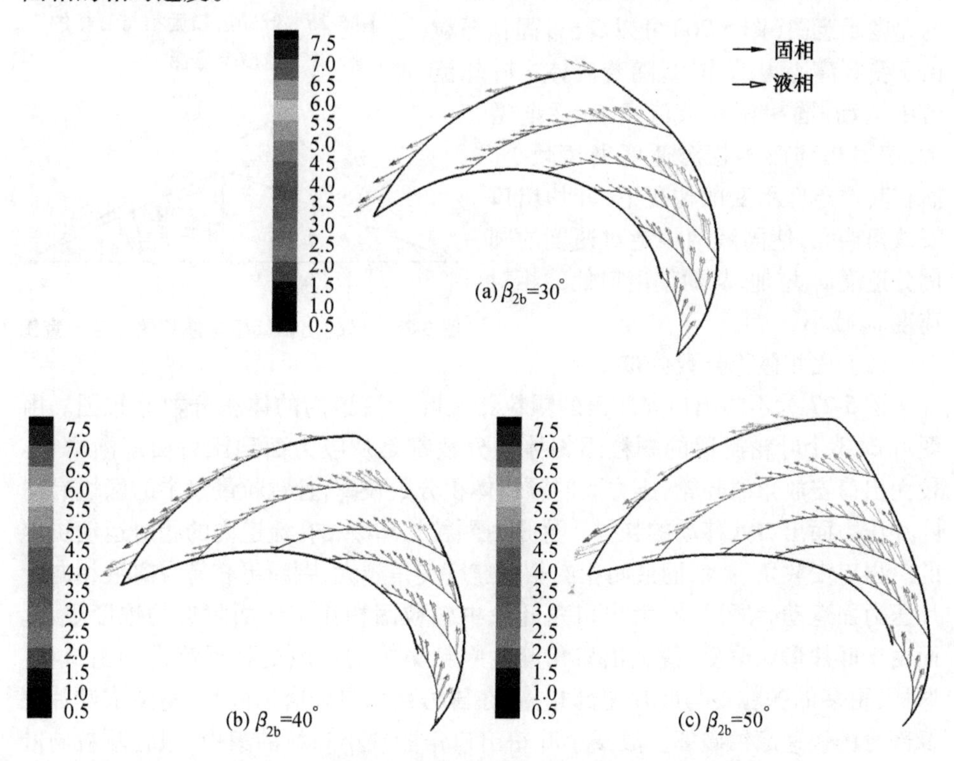

图 5-24 不同叶片出口角叶轮内两相流体相对速度分布矢量图/(m/s)

从图中可以看出,3 个叶轮流道中颗粒(固相)的相对运动速度均比液相大,这是由于颗粒的密度大于液体的密度,在叶轮流道中受离心力作用造成的。在叶轮流道进口处,液固两相的相对速度方向有较大的夹角,使颗粒相比液相更偏向叶片的压力面运动。当叶片出口安放角较大时,两相相对速度夹角较大。在叶轮进口,固相颗粒受惯性力的影响较大,从固相(虚线部分)与液相(实线部分)的速度示意图(图 5-25)可以看出,其绝对速度的圆周分量 v_{us} 小于液相绝对速度的圆周分量 v_{ul},固相相对液流角 β_s 小于液相相对液流角 β_l,固相相对速度更加偏向于叶片的压力面。改变出口安放角使叶轮流道的形状改变,进而改变了整个流道内流体的速度分布。在包角相同时,增大叶片出口安放角使流道进口处的扩散度增大,液固两相的相对速度夹角也随之增大。

在流道中间部位，颗粒固相与液相的相对速度夹角减小，两相运动方向趋于一致。在叶轮流道出口处，颗粒固相与液相的相对速度方向基本相同，大出口安放角叶轮的固相和液相的相对速度均小于小出口角的固相和液相的相对速度。从叶轮出口固相与液相的速度示意图（图 5-26）可以看出，固相颗粒由于受到离心力的作用，随着流体在叶轮流道中运动，固相相对液流角 β_s 逐渐增大，使固相和液相相对速度夹角减小。而在其他条件不变的情况下，叶片出口安放角增大，使固液两相绝对速度的圆周分速度 v_{u2} 增加，从而使出口处的相对速度 w_2 减小。

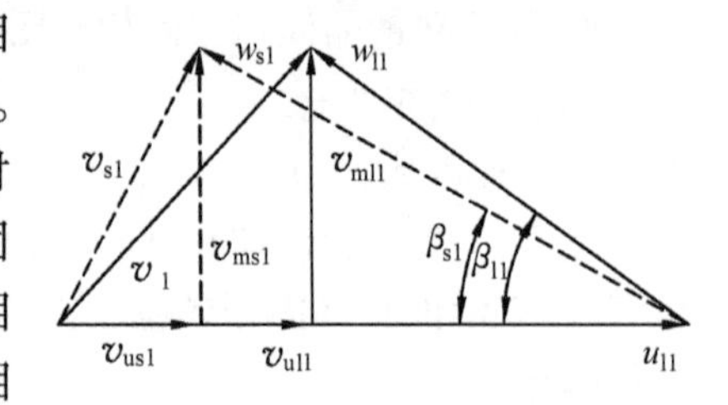

图 5-25　叶轮进口固相与液相的速度示意图

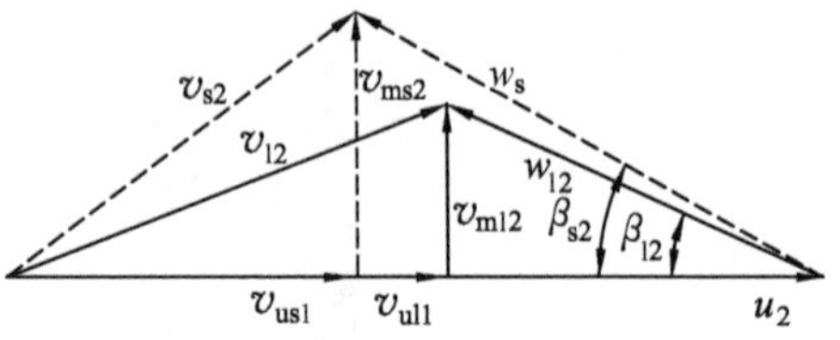

图 5-26　叶轮出口固相与液相的速度示意图

（2）固相体积分数分布

图 5-27 为不同出口安放角的颗粒相在叶轮流道内的体积分数分布图。由图可知，3 个叶轮流道的颗粒固相体积分数都是从吸力面到压力面逐渐增加。较大出口安放角的叶轮，压力面的颗粒体积分数较高，且颗粒最集中的区域有向叶片压力面出口处移动的趋势。这是由颗粒相和液相在流道内的相对运动决定的。出口安放角越大，固液两相的相对速度夹角越大，颗粒更容易脱离液相向叶片压力面运动。所以，在大出口角叶轮中颗粒固相在工作面附近的浓度更大。而由于叶片形状改变，使大出口角叶轮颗粒集中的区域更靠近流道的出口处。这样，更多的颗粒要与叶片尾部相撞，在压力面出口处磨损叶片，易造成叶片尾缘部分的快速磨蚀破坏。故减小叶轮出口角能减小颗粒的集中，减轻颗粒与叶片压力面的碰撞而减缓磨蚀。

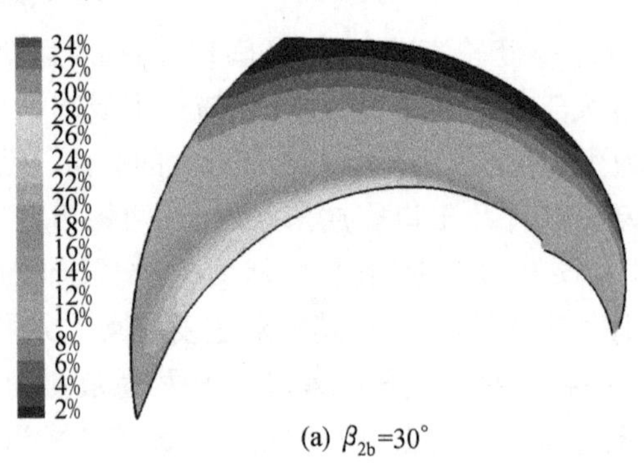

(a) β_{2b}=30°

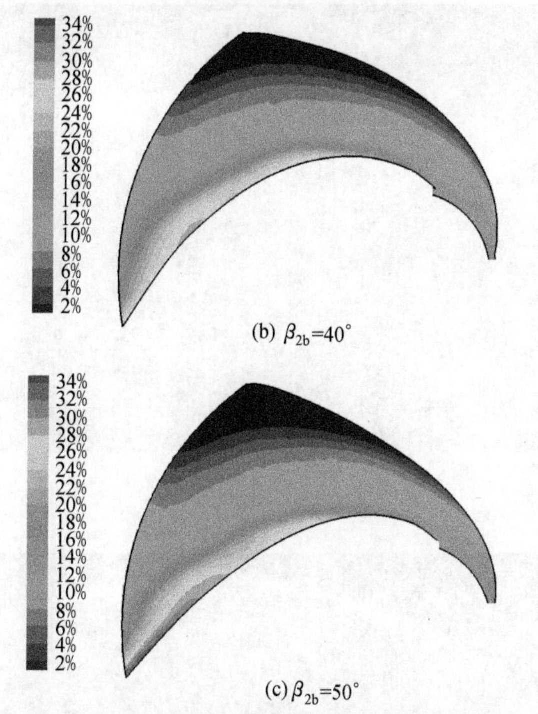

(b) $\beta_{2b}=40^\circ$

(c) $\beta_{2b}=50^\circ$

图 5-27　不同叶片出口角叶轮内颗粒固相体积分数分布图

5.4.4 算例4——旋喷泵内部流场计算

旋喷泵的结构比较特殊，由于集液管置于转子腔内部，既有管壁绕流又有管口入流及管内渐扩转弯，内部流动相当复杂。本节利用 ANSYS-Fluent 软件分别对叶轮内部流动和集液管内部流动进行数值模拟。

旋喷泵的集液管位于转子腔的内部，采用叶轮与转子腔整体造型的方法，在转子腔内用布尔运算减去集液管外轮廓包围的实体模型，然后读入集液管流道模型，在管口采用单通道的混合面方式进行耦合。

集液管管口尺寸较小，需要进行网格细分；集液管距离转子腔径向内壁比较接近，需要对转子腔径向内壁进行网格细分。用 Gambit 生成四面体和楔形体网格，如图 5-28 所示。

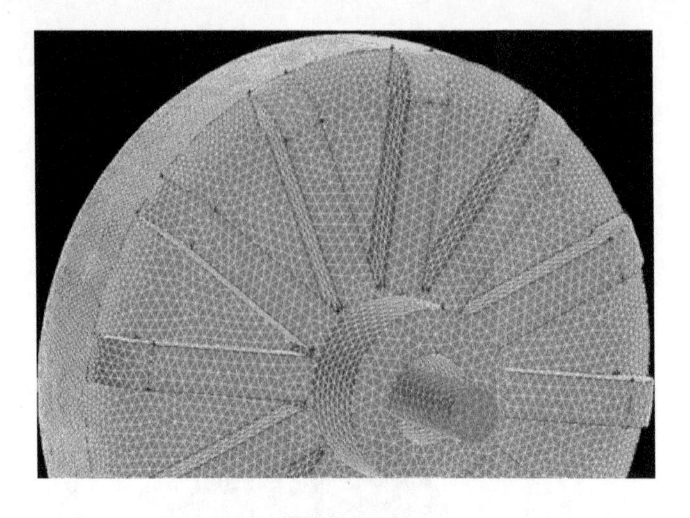

(a) 转子腔网格

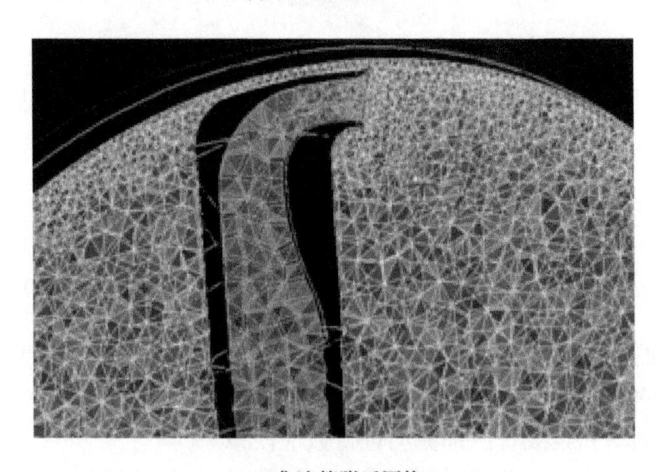

(b) 集液管附近网格

图 5-28　泵内流场局部网格图

1. 求解模型及流体属性

本节讨论的旋喷泵叶轮为直叶片矩形等宽流道，所以叶片出口在圆周方向上间隔较大，有限叶片输出的流体在集液管入口混合面处存在明显的周期性波动，所以需要用非定常流动的计算方法求解。

湍流模型采用标准 $k\text{-}\varepsilon$ 湍流模型，与基于雷诺时均的 Navier-Stokes 方程封闭求解。

2. 边界条件

(1) 进口边界

进口条件采用速度进口(velocity-inlet)边界条件，根据已知流量计算进口的

法向速度。进口处的湍动能值及进口处的湍动能耗散率的取值方式同算例3。

(2) 出口边界

出口条件采用自由出流(outflow)边界条件。

假设所有变量在出口处的扩散通量为零,即出口平面从前面的结果计算得到,而且对上游没有影响。

(3) 壁面边界

壁面边界分两大部分:一是叶轮及转子腔的壁面为转动壁面,与转子腔液体区域同步旋转;二是集液管内、外壁,均为静止壁面。所有计算的壁面都采用无滑移边界条件。在近壁区采用标准壁面函数。

(4) 混合面边界

集液管入口位置为混合面,将转子腔体积上的面定义成压力出口,集液管内流道体积上的面定义成压力进口。在读入 ANSYS-Fluent 处理的文件之后,进行混合面定义,使这两个面连接起来,进行参数交换。

(5) 旋转网格

选择 ANSYS-Fluent 中的移动网格功能。旋转坐标轴为 z 轴,通过定义旋转坐标轴的原点(0,0,0)和方向(0,0,1)来确定坐标轴,然后设定旋转速度为3 550 r/min。

叶轮及转子腔液体区域采用移动网格,这样可以模拟真实的集液管外壁绕流。根据转速 3 550 rpm、叶片数 12 及每个叶片间隔之间的步数 5,计算的时间步长确定为 0.000 281 7 s。

3. 计算结果及分析

图 5-29 为叶轮转子腔及集液管内总压的分布。从总压分布图可以看出,从叶轮入口到叶轮最大直径处,压力呈同心圆形状增加,进入集液管后,压力沿流道逐渐缓慢降低。从动压分布看,由于转子腔内液体几乎随着转子腔同步旋转,所以动压沿半径增加,集液管内动压逐渐被转换成静压。从静压分布看,转子腔

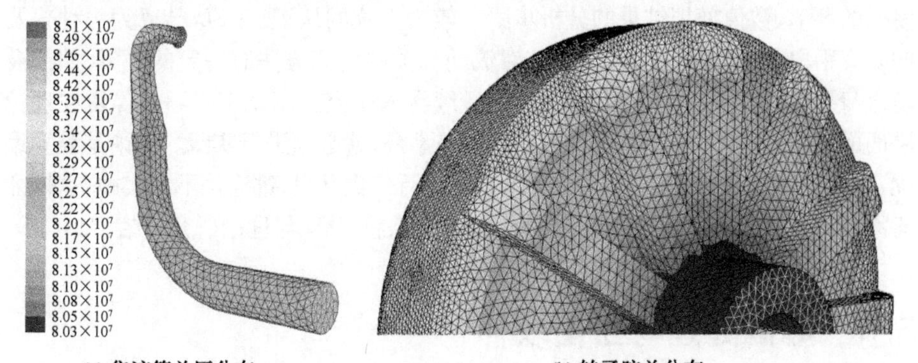

(a) 集液管总压分布 (b) 转子腔总分布

图 5-29 叶轮转子腔及集液管内总压的分布

内静压变化不大，集液管内液体静压较大。

根据泵进口和出口的总压可推导出泵的扬程，而该扬程是在非定常计算中产生的，不能与设计扬程直接比较。

图 5-30 所示为集液管被液体绕流的流谱。

集液管对旋转的转子腔内的流体构成了扰动，在沿着集液管的径向方向上，流体的线速度不同，由此绕流集液管时形成的绕流图谱必然呈现三维形式。从另一角度看，流体绕流集液管可能会诱发集液管的振动，若集液管的外壁形状设计不合理，水力因素有可能加剧集液管的振动，甚至发生故障。

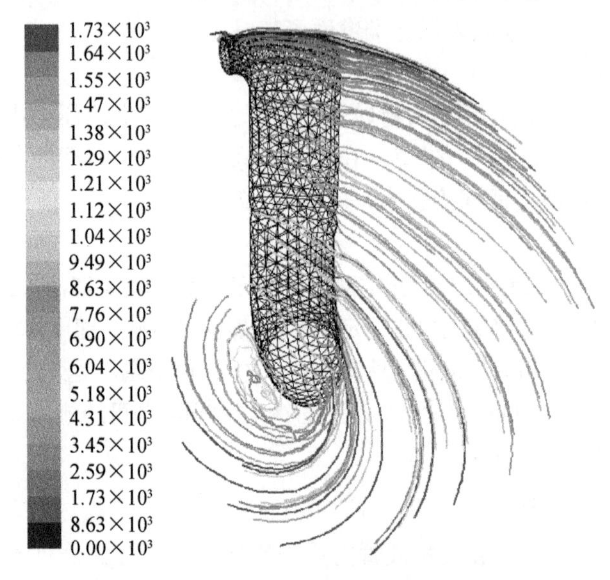

图 5-30　集液管外壁绕流流谱

通过本节的学习，希望读者了解 CFD 的实施过程，并对数值模拟的目的、数值模拟的环节、数值模拟结果的分析步骤有较为系统的认识。CFD 已成为一种普及的研究手段，作为一名工程师，应该对流动相关的研究方法有一定的了解，如涉及与自身研究对象相关的模拟工作，应当继续深入研究。CFD 工作不是停留在理论层面的工作，若想对该工作有深入的理解与掌握，就必须进行实践。无论是独立编程、运用商用软件，还是在商用软件基础上进行二次开发，都应该不断实践，这样才能不断总结，将 CFD 与工程设计及优化相结合，将 CFD 与理论研究相结合。

5.5　数据处理与绘图软件

数据处理与绘图是表达工程思维的一种方式，也是将一些数值模拟结果和实验结果进行展示和表达的重要手段。表达清晰、风格鲜明的图形反映出绘图人员的良好工程素质与逻辑思维能力。目前,数据处理与绘图软件发展迅速,市场上应用较为广泛的软件,如 Origin,Tecplot,Ensight,Sigmaplot 等,还有一些 CFD 软件,如 ANSYS-Fluent,Pumplinx 等本身就带有后处理的模块,能够在数值模拟平台上直接显示数值模拟结果。本节中仅对 Origin 和 Tecplot 作简单的介绍。

5.5.1 Origin 介绍

Origin 是美国 Microcal 公司推出的数据分析和绘图软件,其使用简单,采用直观的、图形化的、面向对象的窗口菜单和工具栏操作,全面支持鼠标右键,支持拖方式绘图,图 5-31 为 Origin 软件的运行界面。

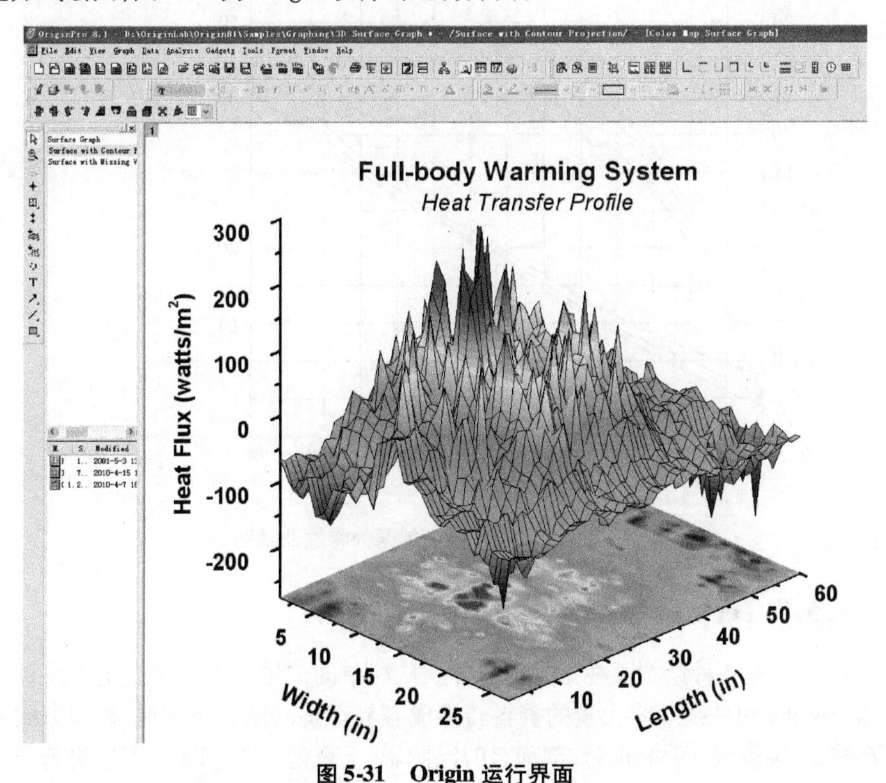

图 5-31 Origin 运行界面

Origin 的两大功能为数据分析和绘图。数据分析包括数据的排序、调整、计算、统计、频谱变换、曲线拟合等各种功能。进行数据分析时,只需选择所要分析的数据,然后再选择相应的菜单命令即可。Origin 的绘图是基于模板的,Origin 本身提供了几十种二维和三维绘图模板,而且允许用户自己定制模板。绘图时,只要选择所需要的模板就可以。用户可以自定义数学函数、图形样式和绘图模板,可以和各种数据库软件、办公软件、图像处理软件等方便地连接,可以用 C 语言等高级语言编写数据分析程序,还可以用内置的 Lab Talk 语言编程等。

图 5-32 为采用 Origin 绘制的某型旋流泵在不同无叶腔涡室宽度时的性能曲线对比图。图中数据来自对该泵的实验研究结果。在 Origin 中通过设立图层的方式,可将同一横坐标对应的多个纵坐标曲线进行布置,同时保证数据的一一对应。

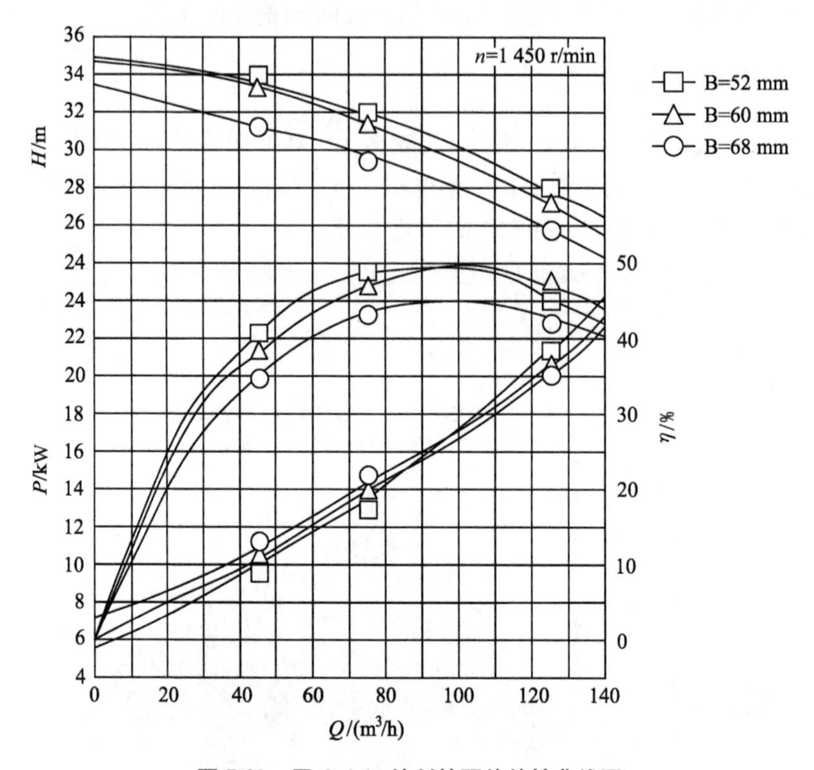

图 5-32 用 Origin 绘制的泵外特性曲线图

5.5.2 Tecplot 介绍

Tecplot 是一种绘图及视觉处理软件。从简单的二维线图到复杂的三维动态模拟,Tecplot 可快捷地将大量的资料转换成容易理解的图表及影像,表现方式有等高线、三维流线、网格、向量、剖面、切片、阴影、上色等。Tecplot 又可以进行资料视觉化处理,可以进行科学计算,将电脑计算后的资料进行视觉化处理,便于更形象化地分析数据,它是一种传达分析结果功能最强大的视觉化软件。Tecplot 可以用来建立图形、二维数据的等高线和矢量图块。使用 Tecplot 可以很容易地在一页上建立图形和图块或者对它们进行定位,每一个图形都是在一个框架(frame)中, 而这些框架可以被复制和再修改,这使得显示一个数据集的不同视图变得很容易。

Tecplot 可直接读入常见的网格和 CAD 图形,也可读入目前主流 CFD 软件(如 ANSYS-Fluent,Flow-3D 等)和 CAE 软件(如 Abaqus,MSC,Nastran 等)的计算结果,可以对计算数据进行二维和三维显示,并能导出 BMP,AVI,JPEG 等常用图形及媒体格式。图 5-33 为 Tecplot 360 的运行界面。

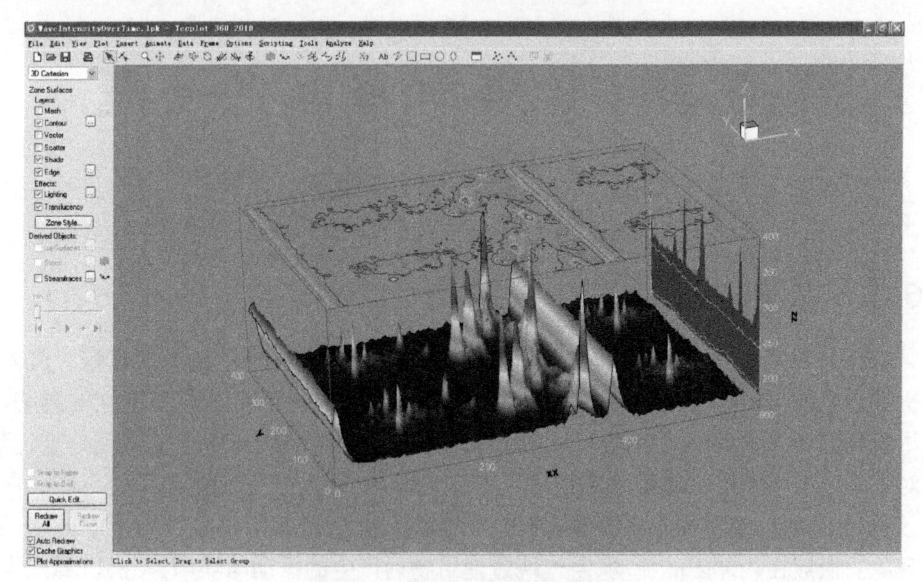

图 5-33　Tecplot 360 运行界面

图 5-34 为应用 Tecplot 处理获得的某垂直轴风力机轴向截面的速度云图。数值模拟由 ANSYS-Fluent 完成,其得到的 cas. 和 dat. 文件被 Tecplot 同时读入,进行处理后获得速度分布云图。Tecplot 中也可以显示压强分布、湍动能分布和流线图谱等,用户还可以利用 Tecplot 的函数功能自定义某些变量,而这些变量的分布也可以被显示出来。

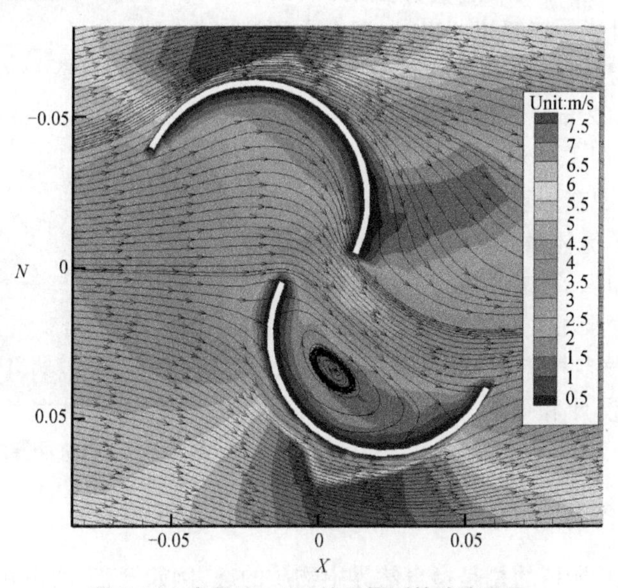

图 5-34　应用 Tecplot 处理得到的速度云图

第 6 章　流体机械相关专题

6.1　多相流动

在前面两章中，解释流动的测量与数值模拟的内容占据了较大的篇幅。流体机械是流体与固体相互作用的机械，流场对流体机械的性能有着决定性的影响。尽管我们在第 5 章中简单地介绍了计算流体动力学这一流体力学的研究分支，但对于流体力学的宏观体系并未详述。应该说，流动问题研究的魅力无处不在。白云在空中飘动，金鱼在水中游泳，波浪在大海上起伏，这些都是流体力学中的物理现象。血液在人体内的流动、空气绕过建筑物后产生的振动与噪声、飞机机翼尾缘的涡系，甚至是足球在空气中的运动等，都与流体力学紧密相关。毫不夸张地说，流体力学已渗透到人们生活和生产的各个方面，作为一名工程师对此应该有基本的认识。而作为一名以流体机械为研究对象的工程师，更应深入地分析流体运动中的复杂现象，研究流体力学的工程应用，为解决相关问题提供必要的依据。

图 6-1 为赛斯纳飞机公司（Cessna Aircraft Company）的一架飞机飞过美国太浩湖（Lake Tahoe）上空时的一幅照片。当时，湖上空积聚着浓厚的雾层，飞机的速度约为 313 km/h，飞行高度约为 122 m。飞机飞过后，雾层受到飞机的扰动，出现了成对的下洗涡旋（downwash vortices）。该图在展现大自然魅力的同时，也充分表达出了流体力学的重要性。对于流体力学的基本知识，请参考相关书目。

图 6-1　飞机扰动雾层而产生的涡系

在与叶片泵相关的流动过程中，经常出现一个术语叫做多相流（multiphase flow），多相流是叶片泵设计和研究过程中不可回避的现象。

6.1.1 多相流的定义

物理学中，所谓的相是指自然界中物质的态，例如气态、液态和固态等，一种物态即为一相。但在流体动力学中,动力学性质相近的物质群体就可以称为一相,一种物态可能是单相的,也可能是多相的。例如,不同种类、不同尺寸、不同形状的固体颗粒被液体夹带运动时,可以视固体颗粒的动力学特征将固体分为许多相。因此,流体动力学中讨论的“相”比物理学中的“相”具有更广泛的意义。

各部分均匀的气体或液体的流动可称为单相流体的流动或简称为单相流。当物体内部各部分之间存在差别时,这一物体称为多相物体。例如,气体和液体的混合物、气体和固体的混合物以及液体和固体的混合物等。多相物体的流动就称为多相流动,简称为多相流。此处“多”意指两相及两相以上。

6.1.2 多相流的分类

最常用的多相流的分类方法是根据参与流动的相的数目来分类,如两相流、三相流和四相流等,其中尤以两相流最为常见。气体和液体一起流动的称为气液两相流;气体和固体颗粒一起流动的称为气固两相流;液体和固体颗粒一起流动的称为液固两相流;两种不能均匀混合的液体一起流动的称为液液两相流。泵内输送的气液两相流并非发生空化时产生的气液两相流,两者的介质属性不同。但是在很多时候,研究气泡的运动时,两者遵循共同的规律。

通常情况下,多相流动体系总是由两种连续介质或一种连续介质和若干种不连续介质组成的。连续介质称为连续相,不连续介质(如固体颗粒、水泡、液滴等)称为分散相(或非连续相)。根据流动介质的连续与否,可以把多相流动分为两类:连续相中含有分散相的均匀或不均匀的混合物的流动,普通多相流动多指这类流动;相交界面相互作用起着重要作用的流动,此时两相介质是均匀的,但必须考虑相界面的力学关系。

多相物体的流动现象广泛存在于自然界、日常生活及工程实际中。可以认为,绝大多数的流动都是多相流,纯粹的单相流(如极纯净的气体或水等)是极为少见的。自然界中诸如含尘空气、雨雪、冰雹、含泥沙水流,生物体内血液的运动,日常生活中开瓶后啤酒中气泡的运动、水烧开时水壶中气泡的运动,工业中粉料或粒料的气力或液力管道输送、粉尘的分离与收集、喷雾干燥与喷雾冷却、气流纺纱、液雾、煤粉或金属粉的燃烧、流化床、炮膛中火药粒流动、材料喷涂、各种粉末制备、蒸汽轮机内湿蒸汽流动、烟气透平内含尘流动、锅炉及反应堆内汽水流动等,都是多相流的例子。

6.1.3 多相流的特点

多相流与单相流相比有几个突出的特点。表现在:

(1) 多相流中含有多种不相溶的相,它们各自具有一组流动变量,即使两相流，也可划分为气液、气固、液液、液固 4 种。因此，描述多相流的参数要比描述单相流的参数多。

（2）多相流中各相的体积百分数以及分散相的颗粒大小可以在很宽的范围内变化，这些都会引起流动性质及流动结构的很大变化。例如，用管道输送的固体物料可分为稀相和密相输送，而这两种输送方式的分析方法有很大不同。

（3）多相流中，各相间存在着速度差，造成相间的滑移，这一非定常特征给流场的总体和局部测量带来了很大的困难。

（4）两相间的界面现象是影响多相流动的重要因素，也给研究工作提出了挑战。例如叶片泵内发生空化现象时，随着主流液体从低压区向高压区运动，可能产生空化泡与环境液体间的交界面形状变化等问题。

无论采用实验手段还是数值计算模型，多相流动问题的处理都较单相流动复杂得多，甚至包含一些目前的研究手段无法解决的问题。

6.2 空化现象

6.2.1 空化现象的定义

液体在极短的时间内流过一个绝对压强（absolute pressure）很低的区域时出现的快速蒸发和再凝结现象，称为空化（cavitation）。这一现象不可能在气流中出现，因为气体在低压条件下其状态是不会改变的，而液体在压强足够低的条件下会由液态变为气态。

按照伯努利定理，瞬时低压状态是由瞬时高速导致的。根据此定理，在某个给定位置（高度 z 为常数），在液流中没有能量加入或导出的情况下，如果速度头增大，压力头就必然相应地减小。关于液体的压强降低到何值时会出现空化现象，仍是具有一定争议性的问题。目前一般采用的空化临界压强为

$$(p_{\text{crit}})_{\text{abs}} = p_{\text{v}} \tag{6-1}$$

式中，p_{v}为液体在当地条件下的绝对汽化压强。

如果液体中某点的局部速度很高，以至于压强降低到其汽化压强，则该点的液体会汽化，从而形成一些气泡。当流体流入压强较高的区域时，气泡会突然凝结，即气泡会崩塌。该现象若发生在固壁附近，一般伴随着气泡爆裂而产生的速度可达 110 m/s 的液体射流会从正对着壁面的一侧对壁面进行撞击，瞬时撞击压强会达到 50 000 kPa 以上（如图 6-2 所示）。

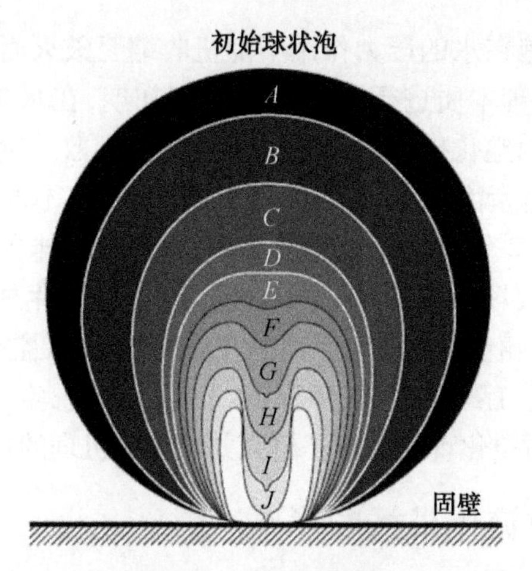

图 6-2　气泡破碎模型

（A→J 为随时间推进的模拟结果，气泡对称线上的速度达 128 m/s）

另外，该过程中还伴随着热力学效应。据估算，气泡周围的局部液体温度在不到千分之一秒的时间内升高到约 2 100 ℃。尽管这些射流尺度很小，但它们以高频率出现，再与高温和气泡崩塌所导致的激波结合在一起，就可能破坏固体壁面。空化现象包括空泡的发生、发育和溃灭，它是一个非定常过程。而空化对固体壁面的破坏现象通常被称为空蚀（cavitation erosion）。

6.2.2 空化的产生

空化分为两种类型：① 在理论情况下，液体内原来没有任何空气存在，当液体内部压力降至汽化压强以下时，液体内部出现液体的汽化现象，也被叫做汽化。② 液体中原来存在较多的可溶解的空气，当压力下降到空气分离压强时，原来溶于液体中的气体会分离出来产生气泡，也被叫做空穴或汽穴（cavity）。这种两种现象被统称为空化现象（cavitation）。

比较两种空化情况，发现汽穴发生时的压强远远高于汽化压强。在汽穴发生时，用肉眼是不能看见气泡的，必须在显微镜下才能看到气泡，这种气泡作为空化核子，它形成时的压力高于汽化压力。每个空化核子都会从一个小气核长大成具有一定尺寸的气泡，然后破灭。整个过程所需的时间也许只有几毫秒。

6.2.3 空化现象的发现与研究现状

早在 1753 年，Euler 就注意到水管中某处的压强若降低至蒸汽压强甚至到负值时，水即自管壁分离，并在该处形成一个真空空间，这是历史上第一次提出空化现象。100 多年前，英国第一艘驱逐舰下水试验时，发现螺旋桨推进器在水中产生强烈振动现象。Thornycroft 等人研究表明，这是由于螺旋桨的旋转产生了大量气泡，这些气泡在水的压力作用下随机收缩至破灭而造成的，这是历史上首次对空化现象的物理本质进行描述。20 世纪初期，在水泵和水轮机中也出现了同样的空化现象，因空化破坏的水工建筑物不在少数。例如，我国的刘家峡水电站右岸泄洪隧洞，盐锅峡水电站溢流坝下游挑坎，都不同程度地发生了空蚀。另外，水轮机通常 1 ~2 年就要停机检修一次，新安江水电站 4 号水轮机在 1964 年检查时，叶片空蚀破坏面积达 41 312 mm^2，占转轮叶片总面积的 1/3，破坏最深处达 30 ~33 mm。随着社会工业生产的快速发展，涉及空化现象的领域也越来越多，如水利、机械、化工甚至医药、环保、食品等。因此，空化现象受到人们的重视，各国科研工作者对空化现象进行了研究并试图从机理的角度解释空化现象。

6.2.4 空化对流体机械的影响

在流体机械中空化是一种复杂而有害的现象，它将引发诸如流体机械运行特性改变、材料侵蚀、结构破坏、振动和噪声等问题。空化对叶片式水力机械这一典型流体机械的影响和危害可以分为 3 个方面：

（1）初生空穴对流场产生了很大的干扰，改变了流动参数的分布，从而改变了叶片式水力机械的外特性；

（2）当空化发展到一定程度时，由于空泡体的排挤作用，使流道的有效面积减小、阻力增加，同时在空泡的产生、压缩和膨胀过程中，将产生高频噪声和压强脉动；

（3）空化最显著的破坏作用是空泡溃灭时产生压强冲击对水力机械固体边壁的剥蚀破坏，无法控制的空化会产生严重的甚至灾难性的后果。遭遇剥蚀破坏的表面，轻者使表面粗糙不平，重者可能使材料被打空而穿孔（如图 6-3 所示），从而导致机组被迫停机，造成巨大的经济损失。

图 6-3 某水轮机空蚀破坏照片

在叶片泵内，当叶轮入口处压强下降至被输送液体在工作温度下的饱和蒸汽压强时，将会发生部分汽化，生成的气泡将随主流液体从低压区进入高压区，在高压区气泡会急剧收缩、崩塌，其周围的液体以极高的速度冲向原气泡所占空间，产生高强度的冲击波，冲击叶轮和泵壳，产生噪音，引起振动。由于长期受到冲击力反复作用以及液体中微量溶解氧的化学腐蚀作用，叶轮局部表面会出现斑痕和裂纹，甚至呈海绵状损坏，这种现象即为叶片泵内所谓的汽蚀。

空化现象发生后，空化泡在液体中的运动受到各种力的作用，包括压力、升力、阻力及附加质量力等，因此是非线性的、复杂的、不稳定的过程。空化泡在发生显著变形的同时常伴随着聚并、破裂等现象。空化泡运动、变形等对周围流场参数也会产生一定的影响，在一定程度上体现了液体流动、黏性和表面张力之间的相互作用。空化泡在液体中的运动涉及多种因素。开展空化泡在液体中的运动的定量实验与机理分析存在着较大的难度。由于流体有黏性，即使是单纯的空化泡尺度增长过程也难以精确地预测。

6.2.5 空化的理论研究

相变是空化的主要特征之一，而空化流动又属于强非稳态的气液两相流动，在流体机械领域内对空化现象的研究一般从理论分析、实验研究和数值模拟 3 个方面进行，而研究的尺度又跨过了微观和宏观两大层面。从工程的角度又可将空化的研究分为机理性研究和应用性研究。

世界著名的空化研究专家、加州理工大学的 Christopher E. Brennen 教授在 2006 年的“空化理论及其在涡轮机械和医学领域内的应用”国际论坛上作特邀报告，他指出：“我们应该对空化本身及其引起的随机流动特征作更细致的研究，一个很重要的手段是在实验设备和仪器方面下功夫，实现这些随机量的测量”。由此可以看出，空化研究的难点之一就在于实验过程中空化随机特征的测量与分析，而对空化的控制则是目前最高层次的挑战之一。

对于纯水，实验测量到可承受 160 个大气压的拉力，但自然界中的水却不能承受拉力，只能承受很大的压力。当液体中的压强达到汽化压强时，液体就被拉裂了，即空化初生。常温下液体的汽化压强是很低的，远小于液体的抗拉强度。水中常存在很多不溶解于水的小气泡，这些小气泡被称为“空化核(cavitation nuclei)”。空化核的尺寸很小，通常其直径约为 $10^{-5} \sim 10^{-3}$ cm，人的肉眼一般看不见。空化核的大小可由超声波测量法和静力平衡法得出。空化核在水中的存在模式尚无统一的认识，但它们是客观存在的，了解它们在水中的分布情况对于空化研究是十分重要的。测量空化核含量的方法通常有两种：直接测量法和溶解氧含量法。

1. 液体中的气核初生

当空化发生时，会产生许多的微气泡，这种微气泡的半径一般在 20 μm 以

下，即前面所提及的气核。假如一个球状泡悬浮于液体中，则球状泡内外压强的平衡关系为

$$p = p_b - \frac{2\sigma}{R} \tag{6-2}$$

式中，p_b，p 分别为球状泡内、外压强；R 为球状泡半径；σ 为表面张力系数。

由于空泡中的气体是由没有溶解的可溶解气体组成的，显然大的气核受到浮力的作用将逐渐上升到水面而溃灭。若气核内部含有不可溶解的气体，那么当气核半径小到一定程度时，靠液体分子的布朗运动可以维持稳定悬浮。由于泡内的气体溶解需要较长时间，一般可以认为气核内的气体是不可溶解的。但当研究气核是持久悬浮时，就必须认为核内的气体是可以溶解的。当气核半径 R_0 很小时，由液体表面张力引起的附加压力$\frac{2\sigma}{R}$较大，于是核内气体压强将高于泡壁处的流体压强，核内的气体慢慢通过泡壁扩散而逐渐溶解，最后气核消失。

2. 气核的生长

在恒定的低压场作用下，气核起始和发育的关系式可表述为

$$v = \frac{dR}{dt} = \left\{ \frac{2C_0^2}{3(1-\gamma)}\left[\left(\frac{R_0}{R}\right)^3 - \left(\frac{R_0}{R}\right)^2\right] + \frac{2\sigma}{\rho R}\left[\left(\frac{R_0}{R}\right)^2 - 1\right] + \frac{2(p_\infty - p_v)}{3\rho}\left[\left(\frac{R_0}{R}\right)^3 - 1\right]\right\}^{\frac{1}{2}} \tag{6-3}$$

式中，v 为气核泡壁的径向速度，单位为 m/s；

R，R_0 为气核半径和气核初始时刻半径，单位为 m；

${C_0}^2 = \frac{p_0}{\rho^2}$，$p_0$ 为初始时刻气核内压力，单位为 Pa，ρ 为水的密度，单位为 kg/m^3；

γ 为空气绝热系数；

$\sigma = \sigma(T)$ 为水的表面张力，单位为 N；

T 为水温，单位为 K；

p_∞ 为远离气核处水的压强，单位为 Pa；

$p_v = p_v(t)$ 为气核内的蒸汽压强，单位为 Pa；

t 为时间，单位为 s。

气核能够发展成气泡的前提条件是压力低于气泡的临界压强 p_c，气核开始发展；气核发展到临界半径 R_c 时，便失去稳定。此时气核周围的水大量汽化，气核迅速发育而形成空泡，气泡临界压强 p_c、临界半径 R_c 可表示为

$$p_c = \frac{2\sigma(1-3\gamma)}{3R_0\gamma} + p_v \tag{6-4}$$

$$R_c = \left(\frac{2\sigma}{3\rho {C_0}^2 {R_0}^3 \gamma}\right)^{\frac{1}{1-3\gamma}} \tag{6-5}$$

3. 流场中的气泡动力学方程

在推导运动液体中的气泡动力学方程时,补充了如下假定:

(1) 非球形变形较小。一般来说,气泡在流场中运动时不再保持圆球状,但除了在溃灭后期非球状变形比较显著外,在气泡的其他运动阶段,非球状变形较小,因此仍可用球状泡作为它的近似。

(2) 忽略气泡和液体间的相对平移运动。由于流场中压力梯度的作用,气泡与液体之间会产生相对运动。但在多数情况下,气泡与液体的相对运动较小,对气泡的胀缩运动影响不大。所以,在研究气泡的胀缩运动时可忽略气泡与液体的相对运动。

(3) 气泡周围的液体是无限的,实际的流场都是有限的,但因泡径很小,所以除了在固体壁面及自由面等处外,可以近似认为气泡周围的液体是无限的。

把坐标系的原点放在气泡中心,坐标系和气泡一起随液体做平移运动。在动坐标系下,只有气泡中心处对坐标系的相对速度为零,而此中心点是随时间而改变的,因此只用 $p_0(t)$ 表示与 t 时刻相应的坐标原点所在地未受气泡运动干扰时的压强。于是球状气泡在流场中运动时的动力学方程为

$$R\ddot{R}+\frac{3}{2}\dot{R}^2=\frac{1}{\rho}\left(p_g+p_v-\frac{2\sigma}{R}-4\mu\frac{\dot{R}}{R}-p_0(t)\right) \tag{6-6}$$

式中,R 为气泡半径;$\dot{R}$为泡壁运动的速度;$\ddot{R}$ 为泡壁运动的加速度;p_g,p_v 为气泡内气体及蒸汽压力(可以随时间变化)。

结合泡内气体状态方程和初始条件,并改变方程两边的形式:

$$R\ddot{R}+\frac{3}{2}\dot{R}^2=\frac{1}{\rho}\left[\left(p_g-p_v+\frac{2\sigma}{R}\right)\left(\frac{R_0}{R}\right)^3-(p_\infty-p_v)+p_\infty-p_0(t)-\frac{2\sigma}{R}-4\mu\frac{\dot{R}}{R}\right] \tag{6-7}$$

式中,μ 为液体的动力黏性系数。

以上气泡动力学方程,将为空化泡的研究提供理论依据。

4. 空化的发生、发展及溃灭

空化现象包括从空泡形成开始直至空泡溃灭的全过程,“汽化-溃灭”循环是空化的基本特性。空化发生条件可以简单地归结为

$$p\leqslant p_{cr} \tag{6-8}$$

式中,p 为液体内部某一点的压强;p_{cr}为空化初生时的临界压强。

一般情况下,p_{cr} 近似等于相应温度下液体的饱和蒸汽压强 p_v,但如果要考虑液体中溶解气体和微小气核的影响,以及液体表面张力的作用,p_{cr}值的确定往往要由实验获得。由式(6-8)可知,在空化泡的产生、发展和溃灭过程中,一直存在流场压力的影响,因此,可以通过调节流场压力来控制空化的发生及其演化过程。

(1) 空化初生

影响液体中空化产生与发展的主要变量有流动边界形状、绝对压强和流速等。此外,水流黏性、表面张力、汽化特性、水中杂质、边壁表面条件和所受的压力梯度等也有一定的影响,其中最基本的量为压强与流速,一般均以这两个变量为基础来建立标志空化特性的参数。

严格来说,当流速不变而压强降低(或压强不变而流速增加)时,流场内极小区域内偶然初次出现微小空穴的临界状态称为空化初生。判断空化初生的方法主要有以下几种:

① 噪声法:根据探测流场内空泡初生时发出的超声波判断空化初生;

② 光学法:根据光电池接收到的通过流场的光量的减弱判断空化初生;

③ γ 射线法:利用水与空泡对 γ 射线的吸收能力测量空化初生;

④ 全息摄影法:利用激光对水中空泡形象进行摄影分析空化初生;

⑤ 纹影法:利用水加温后,水与空泡在光源照射下不同的纹影判断空化初生。

水流空化数是描述空化初生和空化状态的一个重要参数,其定义为

$$C_s = \frac{p_0 - p_v}{0.5\rho {v_0}^2} \tag{6-9}$$

式中,p_0 为流体参考压强;p_v为空化压强,一般为介质在当时条件下的汽化压强;ρ 是流体的密度;v_0 是流动区域的平均流速。

空化开始发生时的水流空化数称为初生空化数(或临界空化数),一般用 C_i 表示。因此,空化的初生条件又可表达为

$$C_s \leqslant C_i \tag{6-10}$$

空化产生后,压强升高而空化消失时的空化数称为消失空化数,一般用 C_d 表示。由于空化消失的滞后现象,一般 $C_d > C_i$。

水流空化数有以下几个方面的意义:

① 判别空化初生和衡量空化强度。当流场内最低压强达到空化核不稳定的临界压强 p_i(不产生空化流动时的最小压强)时,空化现象就会首先在该处发生。对任何流场,当 $C_s > C_i$时,不会发生空化;当 $C_s \leqslant C_i$时,则会发生空化。另一方面,对于给定的流场,空化程度随($C_i - C_s$)值的增大而增加,C_s值越大,流场中越不容易发生空化。

② 描述设备对空化破坏的抵抗能力。各种水力机械都有相应的 C_i值,C_i值越低,说明产生空化所需的压力降越大,该设备空化性能越好。

③ 衡量不同流场空化现象的相似性。*Re* 数,*Fr* 数,*We* 数等相似准数相等的情况下,当两种流动状态的空化数相等时,则可以认为其空化现象也相似。有关相似准则数的概念与物理意义,请读者参阅相关的资料。

从空化产生的条件可知，影响水中空化产生与发展的主要因素是绝对压强和与压强相关的流速，此外液体黏性、表面张力、气核、边壁表面条件和压力梯度等都有一定影响：

① 液体黏性：液体黏性的影响实际上是雷诺数的影响，黏性或雷诺数影响边界层的分离，因而影响壁面上最小压力点的位置，即影响空化初生的位置。

② 表面张力：表面张力使空泡溃灭时的速度增大，使空泡的振荡周期缩短、振荡幅值减小。

③ 气核：液体中的气核使得液体的抗拉强度降低，初生空化数随着含气量的增加而增大。

④ 边壁表面条件：壁面粗糙度对空化初生和发展有重要影响，粗糙壁面要比光滑壁面上空化初生偏早，这是在粗糙凸起后面的流动易发生分离，从而使负压脉动增加的缘故。

⑤ 压力梯度：空化现象是由于压强低而产生的，所以压强分布直接影响空化初生，只要流场中某点的总压强（时均压强与脉动压强之和）低于流体的临界空化压强，就会发生空化；水流压强梯度对不平整凸体的空化初生和脉动压力及边界层的发展都有不同程度的影响，在较大逆压梯度条件下，边界层的发展受到抑制，压力沿程降低，在这种状况下易产生空化；同一凸体在逆压梯度条件下的初生空化数高于正压梯度条件下的初生空化数。

⑥ 高分子聚合物：水中高分子聚合物溶液可以减小液流阻力，同时使初生空化数明显减小，使空化受到抑制，这是由于高分子聚合物降低了自由剪切层过渡区中的压力脉动的缘故。

⑦ 含固体杂质的量：当固体含量比较少时，对空化的发生、发展有促进作用，其原因是固体表面携带气核，且固液两相流因密度差而出现的相对运动有利于空化的产生；当固体杂质比较多时，对空化有明显的抑制作用，因为流体的黏性明显加大。

（2）空化发展

空化的发展伴随着几种流态的转换，在第一个阶段，从单相流向两相空泡流发展时，它不依靠流体的速度，在这一阶段形成小的空化泡，这是由于压力降低时溶解在流体中的气体被释放的缘故。在第二个阶段，从空泡流发展至环形喷射流导致超空化，这时出现的空化泡主要是液体的汽化产生的。

（3）空化泡的溃灭

空化过程中空穴的初生、膨胀、收缩、溃灭、再生多次交替发生，柯乃普（Knapp）和霍兰德（Hollander）根据高速摄影影片（20 000 帧/秒）绘制了某一空泡的空化过程（见图 6-4）及溃灭和再生空泡的尺寸与时间的关系曲线（见图 6-5）。从图 6-4 和图 6-5 可以清晰看到空化发生后空穴前缘和后缘的变化：从

0 s到0.002 8 s空穴直径先增大后又变小,直到溃灭消失,完成第一次溃灭;但溃灭后的空穴还会再生,又形成第二次溃灭;类似的溃灭再生过程将交替进行6次,不同的是空穴直径会逐渐变小,溃灭再生的时间也会逐渐变短。

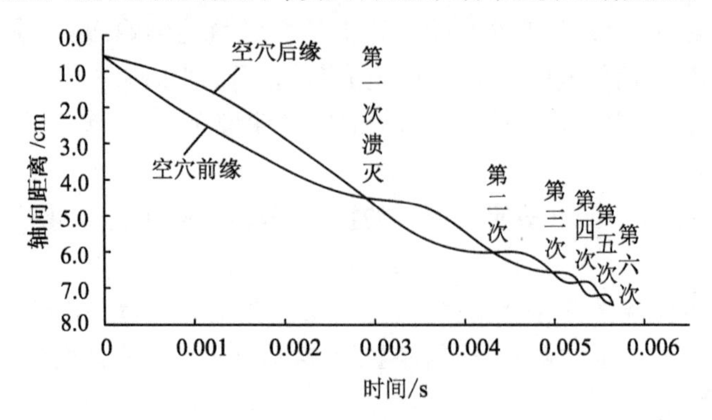

图6-4　空化泡的空化过程

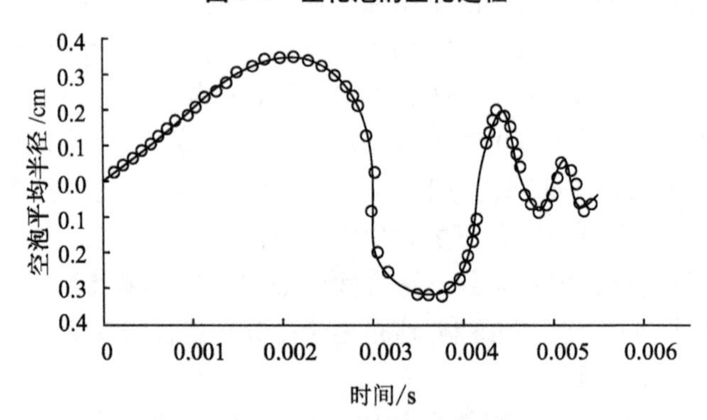

图6-5　溃灭和再生空泡的尺寸与时间的关系

不难看出,空化泡溃灭和再生交替发生达6次之多,而整个空化过程的历时很短,还不到6 ms。由此可见,空化现象是液体从液相变为气相的相变过程,同时又是瞬间变化的随机过程。

6.2.6 空化的类型

1. 空化的分类

按空泡存在的形式和产生的原因,空化可划分为如下4种类型。

(1) 游移型空化

游移型空化是由在液体中移动的孤立的、瞬态空泡或空泡群组成的空化现象。这种空化的显著标志是空泡随着液体的流动而移动。空泡在移动过程中,随着流场的压力变化而膨胀、收缩和溃灭。

(2) 固定型空化

固定型空化是一种相对稳定的空化形式。空化起始之后,形成附着在固体边界上的空腔。这种空泡称为固定空泡,如图 6-6a 所示。

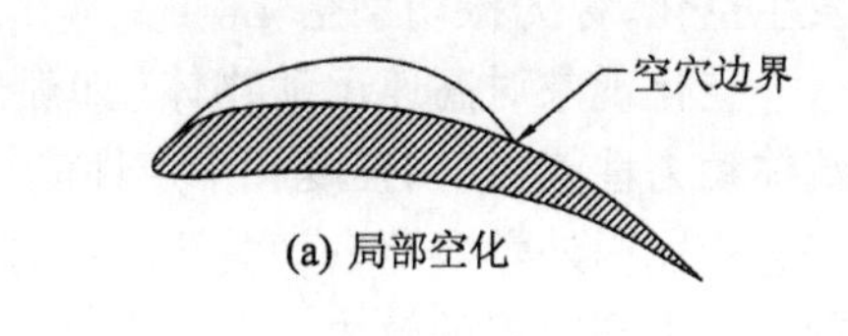

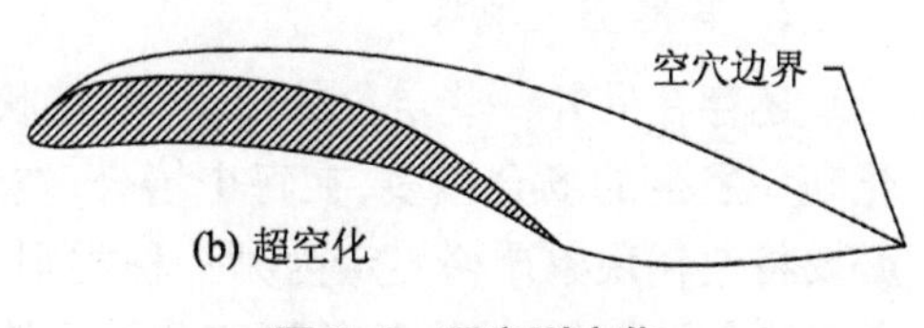

图 6-6　固定型空化

固定空泡的长度与被绕流体的几何形状、表面粗糙度及流场的压力和速度分布等有关。当固定空泡没有超过绕流物体的尾端时,这种固定空化称为局部空化,如图 6-6a 所示。当固定空泡的长度发展到超过绕流体的尺寸时,这种固定空化称为超空化(supercavitation),如图 6-6b 所示。超空化的重要标志是固定空泡的尾部脱离了绕流体。在超空化状态下,空化现象的许多重要特性将发生明显的改变。

(3) 旋涡型空化

当流体中旋涡中心的压力下降到液体的饱和蒸汽压强以下时,即产生旋涡型空化,如图 6-7 所示。这种类型的空化经常出现在螺旋桨的叶梢、水轮机的出口和尾水管内以及绕流体的尾部。与游移型空化相比,旋涡型空化的持续时间较长,溃灭的速率及冲击压力也较小。但是,由于旋涡的不稳定性,将在流场中引起压力脉动,导致机组的振动。

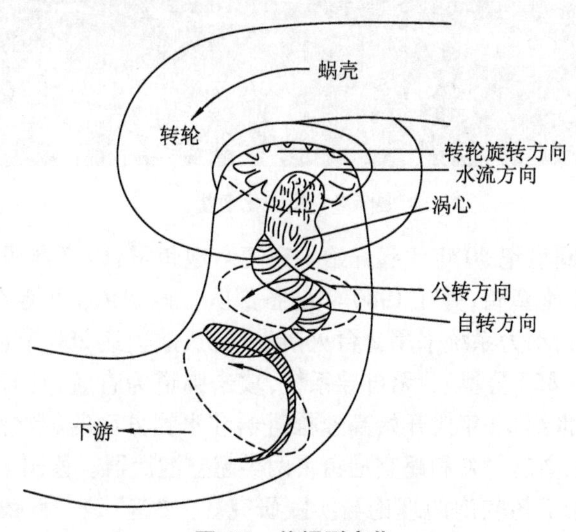

图 6-7　旋涡型空化

(4) 振动型空化

如果液体中存在强烈的振源,当其压力脉动幅值足够大时,就可能导致液体发生空化，称为振动型空化。

空化现象对高速运动物体（如船舶、鱼雷、水力机械转轮）和水工建筑等的流体动力性能、结构强度和水声性能等均可产生十分重大的影响，因而长期以来一直为国内外学者所密切关注。但总的来说，有关空化现象的许多问题，直至目前并未得到完善的解决。

2. 其他空化现象

还存在另外一些空化的定义，如云状空化、片状空化、条带空化等。由于空化现象发生的场合很多，在每个场合，空化各有其形体特征与演化特征，故没有必要将空化现象严格界定为哪一种类别。最为重要的是，目前对于空化的定义并没有普适性的结论，相关研究分析只能与空化发生的环境条件与边界条件相结合。

(1) 超空化

当航行体与水之间发生高速相对运动时，航行体表面附近的水因低压而发生相变，形成覆盖航行体大部分或全部表面的超空泡。形成超空泡之后，航行体将在气体中航行，由于航行体在水中的摩擦阻力约为在空气中摩擦阻力的850倍，因此超空泡技术的应用可以使水下航行体的摩擦阻力大幅减小，从而使鱼雷等大尺度水下航行体的速度提高到100 m/s的量级（如图6-8所示），使水下射弹等小尺度水下航行体的航速提高到1 000 m/s的量级。

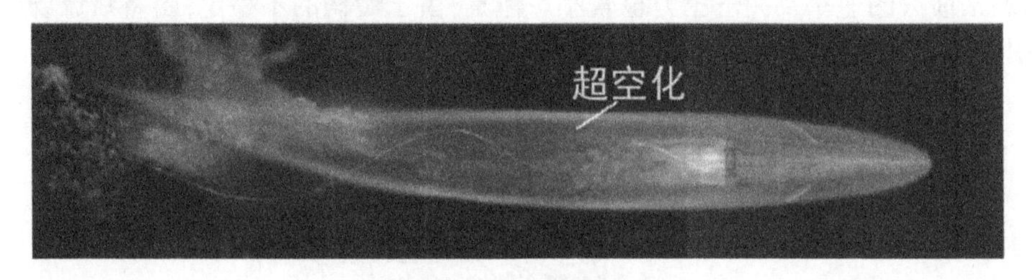

图6-8　超空化鱼雷

前苏联从20世纪50年代起开始研究超空泡鱼雷，1977年设计定型了代号为Shkval的超空泡鱼雷，并在1980年装备部队。该型鱼雷可装备在水面舰艇、潜艇和其他平台，动力系统采用2台火箭发动机，航速达200节（1节=1海里/小时，1海里=1.852公里），无自导系统，攻击弹道为直航，具有很高的航向精度。美国从20世纪50年代开始高速推进器和水翼方面的超空泡研究，曾经致力于发展超空泡高速射弹和超空泡鱼雷两类超空泡武器。德国早在第二次世界大战期间就开始了超空泡的理论与实践研究。“梭鱼”是一种德国试验用超空泡水下导弹，具有全新的速度范围和机动性。国内从20世纪六七十年代开始了空化与空蚀问题的研究，当时以研究水翼、螺旋桨等水下物体的空化噪声和空蚀等为主。20世纪八九十年代，开始研究水下物体局部空泡的稳定性和升、阻力特性、空泡对水下兵器的水动力特性影响、带空泡航行体的水下弹道以及出水冲击等问题。

水下航行体向前运动，推开无运动的环境流体，环境流体沿横剖面径向扩展，空泡在压差作用下也发生扩展（见图 6-9），直到空泡压力与流场压力平衡为止，从而形成半径为 R 的空泡流场的连续边界，空泡外形就这样确定了。也就是说，空泡流场具有一定的大小和形态。

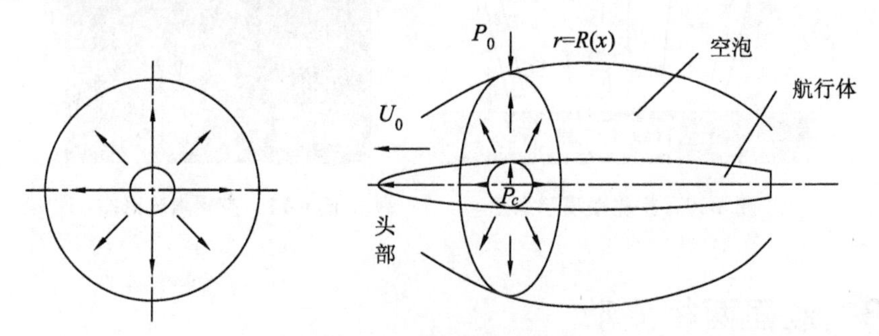

图 6-9　超空化流场示意图

从图 6-9 不难看出，对于头部轴对称的航行体，其生成的空泡形态基本上为椭圆形，横剖面上形状为圆形。当航行体速度越来越大时，空泡就由局部空泡发展为自然超空泡。利用自然超空泡具有向其内部充气形成更大超空泡的特点，能产生具有相对稳定、可控等特性的通气超空泡。

超空泡鱼雷利用以上所述的形成原理，将运动中的鱼雷体与水隔开，使鱼雷表面与水不直接接触，减小了鱼雷与水之间的黏性摩擦损失，从而大大减小了鱼雷的航行阻力，使之高速航行。

由于超空泡鱼雷被空泡包裹，鱼雷体与水不直接接触，常规螺旋桨无法使用，所以一般采用火箭发动机作为动力。这样不但能提供很大的推力，使自然超空泡快速形成，而且火箭发动机排出的废气还可被气体发生器再利用。喷气能消除空泡产生的回射流，起到稳定空泡尾部的作用。

（2）空化射流

射流流束中如果含有空化泡，则射流流束在与被打击物体接触时，空化泡会在物体表面溃灭，产生瞬时的破坏作用。利用空化射流可以清洗金属表面的氧化层，开采岩石等。

图 6-10 为一空化射流喷嘴，它利用高速液体和低速液体间的速度梯度，产生瞬时的剪切涡量，从而造成低压区的空化现象。图 6-11 为该喷嘴产生的空化射流。

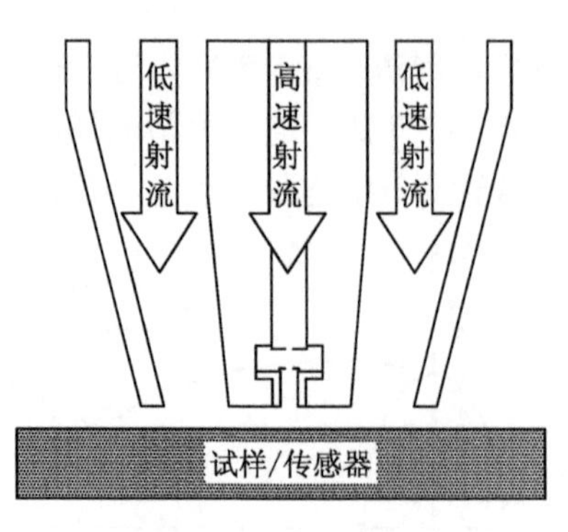

图 6-10　空化喷嘴示意图

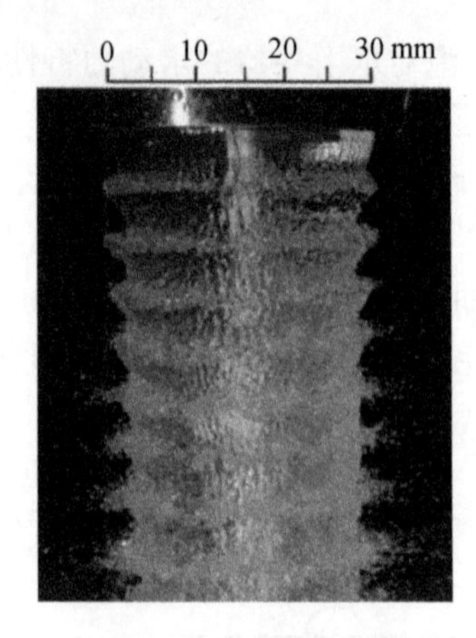

图 6-11　空化射流形态

6.3　液固两相流动

液固两相流动是流体机械中常见的内部流动,如含沙水流的输送、浆体的输送等。对液固两相流泵的研究以对液固两相流动的研究为基础。目前最为典型的液固两相流动之一是在水切割行业使用的磨料射流。磨料射流喷嘴如图 6-12 所示,纯水经过加压泵加压后,自孔径约 0.25 mm 的宝石孔喷出,继而携带石英砂一起经由混合管喷出。混合管出口的直径约为 0.8 mm。在 300 MPa 射流压力条件下,该射流的流速可达 700 m/s 以上。由于石英砂的形状不规则,加之较强的惯性作用,会对被切割壁面产生磨削作用。图 6-13 为采用三维光学轮廓扫描仪获得的被切削壁面的局部高度分布情况,可以看到明显的切削痕迹。

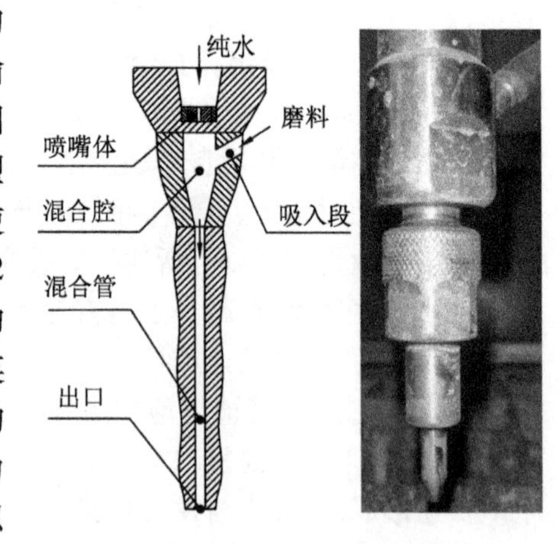

图 6-12　液固两相射流喷嘴

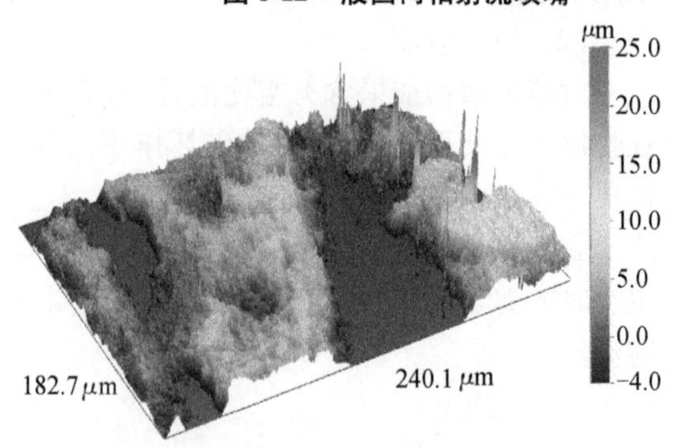

图 6-13　射流切削结果的轮廓图

由于液固两相流介质的种类很多且性质各异,液固两相流泵也因此被分成渣浆泵、泥浆泵、污水泵等。本节以渣浆泵为例进行说明。对渣浆泵的研究,较多的是对固体颗粒在泵内运动规律的研究和对泵过流部件的水力和结构设计的研究。前者又可以分成固体颗粒在泵内的运动规律和液固混合物对泵的性能影响两个方面;后者可以分为泵设计原理的研究和泵设计方法的研究。

图6-14为某渣浆泵结构图,渣浆泵一般采用单级悬臂式离心泵。在轴面投影图上,从叶片进口到叶片出口的流道宽度变化不大,甚至有的流道采取略微扩散形,即叶轮出口流道较宽。叶片数一般为2~4片,叶片一般采用进口边略扭曲的圆柱形叶片,且型线一般为螺旋线。为防磨蚀,在泵壳体内侧加装护套。对磨损严重的重型固液泵,延长过流部件使用寿命十分关键,因为过流部件的消耗在设备购置费用中占很大比例。

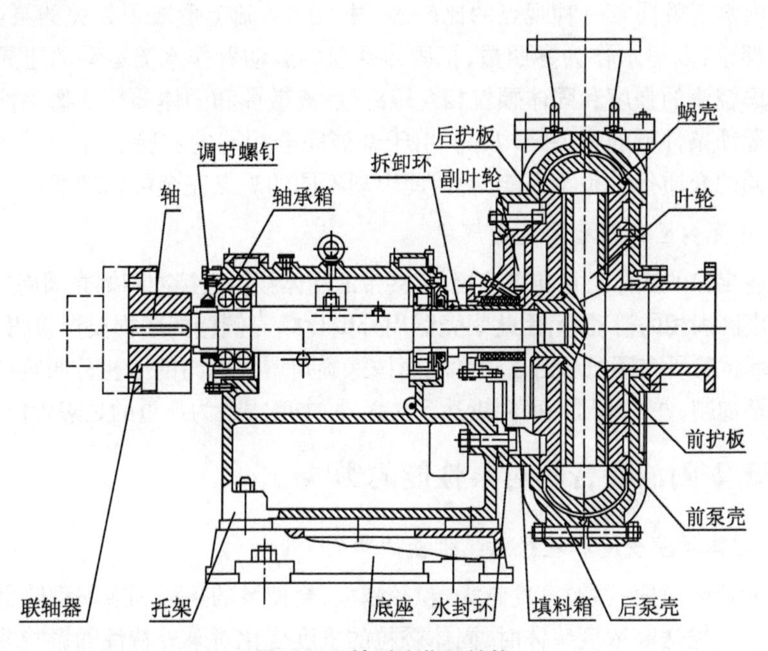

图6-14　某型渣浆泵结构

由于固相和液相的特性不同,固相的运动轨迹与液相的流线并不一致,而清水离心泵通常按液相的流线来设计过流部件的几何形状。因此,把清水泵当成液固两相流泵使用必然会导致部件磨损加剧和泵运行性能变化。

6.3.1 泵内固体颗粒的运动规律

1. 叶轮内固体颗粒的运动规律

叶轮的转速高,高速颗粒流与其壁面撞击频率高,易造成壁面的磨损和冲蚀。叶轮转速越高,流道越长,固相浓度越高,对壁面的磨蚀就越严重。其中,颗粒冲蚀主要集中在叶片头部,而叶片压力面尾缘(trailing edge)和叶片与后盖板连接处磨蚀最为严重。专家学者依据一些基础理论和实验数据,对固体颗粒在离心叶轮内的运动规律形成了3种不同的观点:

(1) 颗粒质量越大,其运动轨迹越靠近叶片压力面。该观点认为,颗粒质量增加时,其绝对速度减小,相对速度增加,圆周速度增大,相对运动角减小,所以颗粒质量越大,沿着叶片压力面运动的概率就越大。

(2) 颗粒质量越大,其运动轨迹越偏离叶片压力面。该观点认为,小颗粒沿着叶片压力面运动,而大颗粒由于沿叶轮径向产生相当大的离心力,在叶轮流道中运动时就脱离叶片压力面,有向叶片吸力面靠拢的趋势。

(3) 一定范围内颗粒质量对其运动轨迹的影响不明显。

国内学者赞同第一种观点的比较多,并在此基础上形成了相关的泵内固液两相流理论:以清水作为参照量,把固体颗粒的运动看作水流运动的边界条件,同时考虑绕流的强度和固体颗粒相互跟踪性、离散性和固体颗粒的物化性,以及在复杂运动条件下的相关结构等。由于开展完全相同的实验研究,尤其是提供完全相同的介质条件是不可能的,因此出现不同的观点完全可以理解。

2. 蜗壳内固体颗粒的运动规律

叶轮出口的流体沿径向高速流出,夹带的固体颗粒直接冲刷蜗壳圆周外壁,形成高浓度区固相的滑动床,因此蜗壳圆周外壁比蜗壳侧壁的磨损要严重得多。数值模拟和试验研究还显示出在对称轴面按螺旋角增大方向的固相分布规律:摩擦磨损逐渐加剧,并在第Ⅷ断面附近达到最大,冲击磨损最为严重的是隔舌位置。

6.3.2 固液混合物对泵性能的影响

1. 固体颗粒密度和粒径对泵性能的影响

实验研究表明:颗粒密度越大,粒径越大,会使泵的扬程和效率都降低,轴功率增大。但输送高浓度浆体时,固体颗粒的重度变化对泵外特性的影响非常小。

2. 固相浓度对泵性能的影响

在低浓度、小粒径时,泵轴功率随着浓度的增加而增大;泵的扬程和效率随着浓度的增加略有升高。但随着浓度的继续增加,扬程和效率开始呈下降趋势。这一方面是因为固相体积分数的增加会使颗粒间的摩擦损失增大;但另一方面,浓度在一定范围内增加的同时,又抑制或延缓了边界层的分离,使脱流损失减少,导致泵在低浓度时扬程略有升高,而在较大浓度时减少的脱流损失逐渐小于增加的摩擦损失,所以泵的扬程又有不同程度的降低。这也证明,在设计固液离心泵时需要考虑该泵的最佳输送浓度。

在高浓度、大粒径时,泵的扬程和效率随着浓度的增加而下降,且最高效率

点向小流量区偏移。

6.3.3 固液离心泵的设计原则

在过去,泵的设计只以某些特定的性能参数为目标,忽略了整机的各项性能参数的最佳平衡点,往往效益达不到最佳。随着经济的发展,人们开始更多地关注产品的成本和可靠性,并以此对固液离心泵提出了一系列要求。

1. 高效率

由于固液离心泵的效率低,耗电量大,所以如何提高泵的效率,一直是应用行业关注的焦点问题之一。在我国的“九五”规划中,对固液两相流泵的改造目标曾要求效率提高5%。而提高效率的关键在于水力设计的高效性和泵使用过程中要运行在高效区。

2. 磨损小、使用寿命长

与清水泵相比,固液离心泵输送的流体中夹带有不同浓度、硬度及形状的固体颗粒,对其过流部件壁面产生摩擦、碰撞,引起表面失效。据报道,某铜矿尾矿泵站的尾矿成份中石英含量为36%,石榴石为32%,结果叶轮寿命只有150 h,衬套为180 h。过流部件的外形、结构及材料是决定泵工作效率及磨损寿命的关键。过流部件磨损到一定程度后须立即更换,否则因磨损引起的壁面型线变化将使泵偏离最佳工况点运行,流动工况恶化,效率下降,如此形成一个恶性循环,加剧磨损。据统计,在制造过程中,过流部件一般要占据整台泵成本的25%～70%,因此设计出耐磨性能高的固液离心泵将节省维护费用,降低运行成本。

3. 抗汽蚀性能好

和其他叶片泵一样,良好的水力设计、合理的使用条件以及过流部件良好的抗汽蚀性能都能提高固液离心泵的抗汽蚀性能。

4. 密封可靠性高

固液离心泵输送的介质通常为固相浓度较高的浆体,有的还含有有毒、污染环境的物质,必须严格控制泵的外泄漏。但混合物中的固体颗粒易进入密封面,引起密封面与颗粒的高速摩擦,密封失效快。目前,固液离心泵的轴封问题尚未彻底解决。设计时根据需要选用优质的密封材料和合理的密封结构极其关键。

5. 振动小、噪音低

固液混合物介质引起的过流部件受力特征与清水介质情况有较大的差异,对泵振动噪声的性能影响规律也尚未有明确的结论。此外,泵的结构设计和加工、装配工艺也对振动噪声有着直接的影响。

6. 安装拆换方便

使用过程中,磨损过快的过流部件需要定期更换,因而设计时需要考虑拆换方便,减小工作量,便于快速高效地保养和维护。

6.3.4 固液离心泵设计方法

固液离心泵的设计主要包括泵的结构设计和水力设计两个方面,其中水力设计是指叶轮、压水室、吸入室等过流部件的流道形状设计。经过国内专家的不懈努力,已将两相流理论成功应用于固液两相流泵的设计中,并形成了一些各具特点的设计方法。

1. 经验统计速度系数法

经验统计速度系数法是我国固液两相流泵最早的设计方法之一,比较简便、有效,具有一定的可靠性,在很大程度上克服了直接利用单相流理论去设计两相流泵的缺陷。该方法阐明了清水泵设计理论的弊端,并提出了两相流设计方法的思想,奠定了后人对固液泵设计方法研究的基础,对两相流设计方法的发展具有一定的推动作用。但是,该方法也存在一些不足。首先,它基于相似理论,把两相流设计看作是清水泵设计的相似,本质上还是限定在清水泵设计理论的框架中,与实际两相流动理论存在较大偏差;其次,经验公式使用起来虽然简便,直接代入参数计算即可,但修正系数是建立在现有理论和大量实践的基础之上的,修正系数的选取恰当与否与设计人员本身的知识水平和设计经验密切相关;最后,该方法是针对离心式泥浆泵提出的,如需扩充使用范围,须对其他一些特定泵型进行反复研究和试验,不适宜现代泵的技术更新。

2. 两相畸变速度设计法

两相畸变速度设计法的理论核心是把固体颗粒作为液流运动的边界条件。由于固体的存在,过流面积产生畸变,在入口处固体颗粒速度小于液流速度,固体颗粒起阻塞作用,过流面积相对缩小,液流畸变速度升高;反之,在出口处固体颗粒速度大于液流速度,固体颗粒起相对抽吸作用,液流畸变速度降低。以这一理论为基础,推导吸入室和叶轮的两相流工作方程;求解方程得出水流的畸变速度场;然后根据两相流理论,综合一般的设计方法确定过流部件的主要参数。该方法实质性地把两相流动理论应用到了固液泵的设计中,考虑了固相在泵内流动的运动规律,较为真实地反应了泵内流动,因此比依据单相流理论的设计方法更为准确可靠。

3. 固液速度比设计法

固液速度比设计法的理论基础是:从叶轮进口至出口,在离心力作用下,固相速度由小于液相速度逐步变为大于液相速度,在叶轮出口处当地浓度小于输送浓度;为使液相尽量维持清水时的运动规律,应扩大叶轮进口通道,减小出口通道。因此,推导出固液两相流速度比方程,并运用流体模型,经过分析和数学计算,推导出固液两相流基本方程式。按该方法设计两相流泵时,依据固相特性合理选择流道各关键部位的固液速度比,导出泵叶轮进口当量直径、叶轮出口直径、吸入室进口直径和蜗壳第Ⅷ断面面积的计算公式。叶轮的其他几何参数可由速度三角形求出。由于考虑了固液速度比的变化,有效转换了两相的能量,防止了泵的局部高速破坏,因而泵的效率较高、寿命较长。

4. 两相流流场分析设计法

两相流流场分析设计法的出发点是正确分析泵内流场,将最小阻力原理应用到固液泵的设计中,使泵内流道符合颗粒的运动规律,减小过流部件的壁面磨损,延长使用寿命;另外,该方法还能在一定程度上提高泵的输送效率。目前,两相流泵内流场的分析主要有流场的实际测量和流场的数值模拟两种方法。

当前在泵内多相流实验中所要测量的参数有50多个,可分成主要设计参数(包括压强降、空隙率等)和可供研究的参数(包括固相浓度分布、流速分布等)两大类。随着光纤技术、芯片技术、激光技术、信号处理技术和成像技术及图像处理技术的不断发展和完善,多相流动测量技术也得到了飞速发展。第4章所述的激光多普勒测速计(LDV)、相位多普勒技术(PDPA)、粒子成像测速技术(PIV)和高速数码摄像技术等均可应用于泵内的流动测量与显示。

图6-15为采用PIV测得的某离心泵叶轮内的固相体积分布。实验中叶轮和泵壳均采用有机玻璃制造,叶片出口安放角为50°。将PIV测得的结果进行图像二值化、标记和粒子筛分等而得到各相的特征。

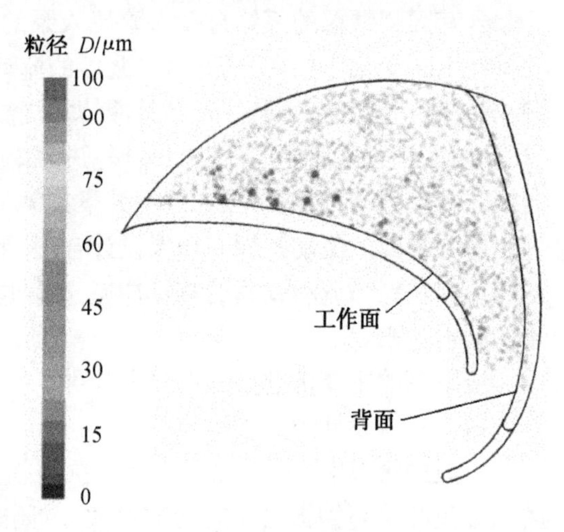

图6-15 叶轮流道内的固相体积分布

6.3.5 渣浆泵抗磨损技术

1. 渣浆泵简介

如前所述,液固两相流泵由于其输送介质的特殊性,泵的过流部件的磨损问题成为被关注的焦点之一。本部分以渣浆泵为例,重点阐述液固两相流泵抗磨损技术的思路与典型做法。

渣浆泵是一种典型的液固两相流泵,被广泛应用于钢铁、冶金、矿山、电力、煤炭、建材、化工、环保及河道疏浚等国民经济各个领域。在工业生产中,煤粉、精矿、尾矿和矿渣等固体物料的管道水利输送是渣浆泵的典型应用。这些管道水力输送系统,既要满足工业生产的需要,还必须尽可能地节约水和电力,这就要求在不同的运行场合,泵的运行特性必须满足相应的运行工况。渣浆泵因其输送固体颗粒范围大,输送浆体时具有流速高、流量大等特点而得到大力发展。

尽管如此,渣浆泵的设计依据仍然不充分,没有像清水泵那样有比较完善的设计方法。

目前离心式渣浆泵存在两大问题,一是效率偏低,二是寿命较短。其根本原因是设计理论和设计方法的不完备以及材料耐磨性能差。为了解决这些问题,学者们做了很多研究。在设计过程中,工程师参考清水泵的设计方法,考虑一些固体物料的存在对泵各方面的影响,进而对这些过流部件进行设计。然而对固体物料对整个流场的影响仍不清楚。由于没有一套完善的数学模型和成熟的理论依据,很多问题的解决只能依靠经验反复试验,延长了产品的开发过程。

2. 渣浆泵抗磨技术

含有固相颗粒的浆体自吸入管流入泵的流道到从排出管排出,其本身的运动特性不断变化。如在叶轮入口,浆体的流动方向由轴向转为径向,粒径较大的颗粒会撞击叶片的头部区域,并且液体在绕流叶片时易出现流动分离;在叶轮出口附近,液流容易产生脱流,流出叶轮进入蜗壳的颗粒由于仍具有一定的惯性而向蜗壳边壁移动,造成颗粒在近壁处聚集等。此外,渣浆泵的水力设计和结构设计也影响泵内的流动特性。如果设计合理,泵内的流动平顺,可以避免较大尺度的脱流和颗粒与流动壁面的直接冲撞,减轻磨损;否则,会恶化泵内流动,使渣浆泵的磨损加剧。

渣浆泵的主要抗磨措施有以下几种。

(1) 水力设计中的抗磨措施

一般来说,闭式叶轮比开式叶轮抗磨损性能要好。参考图 6-14 结构图,因磨损导致叶轮与护板之间的间隙增大,对闭式叶轮泵的水力性能影响较小。叶轮进口的有效面积直接决定了浆体的进口速度,而且与泵的汽蚀余量有关,因此必须合理确定该参数。叶片设计是叶轮设计的关键,渣浆泵的叶片设计不同于清水泵的情况,要充分考虑固液两相的流动差异对泵性能及磨损的影响。设计不良的叶片不但水力性能很差,而且很容易导致局部磨损。通常,对比转速较低的渣浆泵可采用进口处扭曲,出口处为圆柱形的叶片,这样有利于叶轮的制造。叶片的进、出口安放角和叶片包角也应适当选择。

总之,水力设计应兼顾固液泵的水力性能和抗磨损性能,在提高泵效率的同时,将磨损减小到最低的程度。

(2) 运行中的抗磨措施

渣浆泵的使用寿命和运行周期内的性能与其运行维护有很大的关系。所

以，在渣浆泵的使用中，应根据磨料磨损规律，在渣浆泵选型时尽量考虑选择合适的运行参数，使泵处于良好的运行状态，并注意在实际操作中适时调节，以达到高效节能、抗磨节材的运行效果。

泵与管路系统需合理匹配，应根据管路系统的具体组成，准确计算管路损失，根据运行工况点确定性能参数，选配合适的泵。因此，准确计算管路损失和系统的压力，为渣浆泵的选型提供可靠的数据，降低管路流速，这对合理使用渣浆泵和延长泵的使用寿命具有重要意义。本部分的深入知识请读者参阅与流体管路计算相关的资料。

(3) 抗磨材质的应用

过流部件材质对增强渣浆泵抗磨损能力有重要意义。较好的材质可延长渣浆泵的使用寿命，也可提高泵在有效运行寿命期内性能的稳定性和可靠性。常用的非金属耐磨材料有陶瓷、工程塑料、碳化硅和橡胶等，耐磨金属材料有奥氏体高锰钢、碳素钢、合金钢和耐磨合金白口铸铁等。

近年来，非金属材料在渣浆泵制造行业中得到了一定的应用，如用各种陶瓷、高分子聚合物、金属基复合材料及非金属复合材料制造过流部件。非金属耐磨材料在抗强酸、强碱等方面具有金属材料无法比拟的优越性，在许多特殊环境下工作的渣浆泵常选择非金属材料制造过流部件。

大部分离心式渣浆泵仍旧选择耐磨金属材料制造过流部件，因为耐磨金属材料的机械性能好，便于进行机械加工。在耐磨金属材料中，耐磨合金白口铸铁的应用最为广泛，镍硬铸铁和高铬铸铁抗磨性能优异，被大量采用。

6.3.6 伴有晶粒析出的液固两相流动

在液固两相流动中，有这样一种流动：过饱和溶液在输送过程中，不断有固相析出，析出的固相物质会发生沉降并以不同的速度粘结于管道、泵过流通道内壁，且沉积层会随着介质输送时间的增加而增厚，结果导致过流通道面积变小，泵和系统的运行参数改变，其泵叶轮内的结盐情况如图 6-16 所示。盐析和结盐过程是一个动态过程，且随着固相的絮结，不同尺度的固相颗粒表现出不同的动力学特征。

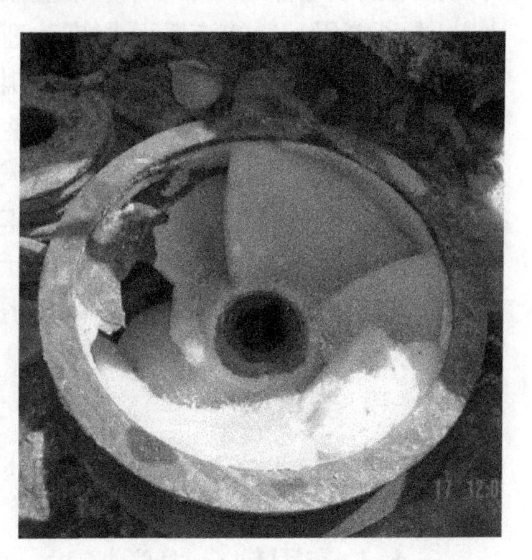

图 6-16　叶轮壁面结盐照片

在一些卤水输送过程中就会出现上述现象，如以钠、钾离子为主要成分的单一溶液或多种物质的混合溶液中的固相物质会析出。这种情况在我国西部一些大的卤水开采工程中就曾发生过。伴有固相析出的液固两相流动影响流程的正常运行,结盐严重时甚至需进行输送设备的清理与更换,由此造成不同程度的直接或间接经济损失。泵作为输送卤水的关键过程装置,也会出现上述结盐现象。因此,加强泵内部伴有固相析出的液固两相流动的研究,进行水力和结构优化设计,进一步提高效率及减小固相析出速率,对于节省能源及延长系统运行时间很有价值。

盐析现象很早就为人们所注意,早在20世纪20年代,就有关于该问题的观察和研究的报道。此后,人们对该现象进行了较为系统的研究,获得了宝贵的资料和实验数据。但由于该现象是一个复杂的过程,与之相关的因素有很多,其中包括输送溶液的性质、溶液的环境因素、溶液物理化学特性及溶液的流动特性等。这涉及多相流体力学、传热传质学、晶体生长动力学乃至表面科学等方面的知识,是一个多学科交叉的复杂问题。关于泵内部的固相析出及沉积理论至今尚不完善。

结盐现象来自于固液两相流动,仍遵循多相流动规律。但流体中固相的颗粒大小和浓度在不断变化,甚至对壁面产生影响,造成边界条件不断变化的非稳态多相流动。单从流动机理来看,这是一种非常复杂的流动形式。

从流体机械内部的液固两相流动来看,国内外已开展了大量的研究,包括理论分析、数值模拟和实验研究,并得到了许多有实用价值的结论,这些成果在实际产品设计和运行过程中也得到了很好的体现,但目前具有指导意义的普适性结论并不多见。大多数研究是针对特定的场合、特定的介质甚至特定的泵结构,得到的结论以定性结果居多。伴有盐析的两相流动与普通的液固两相流动有较大差别,不能用一般的液固两相流动理论来指导输送设备的设计,这给相关泵(如输卤泵)的研究工作带来了很大的难度。

在20世纪末,国内生产输卤泵的企业极少,且技术不成熟,故输卤泵的使用单位曾经尝试使用进口产品。但制泵发达国家的卤水浓度和成分与中国国内的卤水不同,结盐特性差别很大,国外进口泵的实际使用效果不佳。本世纪初,国内高校联合泵加工企业进行技术攻关和产品研发,在10年左右的时间内,从流动理论、设计方法和材质分析3个方面进行了研究与探索,将输卤泵技术提高到了较高的水平。

6.4 流固耦合

6.4.1 流固耦合力学概述

流固耦合力学是流体力学与固体力学相互交叉而生成的一门力学分支,顾名思义,它是研究固体在流场作用下的各种行为以及固体变形对流场影响这二者交互作用的一门科学。流固耦合力学的重要特征是两相介质之间的交互作用(fluid-solid interaction,FSI)。固体在流体载荷作用下会产生变形或运动,而变形或运动反过来又会影响流场,从而改变流体载荷的分布和大小。这种相互作用将在不同条件下产生形形色色的“流固耦合”现象。

流固耦合力学的发展及应用与现代计算流体力学和计算固体力学(computational solid mechanics,CSM)的发展密不可分。

历史上,人们对于流固耦合现象的早期认识源于航空工程中的气动弹性问题。航空工程的重要地位,以及破坏事故的重大后果,助推了流固耦合力学及相关研究的推进。进而在航海工程领域,流固耦合问题同样引起了关注。目前,流固耦合动力学的研究通过借鉴数学、物理学等基础学科,与计算机技术相结合,研究领域不断拓展,研究和实验手段更加现代化。

流体与固体结构的耦合作用是工程实践中经常遇到的问题,如水轮机、汽轮机、风机和各种流体机械的流体诱发振动问题,航空、航天飞行器的气动弹性振动问题和液体晃动问题,高层建筑物和工业构筑物的风致振动问题,含液容器的震荡问题,地下渗流问题,海洋浮式结构物的水弹性振动问题等皆属流固耦合问题。这类问题对于工程设计具有十分重要的意义,它直接影响工程的可靠性与经济性,不恰当的处理甚至会引起整个结构破坏的严重后果,造成重大经济损失。

流固耦合问题按其耦合机理可分为两大类:第一大类问题的主要特征是流体域和固体域部分或全部重叠在一起,难以明显地分开,其耦合效应通过描述问题的微分方程而体现,如土壤渗流问题就是一个典型的例子;第二大类问题的主要特征是耦合作用仅仅发生在两域的交界面上,在方程上的耦合是由耦合面的平衡及协调关系引入的。对于第二类问题按相间相对运动的大小及相互作用的性质又可以分为三小类:一是流体与固体结构之间有较大的相对运动,如机翼颤振问题;二是相间作用时间很短,其特点是流体的密度发生急剧变化;三是流体域与固体域的动力相互作用,其特点是相间相互作用时间较长,相对位移有限,叶片式流体机械中的流固耦合问题就属于这类问题。

流固耦合按其研究方法又可分为弱耦合法和强耦合法。所谓弱耦合法是指将求解域中的两相介质分割成两个求解域,即流体域和固体结构域,流体和结构的控制方程在时间和空间上交替迭代,耦合作用不同步,因此也称交替求解方法。强耦合方法是将流体和结构的控制方程置于同一个封闭的方程组系统中,同时离散,在一个时间步长内同时求解。

目前,对复杂流固耦合系统进行力学分析主要有两类方法:一类是解析-数值方法,即对结构采用有限元离散,对流体则采用近似解析关系描述;另一类则

是纯数值方法,如有限元法、有限差分法、边界元法及其混合法。数值实现通常有两种方法:一种是结构部分和流体部分按有限元法进行离散,建立流体与固体耦合振动方程式;另一种是结构部分按有限元法进行离散,而流体部分用边界元进行离散,然后建立流固耦合振动方程式。

6.4.2 流体机械中的流固耦合研究

流固耦合现象的研究与结构分析和振动问题息息相关。对于泵站中应用的叶片泵,曾有专家提出在泵设计研制过程中对叶轮及叶片进行系统性的动力特性分析,并对其在泵站运行的危险性进行预测,使之尽量避免与各种干扰力的频率接近或相等,防止机组发生共振(resonance),造成叶片裂纹、断裂破坏等重大事故。因此,开展泵振动特性的研究是非常有必要的。振动分析用于确定结构或部件的振动特性,其中一个研究思路是利用商用有限元软件及 CFD 软件对泵过流部件进行流固耦合振动特性分析,使设计者可在泵制造出来之前就对叶轮应力、变形、模态情况及壳体的相关特性参数有较为准确的分析,从而缩短产品开发周期,降低开发成本。

所谓模态分析(modal analysis)就是确定设计结构或机械部件的振动特性,得到结构的固有频率(natural frequency)和振型(mode of vibration)。结构动力学分析用于求解随时间变化的载荷对结构或部件的影响。与静力分析不同,动力分析需要考虑随时间变化的载荷及其对阻尼和惯性的影响。

当泵因水力激振(hydraulic excitaion)而产生振动时,必然会带动其周围的液体一起振动,且液体的振动反过来又影响泵的振动特性,形成泵的流固耦合问题。这种液体与固体耦合振动的结果是,叶片在液体中的固有频率比空气中的固有频率低,同时还对叶片振动系统产生一种阻尼效应(damping effect)。曾有学者指出,在低比转速泵中,考虑到叶轮结构形式和几何尺寸,固体的变形可以忽略,液体与固体间的耦合效用可以忽略。

叶片泵的内部结构复杂,叶轮表面大多由复杂曲面组成,对这样的零部件进行准确的结构分析十分困难。传统的叶轮结构分析方法有:① 常规简化计算方法:这是一个近似推导叶轮上的轴向力和离心力,再把叶片简化成悬臂梁,校核其强度的方法;② 二次计算法:这种方法根据离心机械中叶轮轮盘应力计算的基本方程式,用迭代法导出对叶轮进行应力计算的迭代公式和求解方法。上面两种方法都对叶轮进行了简化、假设,因此只能粗略地预测叶轮的应力应变,所以两种方法只有在取较大校核安全系数且结合模型试验或真机试验的前提下才能应用。

6.4.3 有限元软件的应用

随着计算机技术的快速发展和有限元理论的不断完善,近年来有限元结构

分析方法开始在叶轮结构分析中被广泛使用。在有限元结构分析的初始阶段，由于计算能力的限制，采用的是叶轮整体半解析有限元方法，这种方法采用壳单元与环单元耦合的形式对整体叶轮进行分析。在分析离心叶轮、轴流叶轮整体应力时，在叶片与叶轮交界面上，近似地认为作用力沿周向均匀线性分布；叶片与转轮在交界面上沿径向和轴向的位移分别相同，由此近似地保证叶片和转轮在边界面上的位移协调性；叶片根部各节点沿周向的位移及各转动位移均为零。此方法考虑了叶片与转轮之间的耦合关系，同时对于叶片采用三维壳单元模拟，对于轮毂采用二维轴对称单元模拟。这种方法主要针对叶片施加给转轮的根部以集中应力，考虑叶片与转轮相连处的协调性，充分体现叶片的空间形状，是运用周向变量由傅里叶级数表示的半解析有限元方法，因而具有良好的精度，为整体叶轮的强度分析提供了一种有效手段。

采用商用软件进行叶轮结构在无水条件下的模态分析和固有频率分析已有了成熟的思路。目前，在 ANSYS 和 Adina 商用软件中已经可以实现单向耦合。泵内的流固耦合问题的一般研究步骤如图 6-17 所示。

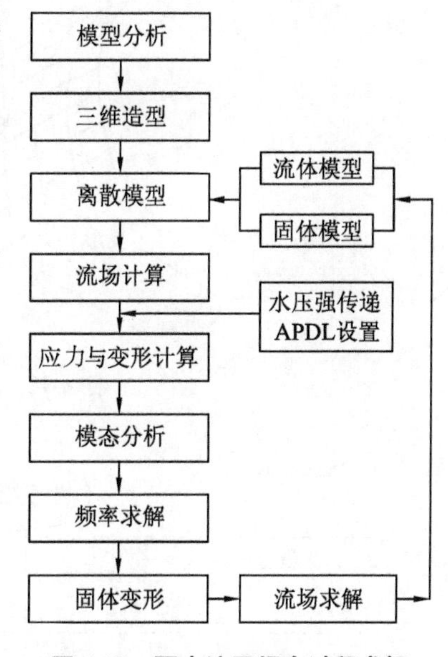

图 6-17　泵内流固耦合过程求解

(1) 首先根据泵的运行工况，分析其力学模型、边界条件及计算载荷的施加方法。

(2) 利用三维 CAD 软件，构建水体和结构两套三维实体模型。可以在 ANSYS 软件中构造求解域网格。

(3) 采用顺序耦合方法，利用 CFD（如 ANSYS-CFX）模块进行内部流场计算，获得作用在叶片上的水压力分布，使用 ANSYS 的 APDL 参数化设计语言，自动将其加载到叶片和壳体表面。

(4) 在完成叶片载荷的施加之后，基于 ANSYS 软件对叶片和壳体在各个工况条件下进行刚度和强度分析。根据计算结果，可以得到叶片和壳体的应力分布及变形情况，进而找出过流部件的最大应力点和最大变形位置及对应量值。

(5) 分别对叶轮和壳体在水中和空气中的两种情况进行模态分析。得到叶轮和壳体的特征频率及振型。再通过对频率及振型的分析，考察水压力及离心力对叶轮振动特性的影响，以及水压力对壳体振动特性的影响。

(6) 将变形后的叶轮和壳体模型输入 CFD 模块中，计算边界变形后压强的变化，对比边界变形前后扬程、轴功率、效率的变化，从而实现了一次流固耦合。

伴随着叶轮的旋转，该过程的循环将实现一定精度级的流固耦合。在循环过程中,用户可以随时控制循环的进行。

6.4.4 MPCCI 介绍

需要注意的是,用于结构计算和流场计算的商用软件很多,如果能够在不同的结构计算和流场计算软件之间准确地传递数据,实现流固耦合,将是一种非常理想的方式。MPCCI 软件提供了这样一种功能。它是由德国 Fraunhofer 科学计算法则研究所(SCAI)开发的面向多学科、多物理场的专业接口软件。

MPCCI 能够根据流固交界面的网格结点参数值,自动完成耦合面上的数据插值与传递,如图 6-18 所示。其计算步骤如图 6-19 所示。

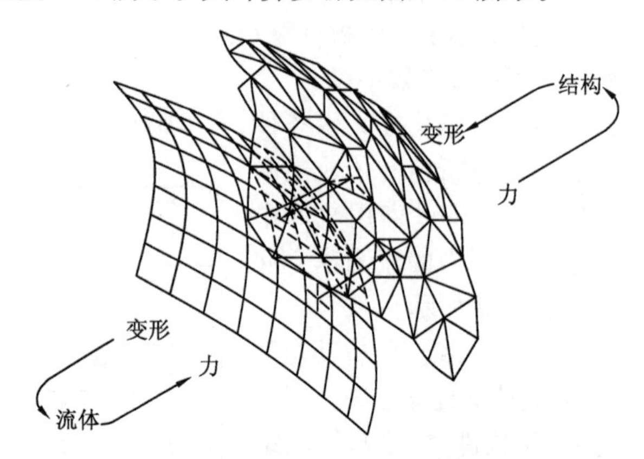

图 6-18　流固交界面的信息传递

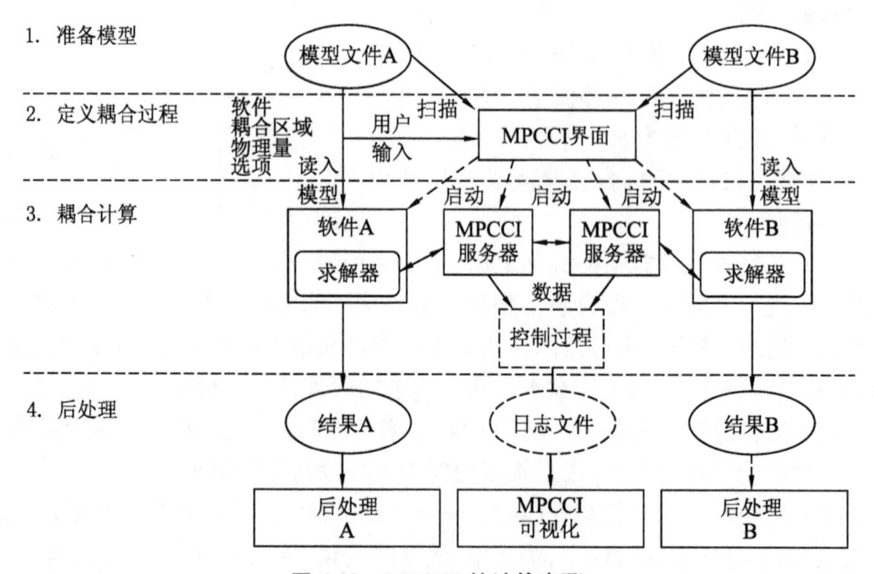

图 6-19　MPCCI 的计算步骤

MPCCI 支持大部分主流计算软件，如 ANSYS，Abaqus，Flowmaster，StarCD 等的直接耦合模拟，且提供了应用程序编程接口，可以方便地与用户自己编写的程序进行耦合通信。

如图 6-20 所示的 MPCCI 运行界面上，在左侧和右侧选择需进行耦合的固体和流体文件(在计算软件中预先设置耦合界面和求解条件)，进行检查后，将启动流体和固体的求解软件进行非定常计算。计算过程中，流场的数据和固体场的数据不断进行耦合与更新，在 MPCCI 界面上可以看到流场和固体场在计算过程中的实时变化。在求解过程中，不但可以计算流动的速度、压强分布随边界的变化，而且可以在流场和固体场之间进行热量传递的计算。

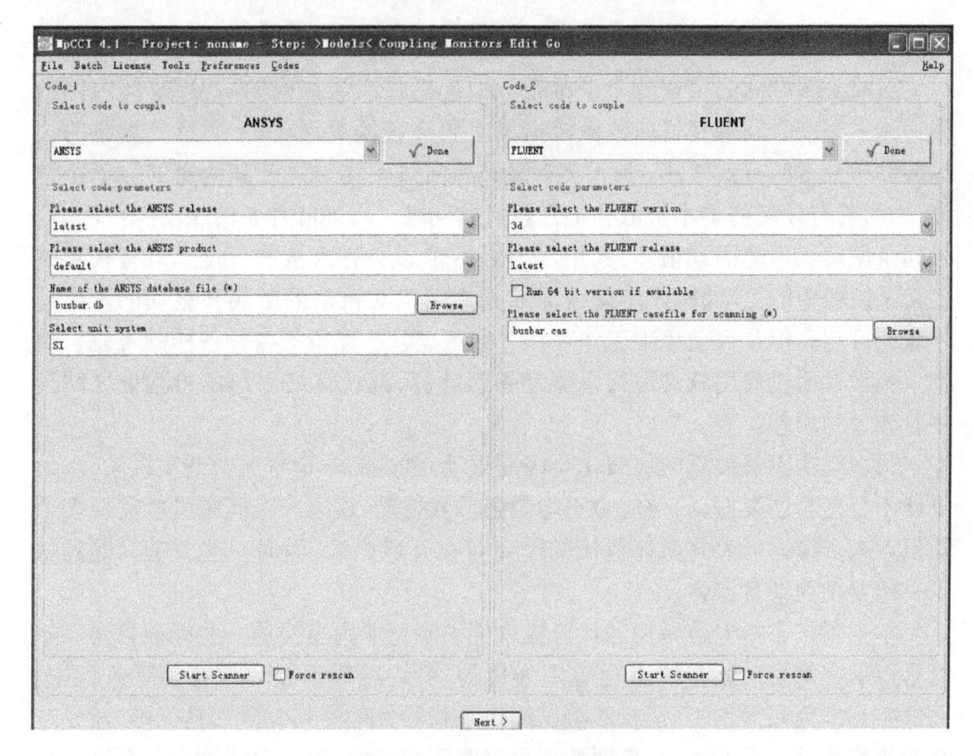

图 6-20　MPCCI 的运行界面

6.4.5 展望

对于叶片泵这一典型的流体机械来说，终端用户关心泵的安全性、可靠性、能量特性、效率、运行寿命等，而这些都直接体现在固体即泵的结构部件上。作为工程师，在水力设计和结构设计的过程中，要综合考虑各种影响能量特性、汽蚀特性及振动特性等因素，也同时要考虑到泵运行的安全性和可靠性，包括泵结构部件的刚度计算和强度校核。在泵运行的过程中，揭示其深层次机理的手段包括分析、数值模拟和测量，而这些工作的开展也必然将流体和固体的因素同时考虑在内。所以，叶片泵的研究本身就是流体和固体的统一（见图6-21）。

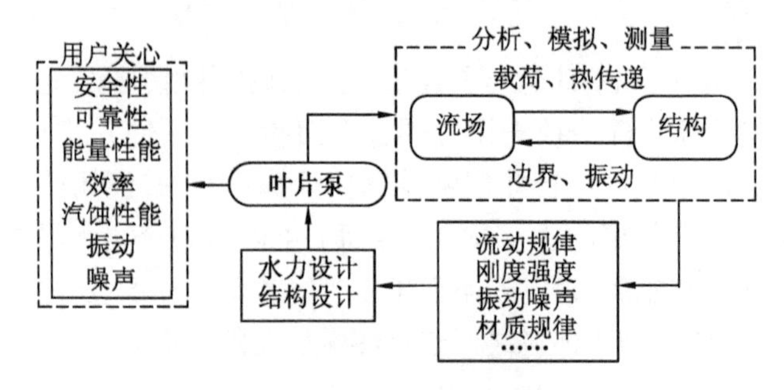

图6-21　叶片泵的研究思路

当前泵领域内尚存在着多个难题。如包括核主泵在内的高温泵，其内部的热－流－固耦合问题是目前数值模拟技术要突破的重点之一，并且此类泵的关键部件如轴承的有效散热、整个泵结构的周向热不均匀性及其诱发的振动特性等，均为具有较高的学术价值和工程意义的问题。再如叶片泵的振动噪声问题。引起泵振动噪声的因素很多，其中水力因素位居所有因素的首位。只有找到并定义了流场中的振动源，才能使得深入分析结构对振动的影响和振动的传递过程成为可能。但是目前该项工作存在着加工、实验、运行等各种各样的难题。也有一些学者通过商用软件进行泵振动噪声计算，而计算结果与实验验证之间存在着较大的误差。

很多问题不是孤立的。空化会诱发振动，泵内的非定常流会诱发振动，水力设计不合理会诱发振动，热应力不均匀会诱发振动，所以一个问题可能需要多个知识点来支撑。叶片式流体机械的研究存在互通之处，而对一些关键问题的认识一定要全面并且深入。

本书附录了本专业常用的计算机软件和泵行业内遵循的一些标准目录。不管是以研究为目的还是以工程应用为目的，最终结果都要体现在实际过程中。而这些标准为泵的加工、运行和测试提供了指导性的资料。既然是标准，就是与行业密切相关的参考资料，需要读者平时多阅读，这一定会促进读者对泵这一典型的流体机械有更为深入的了解，对更多的流体机械在能源领域内的应用有更为科学合理的认识。

附录1 能源与动力工程（流体机械）专业常用软件

用　　途	软件名称
二维绘图	AutoCAD，CAXA
三维绘图	Pro/Engineer，UG NX，Autodesk Inventor，Solidworks，CATIA，Cimatron，Solidedge
计算流体动力学分析	ANSYS-Fluent，Pumplinx，ANSYS-CFX，Star-CD，FINE/Turbo，EDEM
网格画分	ICEM CFD，Gridgen，Gambit
后处理软件	Tecplot，Ensight，Fieldview
图形绘制软件	Origin，Sigmaplot
叶片三维设计	ANSYS-Bladegen，Autoblade，CFturbo，Concept NREC
计算机辅助制造	Mastercam，UG NX，PowerMILL
声学计算	MSC Actran，LMS Virtual. Lab
计算机辅助工程分析	ANSYS-Multiphysics，Abaqus，MSC. Nastran，Adina
开放源代码	Openfoam
翼型库	Profili
图像处理	Microsoft Visio，Photoshop，Image-Pro Plus

附录2 有关泵的部分国家标准

1. GB/T16907—1997　离心泵　技术条件(Ⅰ类)
2. GB/T5656—1994　离心泵　技术条件(Ⅱ类)
3. GB/T5657—1995　离心泵　技术条件(Ⅲ类)
4. GB/T2816—1991　井用潜水泵　型式和基本参数
5. GB/T2817—1991　井用潜水泵　技术条件
6. GB/T3214—1991　水泵流量的测定方法
7. GB3215—1982　炼厂、化工及石油化工流程用离心泵　通用技术条件
8. GB5660—1985　轴向吸入离心泵　底座尺寸和安装尺寸
9. GB5661—1985　轴向吸入离心泵　机械密封和软填料用的空腔尺寸
10. GB5662—1985　轴向吸入离心泵(16bar)　标记、性能和尺寸
11. GB6490.1—1986　水轮泵　名词术语及定义
12. GB6490.2—1986　水轮泵　试验方法
13. GB6490.3—1986　水轮泵　型式与基本参数
14. GB7021—1986　离心泵　名词术语
15. GB7782—1996　计量泵
16. GB7784—1987　机动往复泵　试验方法
17. GB7785—1987　往复泵　分类和名词术语
18. GB9069—1988　往复泵　噪声声功率级的测定　工程法
19. GB9233—1988　一般机动往复泵　基本参数
20. GB9234—1997　机动往复泵　技术条件
21. GB9235—1988　蒸汽往复泵　试验方法
22. GB9236—1988　计量泵　技术条件
23. GB9481—1988　中小型轴流泵　型式与基本尺寸
24. GB10886—1989　三螺杆泵　型式与基本参数
25. GB10887—1989　三螺杆泵　技术条件
26. GB11473—1989　往复泵　型号编制方法
27. GB/T12785—1991　潜水电泵　试验方法
28. GB/T13006—1991　离心泵、混流泵和轴流泵　汽蚀余量
29. GB/T13007—1991　离心泵　效率

30. GB/T13008—1991　混流泵、轴流泵　技术条件
31. GB/T13363—1992　化工用往复泵　技术条件
32. G. B/T13364—1992　往复泵　机械振动测试方法
33. GB/T13929—1992　水环真空泵和水环压缩机　试验方法
34. GB/T13930—1992　水环真空泵和水环压缩机　气量测定方法
35. GB/T14794—1993　蒸汽往复泵
36. GB3216—1989　离心泵、混流泵、轴流泵和旋涡泵　试验方法

参考文献

[1] 汪建文.可再生能源[M].北京:机械工业出版社,2012.
[2] 陈国伟.600 MW 压水堆电站热力系统建模分析与研究[D].重庆:重庆大学,2009.
[3] 郭超英.我国新能源产业发展政策研究[D].重庆:西南石油大学,2011.
[4] 胡文培.我国主要能源发电效益的比较研究[D].北京:华北电力大学,2010.
[5] 吴玉林.流体机械及工程[M].北京:中国环境科学出版社,2003.
[6] 高建铭,林洪义,杨永萼.水轮机及叶片泵结构[M].北京:清华大学出版社,1992.
[7] 杨敏官,王军锋等.流体机械内部流动测量技术(第2版)[M].北京:机械工业出版社,2011.
[8] 袁周,黄志坚.工业泵常见故障及维修技巧[M].北京:化学工业出版社,2008.
[9] 关醒凡.现代泵理论与设计[M].北京:中国宇航出版社,2011.
[10] 郑梦海.泵测试实用技术(第2版)[M].北京:机械工业出版社,2011.
[11] 查森.叶片泵原理及水力设计[M].北京:机械工业出版社,1988.
[12] Igor J. Karassik, Joseph P. Messina, Paul Cooper, Charles C. Heald. *Pump Handbook (3rd Edition)* [M]. McGraw-Hill, 2001.
[13] 羊拯民.机械振动与噪声[M].北京:高等教育出版社,2011.
[14] 王孚懋,任勇生,韩宝坤.机械振动与噪声分析基础[M].北京:国防工业出版社,2006.
[15] 王治国.MSC.ACTRAN 工程声学有限元分析理论与应用[M].北京:国防工业出版社,2007.
[16] 魏龙,陶林撷.泵维修手册[M].北京:化学工业出版社,2009.
[17] 窦以松,何希杰,王壮利.渣浆泵理论与设计[M].北京:中国水利水电出版社,2010.
[18] 关醒凡.轴流泵和斜流泵——水力模型设计试验及工程应用[M].北京:中国宇航出版社,2009.

[19] Johann Friedrich G. *Centrifugal Pumps* (*Second edition*)[M]. Springer, 2010.
[20] 赵志祥,夏海鸿. 加速器驱动次临界系统(ADS)与核能可持续发展[J]. 中国核电,2009,2(3):202 - 211.
[21] C. Foletti, G. Scaddozzo, M. Tarantino, A. Gessi, G. Bertacci, P. Agostini, G. Benamati. ENEA experience in LBE technology[J]. *Journal of Nuclear Materials*,2006,356:264 - 272.
[22] 车得福,李会雄. 多相流及其应用[M]. 西安:西安交通大学出版社,2007.
[23] 费业泰等. 机械热变形理论及应用[M]. 北京:国防工业出版社,2009.
[24] 张阿漫,戴绍仕. 流固耦合动力学[M]. 北京:国防工业出版社,2011.
[25] 陶立国. 旋转喷射泵设计方法研究及内部流场数值计算[D]. 镇江:江苏大学,2008.
[26] 吴小莲. 气液两相流理论的基础研究及轴流式叶轮内的模拟分析[D]. 镇江:江苏大学,2008.
[27] 吴光焱. 轴流泵叶轮内汽液两相流数值模拟与实验研究[D]. 镇江:江苏大学,2008.
[28] 顾海飞. 离心泵压出室及管内盐析液固两相流动的研究[D]. 镇江:江苏大学,2007.
[29] 董祥. 离心泵叶轮出口安放角对盐析流动影响的研究[D]. 镇江:江苏大学,2008.
[30] 许京荆. ANSYS 13.0 Workbench 数值模拟技术[M]. 北京:中国水利水电出版社,2012.
[31] 展迪优. UG NX 8.0 工程图教程[M]. 北京:机械工业出版社,2012.
[32] 郭晓军, 马玉仲. AutoCAD 2012 中文版基础教程[M]. 北京:清华大学出版社,2012.
[33] 肖信. Origin 8.0 实用教程—科技作图与数据分析[M]. 北京:中国电力出版社,2009.
[34] Bellevue, WA *Tecplot 360™ User's Manual*[M]. Tecplot Inc. ,2012.
[35] 朱自强,吴子牛,李津等. 应用计算流体力学[M]. 北京航空航天大学出版社,1998.
[36] 傅德薰,马延文. 计算流体力学[M]. 北京:高等教育出版社,2002.
[37] 宋蔷. 垂直竹道内泡状流运动的理论和实验研究[D]. 北京:清华大学热能工程系,1999.
[38] 佟庆理. 两相流动理论基础[M]. 北京:冶金工业出版社,1982.

[39] 倪晋仁,土光谦,张红武. 固液两相流基本理论及其最新应用[M]. 北京:科学出版社,1991.
[40] 柏实义,施宁光等. 二相流动[M]. 北京:国防工业出版社,1985.
[41] 徐济鋆. 沸腾传热和气液两相流[M]. 北京:原子能出版社,1993.
[42] Jakobsen H A, Sannes B H, Grevskott S, et al. Modeling of vertical bubble-driven flows[J]. *Ind. Eng. Chem. Res.*, 1997, 36: 4052 - 4074.
[43] Yurkovetsky Y, Brady J F. Statistical mechanics of bubbly liquids[J]. *Physics of Fluids*, 1996, 8(4): 881 - 895.
[44] Loth E. Numerical approaches for motion of dispersed particles, droplets and bubbles[J]. *Progress in Energy and Combustion Science*, 2000, 26: 161 - 223.
[45] Clift R, Grace J R, Weber M E. *Bubble, drops and particles*[M]. New York: Academic Presss, 1978.
[46] Zun I, Groselj J. The structure of bubble non-equilibrium movement in free-rise and agitated-rise conditions[J]. *Nuclear Eng. Des.*, 1996, 163: 99.
[47] Peebles F N, Garber H J. Study on the motion of gas bubbles in liquids [J]. *Chem. Eng. Prog.*, 1953, 49(2): 88.
[48] Odar F, Hamilton W S. Force on sphere accelerating in viscous fluid[J]. *Fluid Mech.*, 1964, 8(2): 302 - 314.
[49] Oesterle B, Dinh B. Experiments on the lift of a spinning sphere in a range of intermediate Reynolds numbers[J]. *Experiments in Fluids*, 1998, 25: 16 - 22.
[50] Cherukat P, McLaughlin J B. Wall-induced lift on a sphere[J]. *Int. J. Multiphase Flow*, 1990, 16(5): 899 - 907.
[51] Antal S P, Lahey R J, Flaherty J E. Analysis of phase distribution in fully developed laminar bubbly two-phase flow[J]. *Multiphase Flow*, 1991, 17(5): 635 - 652.
[52] Tomiyama A, Sou A, Zun I, et al. Effects of Eotuos number and dimensionless liquid olumetric flux on lateral otion of a bubble in a laminar duct flow [C]//*Advances in Multiphase Flow*. Elsevier, 1995: 3 - 15.
[53] Hosokawa S, Tomiyama A, Misali S, et al. Lateral migration of single bubbles due to the presence of wall[C]//*Proceeding of ASME 2002 Fluids Engineering Division Summer Meeting*. Montreal, 2002: 855 - 860.
[54] 许兆峰. 准层流粘液泡状流理论与实验研究[D]. 北京:清华大

学,2004.
[55] 朱学成.竖直圆管层流泡状流中变形气泡动力特性与相分布的研究[D].北京:清华大学,2007.
[56] 傅秦生.热工基础与应用(第二版)[M].北京:机械工业出版社,2012.
[57] 王中铮.热能与动力机械基础[M].北京:机械工业出版社,2010.
[58] 张建文,杨振亚,张政.流体流动与传热过程的数值模拟基础与应用[M].北京:化学工业出版社,2009.
[59] Hitoshi Soyama, Tsutomu Kikuchi, Masaaki Nishikawa, Osamu Takakuwa. Introduction of compressive residual stress into stainless steel by employing a cavitating jet in air[J]. *Surface & Coatings Technology*, 2011, 205: 3167 - 3174.
[60] A. Shima. Studies on bubble dynamics[J]. *Shock Waves*, 1997: 7: 33 - 42.
[61] jean-Pierre Franc, Jean-Marie Michel. *Fundamentals of Cavitation*[M]. Springer, 2004.
[62] E. John Finnemore, Joseph B. Franzini. *Fluid Mechanics with Engineering Applications*[M]. Mc Graw Hill Higher Education, 2002.
[63] Christopher E. Brennen. A Review of Cavitation Uses and Problems in Medicine [C]//*Cavitation: Turbo-machinery & Medical Applications*. WIMRC FORUM, UK, 2006.
[64] 沙毅,杨敏官,康灿,王晓英.污水渣浆旋流泵设计及特性试验[J].江苏大学学报(自然科学版),2005,26(2):153 - 157.
[65] 杨敏官,冯浪,康灿,车占富.偏心搅拌槽内颗粒悬浮特性的试验研究[J].水电能源科学,2012,30(4):129 - 131.
[66] 杨敏官,吴承福,高波,康灿,冯浪.离心泵叶轮内盐析晶体颗粒分布特性试验[J].江苏大学学报(自然科学版),2011,32(5):528 - 532.
[67] YANG Minguan, KANG Can, DONG Xiang, LIU Dong. Influence of blade outlet angle on inner flow field of centrifugal pump transporting salt aqueous solution [J]. *Chinese Journal of Mechanical Engineering*, 2009, 22(6): 912 - 917.
[68] 吴光焱,杨敏官,康灿.轴流泵叶轮内空化的数值模拟与实验研究[J].中国机械工程,2010,21(18):2229 - 2232.
[69] 杨敏官,王育立,康灿,喻峰.微型超高压宝石喷嘴内部的空化与磨损[J].高压物理学报,2010,24(4):286 - 292.
[70] 尹必行,康灿.绕水翼空化流场的数值模拟与试验研究[J].机械工程学报,2012,48(16):146 - 151.